新工科建设之路·计算机类规划教材

高级语言程序设计
实用教程（C 语言版）

周　媛　主编　刘智慧　林荣智　副主编

U0226189

电子工业出版社

Publishing House of Electronics Industry

北京·BEIJING

内 容 简 介

本书内容贴合当前普通高等院校"高级语言程序设计"课程的现状和发展趋势。在内容的编排上，更多地考虑了初学者的需求，难度适中，突出实用性和应用性。本书分为 9 章，主要内容包括 C 语言概述、C 语言基础知识、算法与 C 语言程序设计、函数、数组、指针、自定义数据类型、文件和 C 语言系统开发案例。本书内容从易到难、循序渐进，列举了大量能够解决实际问题的实例，并通过最后一章的系统开发案例，将各章节的知识点串接起来，帮助读者了解和掌握编写能解决实际问题的 C 程序的方法。

本书既可作为初学程序设计语言的高校学生的教材，又可作为 C 语言自学者的参考书。

未经许可，不得以任何方式复制或抄袭本书之部分或全部内容。

版权所有，侵权必究。

图书在版编目（CIP）数据

高级语言程序设计实用教程：C 语言版 / 周媛主编.—北京：电子工业出版社，2020.10
ISBN 978-7-121-39664-9

I．①高…　II．①周…　III．①C 语言－程序设计－高等学校－教材　IV．①TP312.8

中国版本图书馆 CIP 数据核字（2020）第 183129 号

责任编辑：孟　宇
印　　刷：三河市龙林印务有限公司
装　　订：三河市龙林印务有限公司
出版发行：电子工业出版社
　　　　　北京市海淀区万寿路 173 信箱　　邮编：100036
开　　本：787×1092　1/16　印张：19.5　　字数：510 千字
版　　次：2020 年 10 月第 1 版
印　　次：2021 年 4 月第 2 次印刷
定　　价：59.00 元

凡所购买电子工业出版社图书有缺损问题，请向购买书店调换。若书店售缺，请与本社发行部联系，联系及邮购电话：(010)88254888，88258888。

质量投诉请发邮件至 zlts@phei.com.cn，盗版侵权举报请发邮件至 dbqq@phei.com.cn。

本书咨询联系方式：mengyu@phei.com.cn。

　　尽管随着计算机技术的飞速发展，程序设计语言的种类越来越多，但是 C 语言仍然是最适合作为学习程序设计思想的入门语言。

　　为了更好地满足广大高等院校学生对程序设计语言知识学习的需要，编者结合近几年的教学改革实践、科研项目及教学中获得的学生反馈，并参考了大量文献资料，对本书进行了精心设计。本书具有以下几个特点。

　　（1）注重教材的可读性和可用性。每章开始部分均画有思维导图，引导读者熟悉相应章节知识点。通过贴近生活的案例分析问题的本质，例如，在程序设计中，如何选择正确的数据类型，如何存储大规模的数据等，书中使用通俗易懂的例子对这些问题进行说明。

　　（2）强调程序设计的思想方法。本书语言/语法的介绍依然以实用性和应用性为主，侧重于将 C 语言的语法融入问题求解中；从实际应用案例中抽取教学要素，重点强化模块化程序设计方法与基本算法的学习。对于典型例题经常采用一题多解的方式，将"迭代""穷举""递归"等算法融入问题的求解过程，让读者在学习过程中潜移默化地提高计算思维能力。

　　（3）注重实践环节，代码规范统一。本书具有非常丰富的案例资源，设计了验证型、设计型和综合设计型三层实验体系，目的是强化学生实践环节。其中本书的第 9 章案例的开发与实现，不但有基本的程序代码，而且还包含软件工程中完整的一套系统开发流程。书中丰富的图、表将程序开发过程清晰地呈现给读者，这种将程序编写与软件工程相结合的描述方法，其目的是提高学生的程序设计能力。另外，本书中所有源代码都通过了调试。

　　（4）以"学为中心"，提供了丰富的辅助教学资源。本课程为省级精品在线课程，在线学习资源丰富，包括各章节的经典案例讲解视频、题库、作业库、考试库等教学资源。另外，本书有配套教学课件、程序源代码、实验案例、习题解答、实验参考答案及教学设计模板等资料。

　　（5）书中习题以巩固基本知识点为目的，题型丰富，包括简答题、选择题、填空、阅读程序、实验编程等各种全国计算机等级考试二级 C 语言的常见题型。

　　全书分为 9 章，由周媛负责统稿，其中第 1、2、3 章由周媛编写，第 4 章和第 6 章由刘智慧编写，第 5 章由李春晓编写，第 7、8、9 章由林荣智编写。

　　在本书的写作过程中，苗耀锋教授在百忙之中审阅了全部初稿，对本书提出了许多宝贵意见，在此表示感谢。

　　因编者水平有限，书中难免存在错误和不妥之处，恳请读者批评指正。

编　者
2020 年 6 月

目 录

第1章 C 语言概述

C 语言是一种通用的、面向过程的编程语言，它具有高效、灵活、可移植等优点。在近 20 年中，它是使用最广泛的编程语言之一，被大量运用在系统软件与应用软件的开发中。例如，MS-DOS、Microsoft Windows、Linux 及 UNIX 等诸多操作系统都是用 C 语言编写的。

本章作为整书的第 1 章，将针对 C 语言的发展历史、开发环境搭建、如何编写 C 语言程序，以及 C 语言的运行机制等内容进行详细讲解。本章内容结构如下。

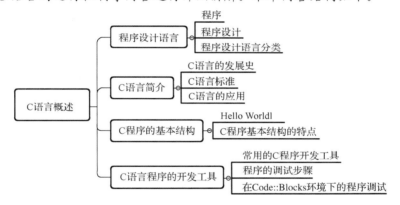

1.1 程序设计语言

1.1.1 程序

"程序"一词并非计算机的专利，在日常生活中，办理事务的流程其实就是程序。例如，在停车场停车收费的流程如下。

- 在停车场入口处扫描车牌。
- 判断是否准许进入，若放行，则开始计时。
- 将车停放在停车场对应的空车位上。
- 准备离开时，在停车场出口处再次扫描车牌，根据时间进行缴费。
- 缴费成功后离开停车场。

上述的停车流程就是一种程序，只不过是用自然语言描述的。与之对应的**计算机程序**（Computer Program）就是计算机语言书写的指令集合。计算机按照程序中的指令逐条执行，就可以完成相应的操作。

1.1.2　程序设计

计算机自己不会做任何工作，它所做的工作都是由人们事先编写好的程序来控制的，"设计"程序的过程，就是**程序设计**。

程序设计是具有创造性的劳动，专门从事程序设计的人员称为**程序员**（Programmer）。当然程序设计并不是程序员的专利，各种软件开发平台操作日趋简单，功能集成度高，为计算机爱好者搭建了程序设计的方便之门，市面上一些流行的 App 也有不少是这些爱好者的作品。但是，对于结构复杂、规模宏大的软件系统则还是需要专门的设计人员与经验丰富的程序员来共同开发。

1.1.3　程序设计语言分类

"停车收费"程序是用自然语言描述的，这是每个人都能懂的语言，是人与人之间最基本的交流方式。若需要在计算机上实现这样的计算机程序，则需要用一种让计算机明白的语言，这就是计算机程序设计语言。目前，通用的计算机还没有识别自然语言的能力，只能识别特定的计算机程序设计语言。一般将计算机程序设计语言分成两类：一类是低级语言，另一类是高级语言。

1. 低级语言

低级语言包括机器语言和汇编语言。

（1）机器语言。机器语言是指计算机能够直接识别的程序设计语言。在计算机中能够直接识别的只有二进制数，所以也可以说机器语言是由二进制数 0 和 1 表示的指令序列来编写的语言。

机器语言的特点是执行速度快、不需要翻译，并且可以对硬件直接进行操作，如可以编写设备的驱动程序。

机器语言的缺点也很明显。首先是可读性差，程序全是由 0 和 1 组成的。

例如，在 8086/8088 CPU 中的一条指令

```
10111000  0000000  0001000
```

表示将十六进制数 1000H 存入 CPU（Central Processing Unit，中央处理器）内部的名为 AX 的寄存器中。

其次是可维护性差，从上述案例中可以看出，由二进制数组成的机器语言程序，其指令冗长且不能很直观地看出命令表达的含义，这样势必会造成连锁反应，维护也十分困难。

最后是可移植性差，因为机器语言与计算机硬件密切相关，所以用机器语言编写的程序在不同机型上不能互相移植。

（2）汇编语言。为了方便记忆和理解，人们使用了一些简单的语言和符号来表示机器指令，这就是汇编语言。汇编语言用指令助记符代替了原来机器语言中指令的操作码与操作数。

例如，在 8086/8088 CPU 中用汇编语言表示相同的一条指令

```
MOV  AX,1000H
```

表示将十六进制数 1000H 存入 CPU 内部的名为 AX 的寄存器中。

很显然，相比机器语言，汇编语言简练了很多。因此，用汇编语言来编写程序明显比机器语言的执行效率更高，其内容更容易读懂，更容易纠错。但是汇编语言依然是一种面向机器的低级语言，不能直接移植到不同类型的机器上。

另外，由于汇编语言中出现了计算机不能直接识别的助记符，因此需要将这些语言转换成机器语言让计算机识别并执行。这项翻译工作由称为**汇编程序**的专门程序来完成；把汇编语言程序翻译成机器语言程序的过程称为**汇编**。

汇编语言虽然已经开始贴近人类语言，但是还与期望目标存在差距，该语言与机器语言更贴近硬件。

2．高级语言

人们把汇编语言和机器语言称为低级语言，在这之后发展起来的程序设计语言称为高级语言。其实低级语言并不比高级语言"低级"，只是相比较而言，它更贴近计算机（硬件），换句话说，与硬件的距离较近，所以称其为低级语言。高级语言是一种比较接近自然语言和数学语言的程序设计语言。高级语言非常符合人类的逻辑思维，抽象程度大大提高，高级语言的出现很大程度上提高了程序员的工作效率，降低了程序的设计难度，并改善了程序的质量。

因为高级语言易学、易用且功能强大，所以发展很快，其种类已经不能用"百家争鸣"来形容了。历史上出现的计算机语言据不完全统计可以达到 2500 多种，其中绝大部分都是高级语言。

种类繁多的高级语言，有不少都是昙花一现，很快就消失在历史的长河中，但也有一些语言长盛不衰，枝繁叶茂。其中寿命最长，影响力最大的就是 C 语言了。

许多当下流行的程序设计语言都与 C 语言有着密切的联系，如 C++，C#，Java 等都是在 C 语言的基础上发展起来的。由于 C 语言简单、精练、易于描述，且容易实现结构化程序，因此对于程序设计语言的初学者来说是一个很好的选择。

因为计算机内部不能直接识别高级语言，所以需要将其"翻译"成机器语言，"翻译"过程中需要翻译程序，翻译程序分为两种类型：一种是解释型，另一种是编译型。解释型是指，对高级语言编写的程序翻译一句即执行一句，类似于生活中开会现场的同声翻译工作；编译型是指，将高级语言编写的程序文件全部翻译成机器语言，生成可执行文件后再执行，如同开会时没有同声翻译，每个人手里都已经有事先翻译好的演讲者的文稿，这样也能明白演讲者讲的内容。C 语言的翻译程序属于编译型，而高级语言几乎在每种机器上都有自己的编译程序，编译程序又称编译器。

1.2　C 语言简介

C 语言历史悠久，是一种被广泛使用的高级语言，具有简捷、紧凑、高效等特点。

1.2.1 C语言的发展史

C语言的发展颇为有趣，它的原型是 ALGOL60 语言（也称 A 语言）。1963 年，剑桥大学将 ALGOL60 语言发展成为 CPL（Combined Programming Language，组合编程语言）。1967 年，剑桥大学的 Martin Richards 对 CPL 进行了简化，于是产生了 BCPL（Basic Combined Programming Language，基本组合编程语言）。1970 年，美国贝尔实验室的 Ken Thompson 将 BCPL 进行了修改，并为它起了一个有趣的名字"B语言"，其含义是将 CPL"煮干"，提炼出它的精华，并且他用 B 语言写了第一个 UNIX 操作系统程序。1972 年，美国贝尔实验室的 Dennis Ritchie 在 B 语言的基础上设计出了一种新的语言，他取了 BCPL 的第二个字母作为这种语言的名字，即 C 语言。1978 年，Brian Kernighan 和 Dennis Ritchie 出版了名著 *The C Programming Language*，从而使 C 语言成为目前世界上广泛应用的程序设计语言。

1.2.2 C语言标准

随着微型计算机的日益普及，出现了许多 C 语言版本。由于没有统一的标准，使得这些 C 语言之间出现了一些不一致的地方。为了改变这种情况，美国国家标准学会（ANSI）为 C 语言制定了一套 ANSI 标准，即 C 语言标准。

1989 年，ANSI 发布的 C 语言标准 ANSI X3.159-1989 称为 C89。1990 年，国际标准化组织（ISO）也接受了同样的标准 ISO 9899-1990，该标准称为 C90。这两个标准只有细微的差别，因此，通常来讲 C89 和 C90 指的是同一个版本。

后来随着时代的发展，1999 年 ISO 又发布了 C99 标准。C99 标准相对 C89 做了很多修改。例如，变量声明可以不放在函数开头，支持变长数组等。但由于很多编译器仍然没有对 C99 提供完整的支持，因此本书将按照 C89 标准来进行讲解，在适当时会补充 C99 标准的规定和用法。

C99 之后，对 C 语言标准的修订基本停止。直到今天，C 语言的标准文档只在字面上做过两次少量的修订，最新版的 C11 于 2011 年生效。但是由于 C11 与 C99 区别并不大，而 C99 的影响更深远，所以业内交流通常只会提 C99。

C99 虽然修正了 C89 中很多不完善甚至被广泛诟病的地方，但它扩展的一些新特性在实践中并不被看好，编译器对其进行支持的进度也比较缓慢。相反，支持 C89 的编译器则遍地开花。大多数教科书中都是以 C89 为核心进行讲述的，大量的软件也是根据 C89 标准编写的，因此本书也将以 C89 为基础讲述，但当遇到 C89 不完善的地方会加以说明，或介绍对应 C99 版本的改进。C 语言版本更迭史如图 1-1 所示。

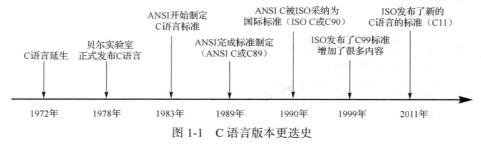

图 1-1　C 语言版本更迭史

1.2.3 C 语言的应用

C 语言是一种通用语言，任何想让计算机做的事情，都可以通过编程实现。在出现的 2500 多种高级语言中，真正能"什么都做"的语言很少。例如，开发操作系统，除 C 语言和 C++语言外，还没有任何一个成熟的操作系统（如 Windows、Linux、iOS 和 Android）采用其他高级语言，其中使用 C++语言开发操作系统的也是凤毛麟角，故在很长时间内，C 语言一直是应用最广泛的语言。

C 语言不但具有高级语言的特性，而且在某种程度上具有低级语言的特性，用 C 语言开发的程序具有较高的运行效率，因此 C 语言被广泛应用于各个领域。除上面提到的操作系统的开发外，C 语言还可以用来编写网站后台程序、大型游戏的引擎、驱动程序等。并且随着信息化、智能化、网络化的发展，以及嵌入式系统技术的发展，C 语言还将在云计算、物联网、移动互联网、智能家居、虚拟世界等未来信息技术中发挥重要作用。但是在这里还是非常有必要提醒各位，C 语言功能强大，源自它的简单、灵活及对各种需求的适应性强。而正因为它具有很强的适应性强，故很难做到专用化。为此，C++、Java、C#、PHP 等专门化的语言应运而生，与之相应的面向对象的程序设计思想更加贴近现实世界，更加符合人类固有的习惯，所以很多软件开发（如大型企业应用系统开发、网站开发及 Android 上的 App）都使用这些专用化语言。

C++、Java、C#、PHP 等其他语言都在一些专属领域中发挥着巨大作用，并且凭借自身的不断完善、功能扩充，使 C 语言使用空间不断被压缩。那么为什么还要坚持学习 C 语言呢？首先 C 语言是 C++、Java、C#语言的基础，还有很多专用化语言也学习和借鉴了 C 语言的优点，例如，进行 Web 开发的 PHP 语言，进行仿真的 MATLAB 内嵌语言，浏览器上唯一可运行的 JavaScript 语言，被广泛用于智能家居、物联网、无人机、3D 打印机的 Arduino 开发板的 Arduino 语言等。其次，学好 C 语言后，很容易学习其他语言，会达到事半功倍的效果。

1.3 C 程序的基本结构

使用 C 语言编写的程序就是 C 程序，也称为 C 语言源程序。下面将通过简单的程序例子，使读者对 C 程序的基本构成有一个感性的认识。

1.3.1 Hello world!

在 *The C Programming Language* 一书中，第一个程序"Hello world！"是极其简短的，它仅在显示器上输出了一条"Hello world！"消息。其程序代码如图 1-2 所示。

1．预处理命令的使用

程序的第 1 行是 C 语言的编译预处理命令，其目的是用#include 指令将 stdio.h 头文件加载到本程序中，供本程序使用存储于其中的函数或数据（函数可理解为 C 程序中具有逻辑关系的一组代码集合，用于完成特定的任务）。为什么需要"预处理"？因为 C 语言中没有提供专门的输入/输出语句，输入/输出操作是通过调用 C 标准库函数来实现的，所以需要提前调用这些标准库函数。

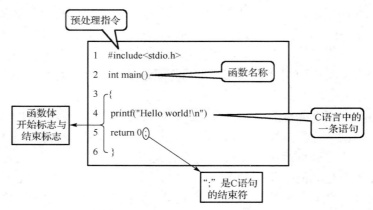

图 1-2　"Hello world!" 程序代码

#include<stdio.h>是最为常见的预处理命令，它的作用是将输入/输出函数的头文件 stdio.h 包含到用户源文件中。其中，h 为 head 之意，std 为 standard 之意，i 为 input 之意，o 为 output 之意。由于大部分程序都会涉及数据输入和数据输出，因此一般每个 C 程序都会在第一行加上#include<stdio.h>。本程序中的 printf 函数就是在 stdio.h 中已经定义好的输出函数。

注意： 因为预处理命令并不是 C 语句，所以该命令后面不带分号。

2．C 程序的主函数结构

程序的第 2 行开始为本程序的唯一的函数：main 函数。C 语言规定 C 程序有且只有一个 main 函数，程序的执行和开始均从该函数开始，其他函数均被 main 函数直接或间接调用。第 3 行、第 6 行分别为 main 函数的开始标志与结束标志，由其括起的部分称为函数体。

3．C 语句的结束符

分号 ";" 是 C 语句的结束符，C 语句一般包括执行语句和声明语句。

程序的第 4 行和第 5 行是两条 C 语言的执行语句。其中第 4 行 "printf("Hello world!\n");" 为函数调用语句，当该语句调用 printf 函数时，会在显示器上输出 "Hello world!"；第 5 行 "return 0;" 为函数返回语句，当执行该语句时，程序控制从该函数返回到调用该函数的语句处。两条执行语句都是以分号结束的。

注意： 初学者经常忘记在语句后面书写分号，编译系统会对缺少分号的语句给出错误提示，如图 1-3 所示。

1.3.2　C 程序基本结构的特点

1.3.1 节介绍了 C 语言的一个经典的测试小程序 "Hello world!"，从而认识了 C 程序的基本结构，但是在实际编写程序过程中，遇到的情况要复杂得多，那么一个完整的 C 程序是怎样构成的，又具有什么样的结构特点？下面将列举一个更加完整的 C 程序案例。

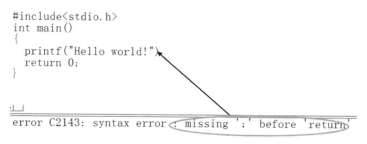

```
#include<stdio.h>
int main()
{
  printf("Hello world!")
  return 0;
}
```

error C2143: syntax error : missing ';' before 'return'

图 1-3　错误提示

【例 1.1】　从键盘输入任意两个整数对两者进行求和运算。

```
1  #include<stdio.h>
2  int Add(int a,int b);                //函数声明
3  int main()                           //主函数
4  {
5    int x,y,sum=0;                     //变量定义和初始化
6    printf("Input two integers:");     //在屏幕上显示一条提示信息
7    scanf("%d,%d",&x,&y);              //输入两个整数 x 和 y
8    sum=Add(x,y);                      //调用函数 Add()计算 x 与 y 之和
9    printf("sum=%d\n",sum);            //输出 x 与 y 之和
10     return 0;
11 }
12 int Add(int a,int b)                 //其他函数定义
13 {
14   return a+b;                        //从函数返回整数 a 与 b 之和
15 }
```

程序运行时，屏幕上首先显示的是提示行，即

```
Input two integers:
```

要求用户从键盘输入任意两个整数。假设用户输入 7 和 8，即

```
7, 8 ↙(回车符)
```

输入后按下回车键，表示数据输入结束。此时，屏幕上显示如下信息。

```
sum=9
```

通过这个程序分析 C 程序基本结构的特点，从例 1.1 中，可以大致归纳出以下三个特点。

1．函数（Function）是 C 程序的基本单位，即 C 程序是由函数构成的

（1）一个标准 C 程序规定有且只有一个函数 main()，该函数称为主函数。标准 C 程序是从 main()开始执行的，而与它在程序中的位置无关。

（2）根据需要，一个 C 程序可以包含零个或多个用户自定义函数。如例 1.1 中，有一个用户自定义函数 Add()。

（3）在函数中可以调用系统提供的库函数，在调用前只要将相应的头文件（Header

Files）通过编译预处理命令包含到本文件中即可。例如，"stdio.h"是最常用的头文件，其中包含了与输入/输出有关的函数，当系统中需要使用输入/输出函数时，需要用预处理命令将"stdio.h"包含到本文件中。

2．函数由函数首部和函数体两部分组成

（1）函数首部包括对函数返回值类型、函数名、参数类型、参数名的说明，如例 1.1 中对函数 Add()的定义，具体如图 1-4 所示。

（2）函数体是由函数首部下面最外层的一对花括号中的内容组成的，一般包括变量定义语句和可执行语句序列。变量定义语句用来声明函数体中有哪些可以使用的"对象"，可执行语句序列定义了实现函数功能的所要做的"动作"。

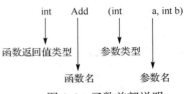

图 1-4　函数首部说明

3．C 程序的书写格式与规则

（1）C 程序中除复合语句用花括号括起来外，单条 C 语句都以分号作为结束标志。

（2）在 C 程序中用"/*"和"*/"包含起来的内容，称为注释（Comment）。注释是对程序功能的必要说明和解释。适当的注释有助于对程序的理解。现代软件工程中，程序员协同完成软件开发的情况变得非常普遍，因此，对程序中关键的算法、语句和变量增加适当的注释是非常必要的。

C99 允许使用"//"单行注释符。单行注释以"//"标识注释语句的开始，不用给出结束标识，注释作用范围只到本行结尾。C++、C#、Java 等高级语言都支持单行注释。例 1.1 中多条语句都采用了"//"单行注释方法。

注意：C 编译器并不对注释内容进行语法检查，可以用英文或汉语来书写注释内容。

通过前面案例的分析不但归纳出 C 程序基本结构的特点，而且清晰地看到了一个完整的 C 程序中的基本结构：预处理命令、全局变量声明（可选）、函数声明（可选）、主函数 main()及其他函数定义（可选）。C 程序的基本结构如图 1-5 所示。

图 1-5　C 程序的基本结构

1.4　C 程序的开发工具

1.4.1　常用的 C 程序开发工具

C 程序有多种开发工具，因此选择合适的开发工具，可以更加快速地进行程序的编写。接下来将针对几种主流的开发工具进行介绍，具体如下。

1．Visual C++

Visual C++（简称 VC）是微软公司推出的一款独立的开发工具，是 Windows 平台上流行的 C/C++集成开发环境之一，其功能强大，适合编写大型软件系统。Visual C++从发布起到现在已经有 10 个版本了，其中最经典的版本为 Visual C++ 6.0，由于其界面简洁、占用资源少、操作方便，以至于从发布到现在依然有很多企业还在使用它，很多教材也是基于 Visual C++来编写的。另外，Visual C++ 6.0 一直是全国计算机等级考试二级 C 语言的考试环境，直到 2018 年才将该考试环境升级为 Visual C++ 2010。

2．Visual Studio

Visual Studio（简称 VS）是由微软公司发布的集成开发环境，它包括了整个软件生命周期中所需要的大部分工具，如 UML 工具、代码管控工具、集成开发环境（IDE）等。Visual Studio 可以用于生成 Web 应用程序，也可以生成桌面应用程序。在 Visual Studio 环境下，除了 Visual C++，还有 Visual C#、Visual Basic、Visual F#等组件工具，还可以使用 C++语言、C#语言或者 Visual Basic 语言对这些组件工具进行开发。常用的版本有 Visual Studio 2010、Visual Studio 2012 等，目前最新版本为 Visual Studio 2013。

Visual C++与 Visual Studio 的区别如下。

Visual Studio 是微软开发的一套工具集合，它由各种各样的工具组成，类似于 Office 2019 是由 Word 2019、Excel 2019、Access 2019 等具有各个独立功能软件组成的。最初 Visual C++发布时还没有 Visual Studio，Visual C++是一个独立的开发工具，与 Visual Basic 并列，后来微软将它们整合在一起组成了 Visual Studio。

3．Code::Blocks

Code::Blocks 是一个免费的跨平台 IDE，它支持 C、C++和 FORTRAN 程序的开发。Code::Blocks 的最大特点是它支持通过插件的方式对 IDE 自身功能进行扩展，这使得 Code::Blocks 具有很强的灵活性，方便用户使用。

Code::Blocks 本身并不包含编译器和调试器，它仅提供了一些基本的工具，用来帮助程序员从命令行中解放出来，使程序员享受更友好的代码编辑界面。不过在后期 Code::Blocks 的发行版本中以插件的形式提供了编译和调试的功能。

4．Eclipse

Eclipse 也是一种被广泛使用的免费跨平台 IDE，最初由 IBM 公司开发，目前由开源社区的 Eclipse 基金会负责管理和维护。一开始 Eclipse 被设计为专门用于 Java 语言开发的 IDE，现在 Eclipse 已经可以支持 C、C++、Python 和 PHP 等众多语言的开发。

Eclipse 本身是一个轻量级的 IDE，在此之上，用户可以根据需要安装多种不同的插件来扩展 Eclipse 的功能。除利用插件支持其他语言的开发外，Eclipse 还可以利用插件实现项目的版本控制等功能。

5．Vim

Vim 与其他 IDE 不同的是，Vim 本身并不是一个用于开发计算机程序的 IDE，而是一款功能非常强大的文本编辑器，它是 UNIX 系统上 Vim 编辑器的升级版。Vim 与 Code::Blocks 及 Eclipse 类似，Vim 也支持通过插件扩展自己的功能。Vim 不仅适用于编写程序，还适用于几乎所有需要文本编辑的场合，Vim 还因为其强大的插件功能，以及高效方便的编辑特性而被称为程序员的编辑器。

由于 Vim 配置多种插件，可以实现几乎与 IDE 同样的功能，因此 Vim 有时也被程序员直接当作 IDE 来使用。

1.4.2　程序的调试步骤

前面在讲述高级语言时，已经讲过 C 语言的编译程序属于编译系统。若要完成 C 程序的调试，则必须经过编辑源程序、编译源程序、链接目标程序和运行可执行程序 4 个步骤。简单一点，可将这 4 个阶段称为编辑、编译、链接和运行。

（1）编辑（Edit）。编辑：就是用程序设计语言编写源代码，形成源程序。编写的源程序保存为源文件，扩展名为.c 或.cpp。许多文本编辑器都可以用来编辑源程序，例如，Windows 写字板、Microsoft Word 以及 DOS 的 Edit 等。需要注意的是，源程序的存储格式必须是文本文件，在保存时要选择文本文件格式。

（2）编译（Compile）。编辑完成以后是编译，对编辑好的文本文件进行成功编译后将生成目标程序。目标程序的主文件名与源程序的主文件名相同，扩展名是.obj。编译程序的任务是对源程序进行语法和语义分析，若源程序的语法和语义都是正确的，则能生成目标程序；否则应该回到编辑阶段修改源程序。

（3）链接（Link）。链接的过程很简单，将其当成编译的一部分，其实编译成功后，目标程序依然不能运行，需要将目标程序与库函数链接成为一个整体，才能生成可执行程序。可执行程序的主文件名与源程序的主文件名相同，扩展名是.exe。

（4）运行（Run）。最后一步是运行可执行程序，可执行程序要装入内存中执行。若在运行过程中发现可执行程序不能达到预期目标，则必须重复"编辑、编译、链接、运行"这 4 个步骤。C 程序的调试过程如图 1-6 所示。

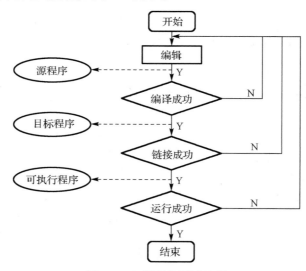

图 1-6　C 程序的调试过程

1.4.3　在 Code::Blocks 环境下的程序调试

1.4.1 节介绍了 5 款常用的 C 语言开发工具。由于每款工具各有优缺点，作者也在这 5 种开发工具之间进行了对比，最后决定采用自由软件——Code::Blocks（简称 CB）。采用该工具的原因如下。

- 平台功能强大，支持 C 与 C++语言，是跨平台的 C/C++集成开发环境，可以配置多种编译器（本书建议使用编译器 GCC 和调试器 GDB）。
- GCC（GNU Compiler Collection，GNU 编辑器套件）与 GDB（GNU Project Debugger，GNU 项目调试器）都是由自由软件基金会 GNU 维护的自由软件，可以免费使用，绝大多数的 Linux 系统和 UNIX 系统上的软件都是用它们开发的。
- GCC 在 Windows 下有一个特别的包装版本，称为 MinGW，它集成了 IDE 与编译器。

1. Code::Blocks 的下载

本书中调试程序时使用的是 Code::Blocks 开发工具的 Code::Blocks 17.12（英文版）。下面简单介绍 Code::Blocks 的下载过程。

（1）访问 http://www.codeblocks.org 网址，单击主页中的"Downloads"选项，如图 1-7 所示。

图 1-7　Code::Blocks 主页

（2）进入下载页面，选择"Download the binary release"选项，如图 1-8 所示。
（3）根据自己使用的操作系统选择相应的带有 MinGW 的版本，如图 1-9 所示。

2. Code::Blocks 的界面

Code::Blocks 的界面如图 1-10 所示。

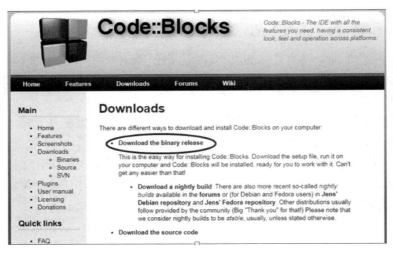

图 1-8　Code::Blocks 下载页面（一）

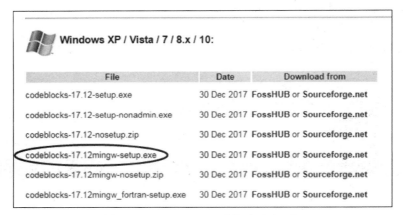

图 1-9　Code::Blocks 下载页面（二）

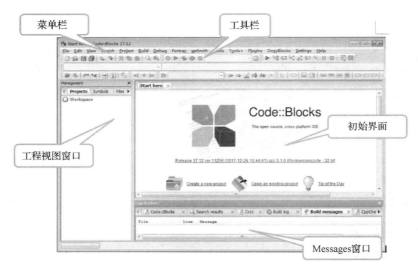

图 1-10　Code::Blocks 的界面

3．Code::Blocks 下的应用程序开发

如何在 Code::Blocks 中开发一个 C 语言应用程序？下面通过向控制台输出"Hello world！"程序进行具体实现，相关步骤如下。

（1）新建项目。启动 Code::Blocks，在菜单栏中依次选择"File"→"New"→"Project"菜单命令，如图 1-11 所示。也可以选择初始界面的"Create a new project"（新建项目）选项，出现"New from template"对话框，Code::Blocks 可以支持多种类型的 C 项目开发，此处选择"Console application"（控制台应用程序）选项，然后单击"Go"按钮，如图 1-12 所示。

图 1-11 选择"File"→"New"→"Project"菜单命令

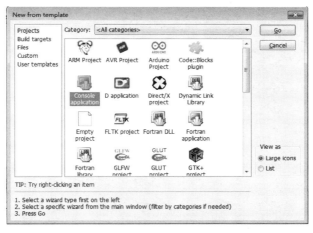

图 1-12 "New from template"对话框

（2）选择编程语言，设置项目名称及存储位置。在"Console application"对话框中选择"C"选项，如图 1-13 所示。单击"Next"按钮，在"Project title"文本框中输入项目名称"Welcome"，在"Folder to create project in:"文本框中，通过浏览按钮选择文件存储位置，与此同时将自动生成同名的"Project filename"与"Resulting filename"，如图 1-14 所示。

（3）生成 main.c 源文件。单击"Next"按钮，设置编译器选项，如图 1-15 所示。由于此版本自带 GCC，因此 Code::Blocks 将会自动检测到相应的编译器。单击"Finish"按钮，即可进入程序编辑界面。此时 Code::Blocks 项目将自动创建名为 main.c 的源文件，其中包含了输出"Hello world！"的程序代码，其编辑界面如图 1-16 所示。

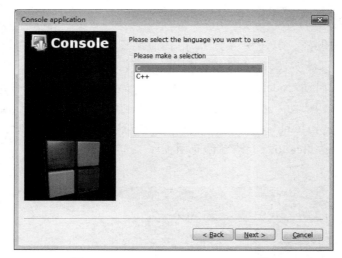

图 1-13　"Console application" 对话框

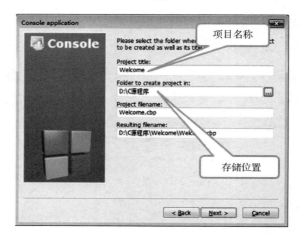

图 1-14　设置项目名称及存储位置

图 1-15　"编译器选项" 对话框

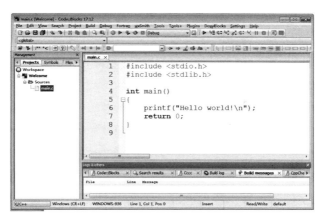

图 1-16　Code::Blocks 程序编辑界面

注意：编辑区代码左侧的行号是 IDE 自动加上的，编程时不用输入。

（4）程序的编译与运行。单击"Compiler Toolbar"工具栏上的"编译并运行"按钮即可编译并运行程序。该工具栏上分别由"编译""运行""编译并运行"等按钮组成，所在位置如图 1-17 所示。编译后会在 Messages 窗口中显示编译信息，如图 1-18 所示。若编译出错，则窗口内会显示所有错误或警告发生的位置与错误提示，并列出错误与警告的数量。双击错误信息，光标立刻跳转到发生错误的代码处。若编译和链接无误，则程序将在一个新打开的命令行窗口中运行并显示结果，如图 1-19 所示。

图 1-17　"Compiler Toolbar"工具栏

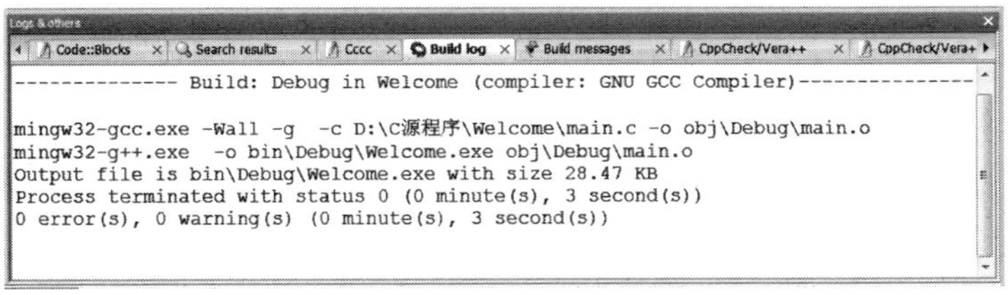

图 1-18　Messages 窗口中显示的编译信息

通常情况下，项目用于建立大型程序，而那些只需用单个程序文件就可以完成设计的简单算法程序，可以通过依次单击"File"→"New"→"Empty file"菜单命令建立。此时，Code::Blocks 不会自动生成测试程序，用户可以根据 C 语言的语法规则自行撰写测试程序。

图 1-19　"显示结果"窗口

注意：新建程序文件在编辑前建议先存成后缀名为.c 的源文件，再进行程序编辑，这样方便根据 C 语言的语法对程序的语句或关键字自动进行识别，例如，对 return 等关键字以不同颜色显示，当输入"{"时，系统将自动出现配对的"}"等。利用 Code::Blocks 这一功能，可以方便编写程序。

特别注意：以 Code::Blocks 作为开发平台，当需要编写新的 C 程序时，首先需要先选择"File" → "Close project"菜单命令，关闭当前项目，然后再选择新建项目或新建文件。若项目与单个 C 文件同时打开时，Code::Blocks 默认的编译与运行对象是项目，单个 C 文件不会被运行。

4. Code::Blocks 的环境设置

（1）设置编辑器字体和字号。依次单击"Settings" → "Editor" → "General settings" → "Choose"菜单命令，对编辑器字体和字号进行个性化设置，具体界面如图 1-20 所示。

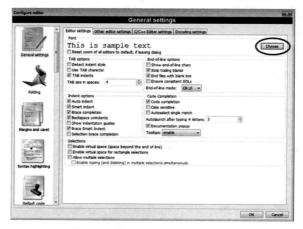

图 1-20　"General settings"界面

（2）查看编译器的安装位置。依次单击"Settings" → "Compiler"菜单命令，在弹出的"Compiler settings"对话框中选择"Global compiler settings"选项查看编译器的安装位置，如图 1-21 所示。

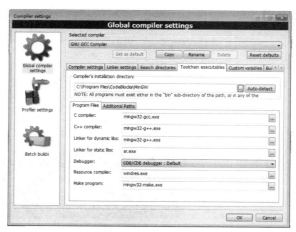

图 1-21　"Compiler settings"对话框

（3）常用的操作快捷键。熟练地掌握和使用快捷键可以有效提高编程效率，节约编程时间。表 1-1 是编辑部分常用的快捷键，表 1-2 是编译与运行部分常用的快捷键。

表 1-1　编辑部分常用的快捷键

快捷键	说明	快捷键	说明
Ctrl + A	全选	Ctrl + S	保存
Ctrl + C	复制	Ctrl + Z	撤销
Ctrl + X	剪切	Ctrl + Y	重做
Ctrl + V	粘贴	Ctrl + Shift + C	注释掉当前行或选中块
Tab	缩进当前行或选中块	Ctrl + Shift + X	解除注释

表 1-2　编译与运行部分常用的快捷键

快捷键	说明	快捷键	说明
Ctrl + F9	编译	Ctrl + F 10	运行上次成功编译后的程序
Ctrl +Shift + F9	编译当前文件（而不是当前打开的工程项目）	F9	编译并运行当前代码（若编译出错，则会提示错误而不会运行）
Shift + F11	窗口最大化与窗口还原	Ctrl + C	终止正在运行的程序

习　题　1

一、简答题

1. 简述 C 程序基本结构的特点。

2. 在 C 语言中，要完成一个 C 程序的调试，必须经过几个步骤？

二、选择题

1. 下面选项中表示主函数的是（　　）。

　　A．main()　　　　B．int　　　　　C．printf()　　　　D．return

2. C 语言属于下列哪类计算机语言（　　）。

　　A．汇编语言　　B．高级语言　　C．机器语言　　D．以上均不属于

3. C 程序从（　　）开始执行。

　　A．程序中第一条可执行语句　　　　B．程序中第一个函数

　　C．程序中的 main 函数　　　　　　D．包含文件中的第一个函数

4. （　　）是构成 C 程序的基本单位。

　　A．函数　　　　B．过程　　　　C．子程序　　　　D．子例程

5. 下列选项中，（　　）是多行注释。

　　A．//　　　　B．/* */　　　　C．\\　　　　D．以上均不属于

三、填空题

1. C 语言中源文件的后缀名为_____。

2. 在程序中，若使用 printf()函数，则应该包含_____头文件。

3．在 main()函数中，用于返回函数执行结果的是_____语句。

4．在程序中，_____是 C 语句的结束符。

实　验　1

一、实验目的

（1）熟悉 Code::Blocks 开发工具的使用规则。

（2）掌握 C 程序的执行过程。

二、实验内容

（1）编写程序，要求在屏幕上输出"I like C language!"。

（2）编写程序输出下列图案。

```
*******
*****
***
*
```

第2章 C语言基础知识

数据是计算机程序处理的对象，计算机处理的数据又可以分为不同的类型，而数据类型决定了程序能够执行的基本运算。因此本章将针对 C 语言开发中必须要掌握的数据类型、常量、变量、运算符等基础知识进行讲解。本章的内容结构如下。

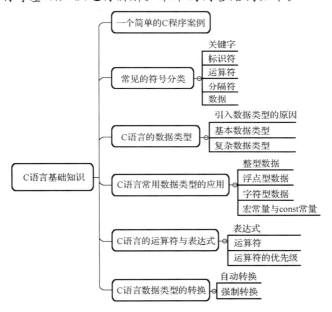

2.1　一个简单的 C 程序案例

在学习本章内容之前，先来看一个简单的 C 程序案例。

【例2.1】　计算并输出长方形的周长和面积。

```
1   #include<stdio.h>
2   int main()                          //主函数
3   {
4      int a,b,c,s;                      //变量定义和初始化
5      printf("Input two integers:");    //在屏幕上显示一条提示信息
6      scanf("%d,%d",&a,&b);            //输入两个整数 a 和 b
7      c=(a+b)*2;                        //计算长方形的周长
8      s=a*b;                            //计算长方形的面积
9      printf("c=%d,s=%d\n",c,s);        //输出长方形的周长和面积
```

```
10    return 0;
11 }
```

程序运行时，屏幕上首先显示提示行

```
Input two integers:
```

若此时从键盘输入

```
8,3    ↙(回车符)
```

则显示结果为

```
c=22,s=24
```

本案例虽然是一个简单计算长方形周长与面积的程序，但是出现了诸多符号，如 main、printf、return 等。这些符号代表什么意义？什么时候该在什么位置出现？这些都是编写程序的基础，也是本章重点讨论和解决的问题。

2.2　常见的符号分类

在 2.1 节中出现了很多符号，这些符号分别代表不同含义。常见的符号主要分为 5 类：关键字（Keyword）、标识符（Identifier）、运算符（Operator）、分隔符（Separator）和数据（Data）。

2.2.1　关键字

关键字又称保留字，一般为小写英文字母。它们是 C 语言中预先规定的具有固定含义的一些单词，如例 2.1 中出现的 int 和 return 都是关键字。用户只能按预先规定的含义来使用它们，不能擅自改变其含义。

C 语言中由 ANSI 标准定义的关键字共有以下 32 个。

auto	break	case	char	const	continue	default	do
double	else	enum	extern	float	for	goto	if
int	long	register	return	short	signed	sizeof	static
struct	switch	typedef	union	unsigned	void	volatile	while

小知识：1999 年 12 月 12 日，ISO 推出的 C99 版本新增了 5 个关键字：inline、restrict、_Bool、_Complex、_Imaginary。2011 年 12 月 18 日，ISO 发布 C 语言的新标准 C11，新增了一个关键字：_Generic。

2.2.2　标识符

标识符分为系统预定义标识符和用户自定义标识符两类。

1. 系统预定义标识符

顾名思义，系统预定义标识符是由系统预先定义好的，如例 2.1 中的主函数名 main、库函数名 scanf 和 printf 等。与关键字不同的是：允许用户赋予系统预定义标识符新的含义，但这样做会失去原有系统预先定义的含义，从而造成误解，因此这种做法是不提倡的。

2．用户自定义标识符

用户自定义标识符是由用户根据需要自行定义的标识符，通常用作函数名和变量名等，如例 2.1 中的用户自定义变量名 a、b、c、s 等。通俗一点说，用户自定义标识符就是程序员设计程序时为变量、常量和函数起的名字。

3．标识符命名

程序设计语言中的标识符具有以下命名规则。

（1）标识符以英文字母或下画线 "_" 为开头，后面可以是英文字母、数字或下画线。

如：getMax、a、_ Name 等都是合法的标识符；9a、add-2 不是合法的标识符。

（2）C 语言中标识符是区分英文字母大小写的。

如：STUDENT 与 student 代表不同的标识符。

（3）用户自定义标识符时应避开 C 语言预先规定的关键字、系统预定义标识符及一些具有特殊含义的标识符（又称为特定字），这些特定字是 C 语言的预处理命令。

如：define、endif、ifdef、ifndef、include、line、undef 等。

（4）标识符在命名时采取 "见名知意" 的原则。

如：用于存放成绩的变量取名为 score，用于求最大数的函数取名为 getMax 等。

（5）命名规则应尽量与所采用的操作系统或开发工具的风格保持一致。

如：Windows 应用程序的标识符通常采用大小写英文字母混排的方式，如 AddMax。

以上 5 项规则中的第（1）项是必须遵守的语法规定，后面 4 项是在进行标识符命名时为了避免发生一些错误所需要遵循的原则。另外，在 C 语言中，标识符可以为任意长度，但是在较早的 ANSI C 中规定，有意义的标识符的长度为前 6 个字符。所以为了标识不同的对象，并且不会在某些编译系统中被认为是同一个标识符，建议命名标识符时前 6 个字符要有所区别。

2.2.3　运算符

C 语言提供了丰富的运算符，共有 34 种。按照不同的用途，将这些运算符大致分为如表 2-1 所示的 14 类。各种运算符的具体应用将会在后面的章节逐步展开学习。

表 2-1　常用运算符分类

类　　型	运　算　符	类　　型	运　算　符
算术运算符	+、−、*、/、%	复合赋值运算符	+=、−=、*=、/=、%=
关系运算符	>、>=、==、<、<=、!=	自增/自减运算符	++、−−
逻辑运算符	&&、‖、!	条件运算符	?:
赋值运算符	=	强制类型转换运算符	（类型名）
指针和地址运算符	*、&	下标运算符	[]
计算字节数运算符	sizeof	结构体成员运算符	−>、.
位运算符	>>、<<、|、^、&、~	逗号运算符	,

2.2.4 分隔符

写程序如同写文章一样，都需要标点符号，在程序中这些标点符号被称为"分隔符"。C程序中最常用的分隔符主要有 3 种：空格、回车（换行）和逗号，它们在各自不同的应用场合起着分隔符的作用。例如，空格和回车（换行）作为程序中相邻的关键字、标识符之间的分隔符，逗号则用于相邻同类项之间的分隔。

```
如: int a,b,c;              //在这里逗号起着定义相同类型的变量之间的分隔作用
    printf("%d%d",a,b);     //在这里逗号起着在输出的变量列表中变量之间的分隔作用
```

除上述符号外，C 语言中还有一些具有特定含义的符号。例如，花括号 "{" 和 "}" 通常用于标识函数体或一个语句块。再如，"/*" 和 "*/" 是程序注释所需的定界符。

2.2.5 数据

程序执行的本质就是对数据进行加工和处理。程序处理的数据有变量与常量之分。所谓**常量**是指在程序执行过程中保持不变的数据。所谓**变量**是指在程序执行过程中对应的某些内存单元，变量的内容（值）是可以改变的。

如：例 2.1 中 printf 函数输出的 "Input two integers:" 就是一个字符串常量。例 2.1 中 main 函数中的 a、b、c、s 都是变量。

不论常量还是变量，在程序运行期间都要有内存空间来存放它们。存储的格式和长度则与它们的数据类型有关。

2.3　C 语言的数据类型

2.3.1 引入数据类型的原因

首先，了解计算机处理数据的一般流程，如图 2-1 所示。输入设备输入的数据需要存储在计算机的内存中才能被 CPU 进行加工和处理，经处理后的数据再经输出设备输出给用户使用。

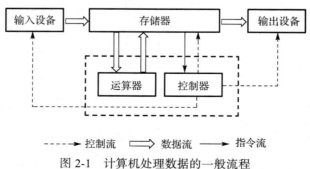

图 2-1　计算机处理数据的一般流程

在计算机处理数据的流程中，先要弄清楚什么是"数据"？在计算机学科中，**数据**是

指所有能输入计算机并被计算机程序处理的符号的总称，是用于输入计算机进行处理，并具有一定意义的英文字母、数字、符号和模拟量等的总称。这些客观存在的"数据"，其量非常之大，因此要弄清楚的第二件事就是如何高效地管理及使用这些数据？这个问题类似于一个大型超市如何解决让自己的顾客愉快购物一样。而通常超市管理者都会根据货物的属性、特征，把它们分门别类地放置在不同规格的货架上来方便顾客的选取。这些货物就是市场中的"数据"，对货物的分拣就相当于对数据的分类。在计算机中，为了能更有效地组织数据，规范数据的使用，提高程序的可读性，同样要根据数据存储形式、取值范围、占用内存大小及可参与的运算种类等方面对数据进行分类。

C 语言提供的数据类型（Data Type）分类如图 2-2 所示。

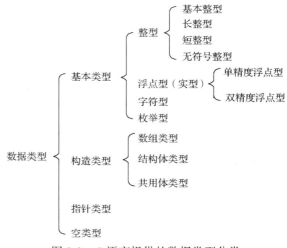

图 2-2　C 语言提供的数据类型分类

2.3.2　基本数据类型

基本数据类型的用法最简单，即在定义变量时直接使用相应的数据类型声明符声明变量的数据类型。

C 语言的基本数据类型包括整型、浮点型、字符型（char）和枚举型（enum）。整型又分为短整型（short int）、长整型（long int）和基本整型（int），浮点型又包括单精度浮点型（float）和双精度浮点型（double）。不同数据类型的数据由于其在内存的存储方式不同，存储所占的二进制位（bit）大多也不相同。即使是相同类型的数据在不同种类的计算机中所占位数也可能完全不相同，所占位数由编译程序决定。表 2-2 给出了常用基本数据类型占用存储空间的大小和存储的数据范围。

表 2-2　常用基本数据类型

类　型　名		占　用　空　间	数　据　范　围
signed	char	32 位（1 字节）	$0\sim255$
	short int	16 位（2 字节）	$-32768\sim32767$（$2^{-15}\sim2^{15}$）
	int	32 位（4 字节）	$-2147483648\sim214748647$（$-2^{31}\sim2^{31}-1$）
	long int	32 位（4 字节）	$-2147483648\sim214748647$（$-2^{31}\sim2^{31}-1$）
	long　long int	32 位（8 字节）	$-2^{63}\sim2^{63}-1$
unsigned	short int	16 位（2 字节）	$0\sim65535$（$0\sim2^{15}-1$）
	int	32 位（4 字节）	$0\sim4294967295$（$0\sim2^{32}-1$）
	long int	32 位（4 字节）	$0\sim4294967295$（$0\sim2^{32}-1$）
float		32 位（4 字节）	$-3.4\times10^{-38}\sim3.4\times10^{38}$
double		32 位（8 字节）	$-1.7\times10^{-308}\sim1.7\times10^{308}$

　　说明： 类型符 signed 与 unsigned 可用于限定任何整型。

　　signed 用来修饰 char、int、short 和 long，说明它们是有符号整数（正整数、0 和负整数）。一般有符号的整数都省略该类型符。

　　unsigned 类型的数总是正值或 0，并遵循算术模 2^n 定律，其中 n 是该类型占用的位数。例如，若 int 对象占用 32 位，则 unsigned int 类型的取值范围是 $0 \sim 2^{32}$。

　　不同系统下的编译器对不同类型变量分配的字节数可能会有所差异。C 语言提供了 sizeof 运算符来获得不同数据类型的变量所占用的字节数。其常用格式为

```
sizeof(类型)或 sizeof(变量)
```

　　例如：

```
printf("%d",sizeof(int));        //将输出 int 型变量占用的字节数
```

　　【例 2.2】　通过类型名称计算各基本数据类型所占内存的大小。

```
1   #include<stdio.h>
2   int main()
3   {
4       printf("数据类型     字节\n");
5       printf("char        %d\n", sizeof(char));
6       printf("short       %d\n", sizeof(short));
7       printf("int         %d\n", sizeof(int));
8       printf("unsigned    %d\n",sizeof(unsigned));
9       printf("long        %d\n", sizeof(long));
10      printf("float       %d\n", sizeof(float));
11      printf("double      %d\n", sizeof(double));
12      return 0;
13  }
```

　　程序在 32 位 Windows 7 操作系统 Code::Blocks 下运行的结果如下。

```
数据类型     字节
char        1
short       2
int         4
unsigned    4
long        4
float       4
double      8
```

2.3.3　复杂数据类型

　　虽然这些常用的基本数据类型给编程人员带来了许多方便，但是当表示复杂数据对象时，仅使用几种基本数据类型显然是不够的。那么有没有一种数据类型能很好地定义"纸牌"，包括其花色和牌面等多种不同类型的信息呢？

　　曾有人试图在语言中规定较多的基本数据类型，如数组、树、栈等。实践表明，这不是一种好方法，因为任何一种程序设计语言都无法将实际应用中涉及的所有复杂数据对象都作为其基本数据类型。所以，根本的方法是使语言具有让用户自己来构造或定义所需数据类型的机制。于是在后来发展的语言（如 C 语言）中出现了构造数据类型，它允许用户根据实际需要利用基本数据类型来自己构造数据类型。例如，C 语言中的数组、结构体和共用体就属于构造数据类型，用户利用这种机制可以自己构造链表、树、栈等复杂的数据结构。

　　因此构造类型则是由基本数据类型及构造类型本身组合而成的。由于其使用起来比基本数据类型复杂，因此也可以称其为**复杂数据类型**。还有一种特殊的复杂数据类型就是指针，指针提供了动态分配空间的能力，并提高了程序的运行效率。指针在 C 语言中使用极为普遍，是 C 语言的精髓，也是 C 语言的难点。

　　尽管构造数据类型机制使得某些比较复杂的数据对象可以作为某种类型的变量直接处理，但是这些类型的表示细节对外是可见的，没有相应的保护机制，因而使用中会带来许多问题。例如，在一个模块中用户可以随意修改该类型变量的某个成分，而这种修改对处理该数据对象的其他模块又会产生间接影响，这对一个由多人合作完成的大型系统的程序开发是很不利的。于是出现了**信息隐藏**（**Information Hiding**）和抽象数据类型的概念。

　　抽象数据类型（**Abstract Data Type，ADT**）是指这样一种数据类型，它不再单纯是一组值的集合，还包括作用在值集上的动作或操作的集合，而且类型的表示细节及操作的实现细节对外是不可见的。之所以说它是抽象的，是因为外部只知道它做什么，而不知道它如何做，更不知道数据的内部表示细节。这样，即使改变数据的表示，改变操作的实现，也不会影响程序的其他部分。抽象数据类型可以达到更好的信息隐藏效果，因为它使得程序不依赖于数据结构的具体实现方法，只要提供相同的操作，换用其他方法实现同样的数据结构后，不需要修改程序。这个特征对系统的维护和修改非常有利。C++语言中的**类**（**Class**）就是抽象数据类型的一种具体实现。从 C 语言的结构体过渡到 C++语言的类，其实不仅是数据类型的扩展，它使得从面向过程的 C 语言过渡到面向对象的 C++语言发生了思考问题角度和程序设计方法的根本性转变。

　　C 语言的基本数据类型是构造复杂数据类型的基础，本章将着重介绍基本数据类型的用法。

2.4　C 语言常用数据类型的应用

2.4.1　整型数据

1．整型常量

　　C 语言表示整型常量的方法比较特殊。整型常量的表示方法有 3 种：十进制数表示、八进制数表示和十六进制数表示。C 编译系统以一组数字中第 1 个数字的不同来区分 3 种不同的进制数。

　　（1）十进制数：十进制数没有前缀，其数码为 0～9，如 123、–456、0。

（2）八进制数：八进制数必须以数字 0 开头，其数码为 0～7，如 0123 表示八进制数 123，–011 表示八进制数–11。

（3）十六进制数：十六进制数的前缀为 0X 或 0x，其数码为 0～9、A～F 或 a～f，如 0x36C 表示十六进制数 36C，–0x12d 表示十六进制数–12d。

C 语言的编译程序将整型常量按照普通整型变量的长度来存储。也就是说，在相同编译环境下，12、012 和 0x12 都占 32 位。

注意：整型常量表示的数据不能超过机器所能表示的整型数据的范围。例如："printf("%d",100000000000)" 的结果不会是 100000000000，因为已经超出了整数的表示范围，所以一定要注意，不能在程序中使用超过整数表示范围的整型常量，因为对于这种错误，C 编译系统不会明确指出。

2．整型变量

在 C 语言中，整型变量分为三类：short、int 和 long，这是根据整型变量所占的二进制位数来分类的。在 Code::Blocks 环境中，int（基本整型）占 32 位，short（短整型）占 16 位，而 long（长整型）也占 32 位。还可以根据整型变量是否带符号位来分类，分为无符号（unsigned）和带符号（signed）两种整型变量，而通常带符号（signed）整型变量可以省略。

（1）变量声明。在使用变量前必须对其进行声明。**变量声明的一般格式为**

```
类型关键字   变量名;
```

例如：声明以下变量 length1、length2、length3、length4。

```
int        length1;        //length1 为基本整型变量
short      length2;        //length2 为短整型变量
long       length3;        //length3 为长整型变量
unsigned   length4;        //length4 为无符号基本整型变量
```

ANSI C 对使用变量的基本原则是：变量必须先声明后使用；所有变量必须在第一条可执行语句前声明；声明的顺序无关紧要；一条声明语句可声明若干个同类型的变量。即若几个变量具有相同的类型，则可以把它们的声明合并，例如

```
int length, width;        //声明了两个整型变量 length 和 width
```

注意：
- 一条完整的声明语句都要以分号结尾。
- 在同一个函数中，不能声明同名的多个变量。
- 变量的命名规则与用户自定义标识符的命名规则相同，需要同时遵循"见名知意"的原则。在 C 语言的每个函数中都可以声明函数需要使用的变量。例如

```
int main()
{
    变量声明...
    函数语句...
}
```

从 C99 开始,声明可以不在语句之前。例如,main 函数中可以先有一个声明,后面跟一个语句,然后再跟一个声明(这种形式在 C++、Java 等语言中很常见)。考虑到与以前的编译器兼容,本书中的程序暂不采用这个规则。

(2)变量初始化。变量名是由用户定义的标识符,用于标识内存中一个具体的存储单元,在这个存储单元中存放的数据称为变量的值。通常,已定义但未赋初值的变量的值是随机值(静态变量和全局变量除外)。因此,提倡在定义变量的同时对变量进行初始化(即为其赋初值)。其形式为

```
类型关键字　变量名 1 =常量 1 [ ,变量名 2 =常量 2, …];
```

例如,初始化以下变量 sum、counter、num。

```
long int sum = 0;          //定义 sum 为长整型变量,初值为 0
int counter=0, num=1;      //定义 counter、num 为基本整型变量,初值分别为 0 和 1
```

3.整型数据的输出

1.3 节讲述预处理命令时,讲过 C 语言中没有提供专门的输入/输出语句,输入/输出操作是通过调用 C 标准库函数来实现的。C 标准函数库中提供许多用于标准输入/输出操作的库函数,而输出整型数据需要使用的是 printf 函数。

(1)printf 函数的一般格式如下。

```
printf("格式控制字符串",输出值参数表)
```

格式说明:格式控制字符串是用双引号括起来的字符串,**输出值参数表**中可有多个输出值,也可没有输出值(当只输出一个字符串时)。一般格式控制字符串包括两部分:格式转换说明符和需原样输出的普通文本字符。

整型数据输出时,可以根据自己的需要的输出格式来调用 printf 函数。通常输出整型数据时,printf 函数的格式转换说明符部分包括**转换声明符**和**转换字符**两部分。其中,转换声明符是%,显示整型数据的转换字符包括 d、o、x、X 和 u 等。具体使用方法如下。

(1)**%d**:指定数据按带符号的十进制数整型输出,正数的符号省略。

(2)**%o**:指定数据按八进制数整型输出。

(3)**%x**:指定数据按十六进制数整型小写输出。

(4)**%X**:指定数据按十六进制数整型大写输出。

(5)**%u**:指定数据按无符号十进制数整型输出。

注意:除%d 外,其余格式都将数据作为无符号数输出。

【例 2.3】　输出十进制数 101 对应的八进制数和十六进制数。

```
1  #include <stdio.h>
2  int main ()
3  {
4     unsigned int  a=101;
5     printf("十进制数%d 的八进制数是%on",a,a);
6     printf("十进制数%d 的十六进制数是%x\n" ,a,a);
```

```
7      return 0;
8   }
```

程序运行结果如下。

> 十进制数 101 的八进制数是 145
> 十进制数 101 的十六进制数是 65

（2）printf 函数的格式修饰符

在 printf 函数的格式说明中，在%和转换字符之间的位置，还可插入如表 2-3 所示的 printf 函数的格式修饰符，用于指定输出数据的最小域宽（Field Width）、精度（Precision）和对齐方式等。

表 2-3　printf 函数的格式修饰符

字　　符		说　　明
标志字符	–	输出的数字或字符在域内向左对齐，右端补空格，省略时为右对齐
	+	若输出数据为正，则为"+"；若输出数据为负，则为"–"，默认正数不输出"+"
	#	八进制数输出时加前缀 0，十六进制数输出时加前缀 0x
域宽指示	m	指示输出项所占的最小宽度。当 m 小于数据实际宽度时，按实际宽度输出
精度指示	.n	对于实数，表示输出 n 位小数；对于字符串，表示截取的字符个数
长度修正	l	用于长整数，可加在转换字符 d、o、x、u 之前
	h	用于短整数，可加在转换字符 d、o、x、u 之前

【例 2.4】　运行下面程序，然后写出程序运行结果。

```
1   #include <stdio.h>
2   int main ()
3   {
4     int  a=1234;
5     printf("%d\n",a);
6     printf("%6d\n",a);
7     printf("%-6d\n",a);
8      printf("%3d\n",a);
9     printf("%#o\n",a);
10     printf("%#x\n",a);
11     return 0;
12   }
```

程序运行结果如下。

```
1234
    1234
1234
1234
02322
0x4d2
```

4．整型数据的输入

C 标准函数库中输入整型数据时，需要使用 scanf 函数。

（1）scanf 函数的一般调用格式为

```
scanf("格式控制字符串"，参数地址表);
```

格式说明：scanf 函数的格式控制字符串与 printf 函数的类似，也是用双引号括起来的字符串，其中格式转换说明符同样是以"%"开始，以一个转换字符结束，用于控制输入数据的类型与格式。而与 printf 函数格式不同之处在于格式控制字符串中出现的普通文本字符，它仅作为输入分隔符，是不会显示在屏幕上的。

需要注意的是，参数地址表必须使用地址，普通变量的地址是在变量名前加取地址符"&"。若 scanf 函数需要一次输入多个数据，则中间各个输入域之间可以用分隔符分隔。

输入整型数据的转换字符与输出整型的转换字符相同，包括 d、o、x、X 和 u 等。具体使用方法如下。

（1）**%d**：指定数据按有符号十进制数整型输入。

（2）**%o**：指定数据按无符号八进制数整型输入。

（3）**%x**：指定数据按无符号十六进制数整型小写输入。

（4）**%X**：指定数据按无符号十六进制数整型大写输入。

（5）**%u**：指定数据按无符号十进制数整型输入。

【**例 2.5**】　输入两个普通整数，计算并输出它们的和。

```
1  #include <stdio.h>
2  int main ()
3  {
4    int  x,y,sum;
5    printf("请输入两个整数: ");
6     scanf("%d%d",&x,&y);
7     sum=x+y;
8    printf("%d+%d=%d\n",x,y,sum);
9    return 0;
10 }
```

程序运行时，屏幕上首先显示如下提示行。

```
请输入两个整数:
```

若此时从键盘输入

```
20  30  ↙(回车符)
```

则显示结果为

```
20+30=50
```

注意：本程序在调用 scanf 函数前，调用 printf 函数输出了一行提示"请输入两个整数: "。对于一个优秀的程序员来说，提供良好的人机交互界面是一个非常好的习惯。另外，当 scanf

读入一组整数时，若默认输入分隔符，则可以用空格、Tab 或回车符作为分隔符，这样 scanf 函数会认为输入信息中只要有一个连续的非空白字符的数字串就是一个输入域。例如，本例中从键盘输入：20　30↙（回车符）就是利用空格分开两个输入域。

【例 2.6】　输入格式与键盘输入的匹配。

```
1  #include <stdio.h>
2  int main ()
3  {
4    int  x,y,sum;
5    printf("\n 请以 x+y=格式输入两个整数: \n");
6     scanf("%d+%d=",&x,&y);
7     sum=x+y;
8    printf("%d\n", sum);
9    return 0;
10 }
```

运行程序时，屏幕上首先显示以下提示行。

请以 x+y=格式输入两个整数:

此时从键盘输入的格式必须正确，例如

20+30= ↙(回车符)

这样会得到正确的输出结果为

50

假设输入的内容为

20　30　↙(回车符)

将会得到一个意想不到的结果，可能是

6103764

说明：为什么会得到这样的结果呢？这是因为 scanf 函数中双引号括起的普通字符（除了字符%）并不是系统输出的，而是要求用户输入的，并且输入的字符必须与双引号中的字符对应。语句 "scanf("%d+%d=",&x,&y);" 要求在两个整数之间输入 "+" 号，并在第二个整数后面输入 "="；否则，x 与 y 接收的数据不正确，也就是说，并没有将 20 和 30 正确地送入 x 和 y 这两个变量中，从而得出一个意想不到的结果 6103764。

像这种普通字符需要原样输入的做法，显然过多地约束了用户输入的格式，使用时是非常不方便的，因此编写程序时不推荐使用这样的输入格式。

注意：本程序未按正确格式输入时，也许并不是每次运行的结果都是 6103764，这个结果的产生具有偶然性，该结果是当时 x 变量和 y 变量存储单元的值相加的结果，与输入并无直接关系。

（2）scanf 函数的格式限制符。在 scanf 函数的格式转换说明符中，在%和转换字符之间可以插入如表 2-4 所示的 scanf 函数格式限制符，对输入数据加以限定。

表 2-4　scanf 函数的格式限制符

字　　符		说　　明
宽度指示符	m	宽度指示符用十进制数指定输入数据的最大宽度
赋值抑制符	*	赋值抑制符表示输入项读入后不赋值给相应的变量，即跳过该输入值
长度修正符	l	长度修正符 l 用于输入长整数，另外 l 还可加在转换字符 f 前，用于输入 double 型变量的值
	h	长度修正符 h 用于输入短整数

【例 2.7】　格式限制符的使用。

```
1  #include <stdio.h>
2  int main ()
3  {
4    int  x,y,sum;
5    printf("请输入两个整数: \n");
6     scanf("%2d%2d",&x,&y);
7     sum=x+y;
8    printf("%d+%d=%d\n", x,y,sum);
9    return 0;
10 }
```

运行程序时，屏幕上首先显示以下提示行

请输入两个整数:

若此时从键盘输入

1234 56 ↙(回车符)

则会把 1234 的前 2 位 12 赋值给整型变量 x，而把 1234 的后两位 34 赋值给变量 y（其余部分驻留在键盘缓冲区），这样得到输出结果为

12+34=46

假如此时从键盘输入

123↙(回车符)

那么会把前 2 位 12 赋值给整型变量 x，而把后一位 3 赋值给变量 y，这样得到输出结果为

12+3=15

假设将输入语句 "scanf("%2d%2d",&x,&y);" 改为 "scanf("%d%*d%d",&x,&y);"，若此时从键盘输入

12 34 56 ↙(回车符)

则会把 12 赋值给整型变量 x，34 被读入但由于 "*" 的作用而未被赋值给变量 y，而是将后面的 56 赋值给变量 y，这样会得到输出结果为

12+56=68

2.4.2 浮点型数据

1．浮点型常量

（1）浮点型常量的表示形式。浮点型常量是带小数点的数据，在 C 语言中浮点型常量有两种表示形式。

① 十进制浮点型常量的表示形式。C 程序中的十进制浮点型常量的书写形式与数学中数字的书写方式一样，均由数字和小数点组成。例如，.2、3.1415926、-2.25、20.等都是合法的浮点型常量。

② 指数形式。指数形式类似于数学中的科学记数法，由尾数和指数组成。在 C 语言中，指数具体由十进制数尾数部分、字母 E（或 e）和整型指数部分组成。例如：3.1415926 可以写成 31.415926×10^{-1} 和 0.31415926×10^{1} 等的等价形式，在 C 语言中，可分别表示成 31.415926e-1 和 0.31415926E1。当尾数部分的小数点前只有一位有效整数时，相应的指数表示称为"规范化的指数形式"。例如：3.1415926 的规范化指数形式为 3.1415926e0。特别注意，程序按指数形式输出浮点数时，将按规范化的指数形式输出。

注意：e2 与 4E3.5 都是不合法的表示形式，其中 e2 缺少尾数部分；4E3.5 中的指数不能为浮点数。

（2）浮点型常量的分类。浮点型常量分为单精度浮点数（float）与双精度浮点数（double）两种形式。两者的区别是占用的字节数不同，在 VC 编译器和 CB（Code::Blocks）编译器中，一个单精度浮点数占用 4 字节，而一个双精度浮点数占用 8 字节，从而导致它们具有不同的数据表示范围与精度。

C 语言规定，浮点型常量默认的类型为双精度型，如 3.14 是双精度浮点型常量。当需要特别指明浮点型常量所属类型是单精度类型时，需要在其常量值后加 F 或 f，如 3.14F，0.217e2f 等。

2．浮点型变量

浮点型变量可称为实型变量，浮点型变量是用来存储小数数值的。在 C 语言中，浮点型变量分类与浮点型常量分类相同，同样分为两种：单精度浮点数（float）和双精度浮点数（double），但是 double 型变量所表示的浮点数比 float 型变量表示的浮点数更精确。在前面基本数据类型中已经在表 2-2 中列举了两种不同数据类型所占用的存储空间大小及取值范围，这里就不再赘述了。

C 语言规定，浮点型常量默认的类型为双精度型，那么浮点型变量赋值时同样会被默认为双精度，在为一个 float 型变量赋值时同样可以在后面加上字母 F 或 f，但 C 语言在为变量赋值时，可以自动转换类型，所以其后缀可以省略。另外，在程序中也可以为一个浮点型变量赋一个整数数值。

例如，为浮点型变量赋值。

```
double d=100;        //声明一个 double 型的变量并赋整数值
float f=100;         //声明一个 float 型的变量并赋整数值
```

3．浮点型数据的输入与输出

同样利用 scanf 和 printf 两个函数控制浮点型数据的输入与输出。

（1）浮点型数据的输出。通常浮点型数据输出时，printf 函数的格式转换说明符部分同样包括转换声明符和转换字符两部分，显示浮点型数据的转换字符包括 f、e、E、g、G 等。具体使用方法如下。

①**%f**：以十进制数形式输出实数，整数部分全部输出，隐含输出 6 位小数。

②**%e**：以指数形式小写 e 输出实数，要求小数点前必须有且仅有 1 位非零数字。

③**%E**：以指数形式大写 E 输出实数，要求小数点前必须有且仅有 1 位非零数字。

④**%g**：根据数据的绝对值大小，自动选取 f 或 e 格式中输出宽度较小的一种使用，且不输出无意义的 0。

⑤**%G**：根据数据的绝对值大小自动选取 f 或 E 格式中输出宽度较小的一种使用，且不输出无意义的 0。

（2）浮点型数据的输入。输入浮点型数据的转换字符与输出浮点型数据的转换字符相同，包括 f、lf、e、E、g、G 等。具体使用方法如下。

①**%f**：输入 float 型实数，可以用小数形式或指数形式输入。

②**%lf**：输入 double 型实数，可以用小数形式或指数形式输入。

③**%e、%E、%g、%G**：与 f 的作用相同，e 可以与 f、g 互相交换使用。注意：输入 double 型数据需要加前缀 l。

由于浮点型数据是由有限存储单元组成的，因此只能提供有限的有效数字，故在有效位以外的数字将不精确。双精度浮点数的有效位数更多，比单精度浮点数更能精确表达数据，它能提供 15～16 位有效位数，而单精度浮点数只能提供 6～7 位有效位数。下面对浮点型数据两种分类的使用差异，举例说明。

【例 2.8】　输入两个浮点数，输出两个浮点数的和。

```
1   #include <stdio.h>
2   int main ()
3   {
4     float x,y;
5     float sum;
6     printf("请输入两个实数\n");
7     scanf("%f,%f",&x,&y);
8     sum=x+y;
9     printf("%f+%f=%f\n", x,y,sum);
10    return 0;
11  }
```

运行程序时，屏幕上首先显示以下提示行

请输入两个实数

此时通过键盘输入

1.234567, 1.234567↵(回车符)

33

得到输出结果为

```
1.234567+1.234567=2.469134
```

注意： 若输入数据的有效位数超过 7 位，则计算结果的精度将受到影响。若例 2.8 中的输入实数分别为 12.345678 和 12.345678，则输出结果并不是 24.691356，而是 24.691357，这时最后一位与正确结果存在出入。这是因为单精度存储的数据有效位数是 7 位，而输入数据的位数是 8 位。那么解决这种误差的方法是将数据类型改为双精度浮点型。因此，将上述程序改为

```
1  #include <stdio.h>
2  int main ()
3  {
4    double x,y;
5    double sum;
6    printf("请输入两个实数\n",x,y);
7    scanf("%lf,%lf",&x,&y);
8    sum=x+y;
9    printf("%lf+%lf=%lf\n",x,y,sum);
10   return 0;
11 }
```

此时通过键盘输入

```
12.345678, 12.345678↙(回车符)
```

得到输出结果为

```
12.345678+12.345678=24.691356
```

同样，浮点型变量的取值范围也是要考虑的一个问题。若输入的两个数或是计算结果超出了单精度浮点数所能表示的范围，则需要将数据类型改为双精度浮点型。

在整型数据输出时，转换声明符和转换字符之间可以添加多种格式修饰符修饰输出格式。浮点型数据输出时，同样可以在%与 f（或 e）之间添加格式修饰符，最常用的就是宽度（m）和精度（.n）修饰符。例如：%8.3f 表示输出格式的域宽为 8，小数的有效位是 3。

注意： 域宽并不是指整数位的宽度，而是指整个浮点数显示的宽度，还包括小数点。例如，1234.567 的域宽是 8，有效位是 3。若不指定域宽和有效位的输出位数，系统默认的输出位数是 6；若指定的域宽大于所显示的数的实际域宽，则未用的位置用空格填写；若指定的域宽小于所显示的数的实际域宽，则按数的实际域宽显示。另外，左对齐符号在显示浮点数时同样适用。

【例 2.9】 输入两个浮点数，输出这两个数的和。

```
1  #include <stdio.h>
2  int main ()
3  {
4    float x=12.345678;
5    double y=987654.32109;
```

```
6     printf("%f,%lf\n", x,y);              //未指定域宽和精度，以十进制数形式输出
7     printf("%e,%le\n", x,y);              //未指定域宽和精度，以指数形式输出
8     printf("%12.4f,%12.4lf\n", x,y);      //指定 12 位域宽和 4 位精度
9     printf("%-12.4f,%-12.4lf\n", x,y);    //指定 12 位域宽和 4 位精度，左对齐
10    printf("%12f,%12lf\n", x,y);          //指定 12 位域宽，精度为默认值
11    printf("%8.4f,%8.4lf\n", x,y);        //指定 8 位域宽和 4 位精度
12    return 0;
13 }
```

程序运行结果如下。

```
12.345678,987654.321090
1.234568e+001,9.876543e+005
  12.3457, 987654.3211
12.3457      ,987654.3211
  12.345678,987654.321090
12.3457,987654.3211
```

2.4.3　字符型数据

1．字符型常量

字符型常量是由单引号括起来的单个字符，如'A'、'\n'、'#'等。字符型常量常见形式有两种：一种是普通字符，另一种是转义字符。

（1）普通字符。普通字符是指在 ASCII 码表中存储的字符，如'A'、'Z'、'3'、'#'等。

字符型常量存储在内存中时，并不是直接存储字符（如'A'、'Z'、'#'等）本身，而是以其 ASCII 码值存储的。如字符'A'的 ASCII 码值是 65，因此在内存中以二进制数形式存放 65。

注意：

- 单引号只是字符型常量的界限符。
- 字符型常量只能是一个字符，不包括单引号，不能写成'AB'或'12'。
- 字符型常量区分英文字母大小写，'A'和'a'是不同的字符型常量。

（2）转义字符。有些字符是无法用一般形式来表示的，可以用转义字符来表示以字符'\'开头的字符序列。例如，'\n'表示一个换行符，'\t'表示一个制表符。常用转义字符如表 2.5 所示。

表 2-5　常用转义字符

字符	含 义	字符	含 义
'\a'	响铃报警提示音（Alert or Bell）	'\0'	空字符，通常用作字符串结束标志
'\b'	退格（Backspace）	'\"'	一个双引号（Double Quotation Mark）
'\f'	走纸换页（Form Feed）	'\''	单引号（Single Quotation Mark）
'\n'	换行（Newline）	'\\'	一个反斜线（Backslash）
'\r'	回车（不换行）	'\?'	问号（Question Mark）
'\t'	水平制表（Horizontal Tabulation）	'\ddd'	1～3 位八进制数 ASCII 码值所代表的字符
'\v'	垂直制表（Vertical Tabulation）	'\xhh'	1～2 位十六进制数 ASCII 码值所代表的字符

2．字符型变量

字符型变量用于存储一个单一的字符，在 C 语言中数据类型用 char 表示，其中每个字符型变量都会占用 1 字节。在给字符型变量赋值时，需要用一对英文半角格式的单引号（' '）把字符括起来。

例如，为字符型变量赋值。

```
char  ch= 'A';          //将字符'A' 赋值给字符型变量 ch
```

上述代码中，将字符型常量'A'存放到字符型变量 ch 中，实际上并不是把该字符本身存放到变量的内存单元中，而是将该字符对应的 ASCII 码值存放到字符型变量的存储单元中。例如，ASCII 码值 65 对应大写英文字母'A'，因此变量 ch 存储的是整数 65，而不是'A'本身。

3．字符型数据的输入与输出

（1）字符输出函数（putchar）。putchar 函数的功能是将一个字符输出到显示器上并显示。putchar 函数的调用格式为

```
putchar(参数);
```

格式说明：其中，参数是 int 型或 char 型表达式，当参数为 int 型表达式时，输出与参数等值的 ASCII 字符，因此参数的值最好在 0～127 范围内，否则可能输出乱码。若使用 putchar 函数，则需要在程序最前面加上#include<stdio.h>。

【例 2.10】 putchar 函数应用举例。

```
1   #include <stdio.h>
2   int main ()
3   {
4      char x='g';
5      int y=100;
6      putchar(x-32);          //小写英文字母转换为大写英文字母
7      putchar(x+8);
8      putchar(x+8);
9      putchar(y);
10     putchar('\n');
11     return 0;
12  }
```

程序运行结果如下。

```
Good
```

（2）字符输入函数（getchar）。getchar 函数返回从键盘输入一个字符的 ASCII 码值。该函数调用的常用形式为

```
变量=getchar();
```

执行该语句时，变量将得到用户从键盘输入的一个字符的 ASCII 码值，变量可以为字符型或整型。

【例 2.11】　getchar 函数与 putchar 函数应用举例。

```
1   #include<stdio.h>
2   int main()
3   {
4       char ch;
5       printf("Press a key and then press Enter:");
6       ch=getchar();          //从键盘输入一个字符，并将该字符存入变量 ch 中
7       printf("You pressed:");
8       putchar(ch);           //在屏幕上显示变量 ch 中的字符
9       putchar('\n');
10      return 0;
11  }
```

该程序首先执行第 5 行可执行语句，这时会在屏幕上显示如下提示信息。

```
Press a key and then press Enter:
```

然后执行第 6 行可执行语句，程序等待用户从键盘输入一个字符。例如：通过键盘输入字符 A，并按下回车键，那么程序继续向下执行第 7 行可执行语句，在屏幕上显示如下信息。

```
You pressed:
```

接着执行第 8 行可执行语句，则在屏幕上会显示如下信息。

```
You pressed: A
```

最后执行第 9 行可执行语句，目的是将光标移动到下一行的起始位置。

假如该程序希望根据提示，首先接收一个从键盘输入的字符并输出所输入的字符，接着再提示输入下一个字符，并输出第二次输入的字符。那么是不是可以将程序的第 5～8 行的语句复制后，粘贴到第 9 行后面就可以了。期待的结果如下。

```
Press a key and then press Enter:
A↵
You pressed: A
Press a key and then press Enter:
B↵
You pressed: B
```

但程序实际运行的效果是怎样的呢？

测试一：在第一次出现输入提示后输入 A↵（回车符），程序运行的结果如下。

```
Press a key and then press Enter:A
You pressed: A
Press a key and then press Enter: You pressed:
```

可见，第一次输入后的"↵（回车符）"影响了第二次输入，第二次出现的 ch=getchar();只接收到第一次输入完成后驻留在键盘缓冲区中的回车符。

测试二：在第一次出现输入提示后输入 AB↵（回车符），程序运行的结果如下。

```
Press a key and then press Enter:A
You pressed: A
Press a key and then press Enter: You pressed: B
```

可见，ch=getchar();语句只从第一次输入的 AB↙读取了字符 A，而字符 B↙驻留在键盘缓冲区。因此，在第二次输入提示后，第二个 ch=getchar();语句不用等待用户从键盘上输入字符，而是直接接收了键盘缓冲区的第一个字符 B，接着执行 putchar(ch);，直接在第二条提示信息的后面输出了字符 B。

为了实现期望的人机交互方式，可以在"putchar('\n');"语句后增加一个"getchar();"语句，用于清除上次输入驻留在缓冲区中的回车符。这样第二个"ch=getchar();"语句就可以等待用户从键盘输入字符后再输出。修改后的程序见例 2.12

【例 2.12】 利用 getchar 函数清除缓冲区中的驻留字符。

```
1  #include <stdio.h>
2  int main ()
3  {
4      char ch;
5      printf("Press a key and then press Enter:");
6      ch=getchar();
7      printf("You pressed:");
8      putchar(ch);
9      putchar('\n');
10     getchar();
11     printf("Press a key and then press Enter:");
12     ch=getchar();
13     printf("You pressed:");
14     putchar(ch);
15     return 0;
16 }
```

程序运行的结果如下。

```
Press a key and then press Enter:A
You pressed: A
Press a key and then press Enter:B
You pressed: B
```

（3）字符格式的输入与输出。字符型数据除可以利用 getchar 函数和 putchar 函数进行字符输入与输出外，还可以利用 scanf 和 printf 这两个函数控制字符型数据的输入和输出。

在调用 scanf 和 printf 这两个函数时，使用转换字符%c 可以完成输入/输出单个字符。

【例 2.13】 从键盘输入一个整数加法表达式："操作数 1+操作数 2"，然后计算并输出表达式的计算结果，形式为"操作数 1+操作数 2=计算结果"。

```
1  #include <stdio.h>
2  int main ()
3  {
```

```
4        int data1,data2;
5        char op;
6        printf("Please enter the expression data1+data2\n");
7        scanf("%d%c%d",&data1,&op,&data2);
8        printf("%d%c%d=%d\n",data1,op,data2,data1+data2);
9        return 0;
10 }
```

从键盘依次输入 20、+和 30 后的程序运行结果如下。

```
Please enter the expression data1+data2
20+30
20+30=50
```

但是若从键盘依次输入 20、空格、+、空格和 30 后的程序运行结果如下。

```
Please enter the expression data1+data2
20 + 30
20 -858993460 = -858993440
```

可见该输出结果错误，发生这种错误的原因是因为数据没有被正确读入。缓冲区中驻留字符的问题，不但在 getchar 函数中会发生，而且在 scanf 函数输入字符型数据时也会发生。解决该问题的方法有两种，第一种：利用 getchar 函数清除缓冲区中的驻留字符；第二种：可以利用在%c 前加一个空格的方法，将前面数据输入时存于缓冲区中的空格符读入，避免被后面的字符型变量作为有效字符读入。就程序的可读性而言，第二种方法更好一些。改进后的程序见例 2.14。

【例 2.14】　利用空格清除缓冲区中的驻留字符。

```
1  #include<stdio.h>
2  int main ()
3  {
4        int data1,data2;
5        char op;
6        printf("Please enter the expression data1+data2\n");
7        scanf("%d %c %d",&data1,&op,&data2);
8        printf("%d%c%d=%d\n",data1,op,data2,data1+data2);
9        return 0;
10 }
```

此时若从键盘依次输入 20、空格、+、空格和 30 后的程序运行结果如下。

```
Please enter the expression data1+data2
20 + 30
20+30= 50
```

4. 字符串常量

字符串常量是用双引号括起来的字符序列。例如："Hello world!"、"123.456"。字符串常量的存储与字符型常量的存储不同。C 编译程序在存储字符串常量时自动采用 "\0" 作为结束的标志。

例如，"good"是一个字符串常量，在内存中它实际所占的字节数是 5 而不是 4，其存储格式如图 2-3 所示。

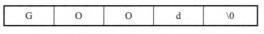

| G | O | O | d | \0 |

图 2-3　字符串常量"good"的存储格式

注意："a"是字符串常量，'a'是字符型常量，它们在内存中占的字节数不同，前者占 2 字节，后者占 1 字节。因此，"a"和'a'是两个完全不同的常量。

输出字符串常量有两种方法：一种是将其作为控制信息字符串直接输出，即 "printf("Hello world!")"；另一种是使用%s 控制输出一个字符串常量，即 "printf ("%s","Hello world!")"。

2.4.4　宏常量与 const 常量

常量是在程序执行过程中保持不变的数据。在前面按照基本数据类型分别讲述了整型常量、浮点型常量、字符型常量和字符串常量，而在编写程序时还需要加入一些"特殊"常量来代替程序中的数字或字符串。

为什么需要使用这些"特殊"常量，而不是直接在程序中书写数字或字符串？这是因为直接在程序中书写数字或字符串，会带来很多问题。若程序中使用过多的数字或字符串，则会导致程序的可读性变差，一段时间后，程序员自己可能也会忘记数字或字符串代表的含义；若在程序的许多地方输入相同的数字或字符串，则很难保证不发生书写错误；若要修改数字或字符串，则需要在很多地方进行同样的改动，这样既麻烦又容易出错。因此使用含义直观的宏常量或 const 常量代替程序中多次出现的数字或字符串，可以有效提高程序的可读性和可维护性。

1. 宏常量

宏常量也称符号常量（Symbolic Names or Constants），是指用一个标识符代表的一个常量，这时该标识符与此常量是等价的。宏常量是由 C 语言中的宏定义编译预处理命令来定义的。宏定义的一般形式为

```
#define 标识符 字符串
```

格式说明：其作用是用#define 编译预处理命令定义一个标识符和一个字符串，凡在源程序中发现该标识符时，都用其后指定的字符串来替换它。宏定义中的标识符被称为宏名（Macro Name），将程序中出现的宏名替换成字符串的过程称为宏替换（Macro Substitution）。宏名与字符串之间可以有多个空格，但字符串后只能以换行符终止，一般不会出现分号，除非特殊需要。例如

```
#define  PI  3.14159;
```

该语句的作用是在编译预处理时，把程序中在该命令之后出现的所有标识符 PI 均用 3.14159 代替。其优点在于，用户可以使用一个简单的量代替一个长的字符串，提高程序的可读性。

【例 2.15】 计算圆的面积和周长。

```
1  #include<stdio.h>
2  #define  PI  3.14159
3  int main ()
4  {
5      double r,area,circ;
6      printf("Please enter a number:\n");
7      scanf("%lf",&r);
8      area=PI*r*r;
9      circ=2*PI*r;
10     printf("area=%f,circ=%f\n",area,circ);
11     return 0;
12 }
```

显然，在该程序中，3.14159 出现多次，故使用 PI 比直接使用 3.14159 要方便得多。

注意：基于习惯，大多数程序员为宏命名时均采用大写英文字母。

2. const 常量

使用 const 修饰的常量称为 const 常量。由于编译器将 const 常量存放在只读存储区中，因此 const 常量只能在定义时赋初值，不能在程序中改变其值。例如

```
const double pi=3.14159;
```

该语句的作用是当浮点型变量 pi，在声明前面加入 const 修饰符，此时变量 pi 被定义成常量，即 3.14159，这样在程序运行过程中，pi 的值不允许再次被修改，一直为 3.14159。可以用如下代码计算圆的面积和周长。

```
1  #include<stdio.h>
2  int main ()
3  {
4      const double pi=3.14159;
5      double r,area,circ;
6      printf("Please enter a number:\n");
7      scanf("%lf",&r);
8      area=pi*r*r;
9      circ=2*pi*r;
10     printf("area=%f,circ=%f\n",area,circ);
11     return 0;
12 }
```

与利用#define 定义的宏常量相比，const 常量的优点如下。

（1）const 常量有数据类型，宏常量没有数据类型。编译器对 const 常量进行类型检查，但对宏常量只进行字符串替换而不进行类型检查，字符串替换时容易产生意想不到的错误。

（2）有些集成化的调试工具可对 const 常量进行调试，而不能对宏常量进行调试。

2.5 C 语言的运算符与表达式

表达式是表示如何计算值的公式，其中最简单的表达式是变量和常量。运算符是构成 C 语言表达式的要素，在 C 语言中提供了诸多种类的运算符，而运算符的优先级和结合性又决定了表达式的求值顺序。

2.5.1 表达式

表达式是由运算符、圆括号和操作数按照一定的规则连接起来的字符序列。C 语言的操作数包括常量、变量、函数值等。

例如，表达式"(x+y)/4*z"中有 3 个运算符：+、/和*，有 4 个操作数：变量 x、变量 y、变量 z 和常量 4，以及圆括号。

表达式的构成要符合 C 语言的语法规则，否则不但不能计算出正确的结果，而且有时连编译都不能通过。例如：若将"10*5"写成"105*"是不能计算出结果的，这是一个错误的表达式。在 C 语言中，单目运算符要写在操作数的前面，双目运算符要写在两个操作数的中间，三目运算符有自己特殊的用法，将在后面章节中介绍。C 语言中表达式的构成规则与数学表达式的构成规则基本一致，如圆括号必须配对，表达式"(x+y/4*z"是错误的，因为少了一个圆括号。

2.5.2 运算符

运算符是编程语言中不可或缺的一部分，用于对一个或多个值（表达式）进行运算。C 语言提供了丰富的运算符，根据运算符的性质可分为算术运算符、关系运算符、逻辑运算符、赋值运算符、条件运算符、逗号运算符、指针运算符、自增/自减运算符、位运算符和特殊运算符等；根据运算符操作对象的个数可分为一元（单目）运算符、二元（双目）运算符和三元运算符。本节将针对 C 语言中的常见运算符进行详细讲解。

1. 算术运算符

在数学运算中最常见的就是加、减、乘、除四则运算。C 语言中的算术运算符就是用来处理四则运算的符号，这是最简单、最常用的运算符号。表 2-6 列出了基本算术运算符及其用法。

表 2-6 基本算术运算符及其用法

运 算 符	类 型	含 义	优 先 级	结 合 性
−	单目	取相反数	高 ↓ 低 (*、/、%同级，+、−同级)	从右向左
*	双目	乘法运算		从左向右
/	双目	除法运算		从左向右
%	双目	求余运算		从左向右
−	双目	减法运算		从左向右
+	双目	加法运算		从左向右

关于算术运算符的三点说明如下。

（1）运算符/（除号）。当除法的操作数都是整数时，除法的结果取整，小数部分被舍去。例如：9/2 的结果是 4，而不是 4.5；−9/2 的结果是−4，而不是−4.5。若为了保留小数部分，则可以令其中的一个操作数为浮点型，如 9.0/2 的结果是 4.5。

（2）运算符%（求余）。运算符%用来求除法运算的余数。左边的操作数是被除数，右边的操作数是除数。这里需要强调的是，在 C 语言"求余"运算中，左右两个操作数必须是整数，其计算结果（即余数）必须与被除数同号。例如：11%3 的余数是 2，−11%3 的余数是−2，−17%−5 的余数是−2，17%−5 的余数是 2。在程序设计中，"求余"运算的作用很强大。例如：根据 n%2 的结果是否为 0，可以判断 n 的奇偶性。

（3）常用的标准数学函数。用算术运算符将操作数接起来的式子，称为算术表达式。其中，操作数可以是常量、变量或函数。例如：式子 $\left(\dfrac{x^2+3y^2}{2}\right)\times a$ 用 C 语言可以表示为

$$(x*x+3*y*y)/2*a \ 或者(pow(x,2)+3*pow(y,2))/2*a$$

这里的 pow() 是 C 语言提供的标准数学函数，用于计算 x 和 y 的幂次方运算。在一些复杂的表达式中，常通过调用数学函数来进行计算。表 2-7 列出部分常用的标准数学函数。使用标准数学函数时，需要在程序开头加上如下编译预处理命令。

```
#include<math.h>
```

表 2-7　部分常用的标准数学函数

函　数　名	功　　能	函　数　名	功　　能
sqrt(x)	计算 x 的平方根，x 应大于或等于 0	log(x)	计算 $\log_e x$，即 $\ln x$ 的值
fabs(x)	计算 x 的绝对值	log10(x)	计算 $\lg x$ 的值
exp(x)	计算 e^x 的值	sin(x)	计算 $\sin x$ 的值，x 为弧度值
pow(x,y)	计算 x^y 的值	cos(x)	计算 $\cos x$ 的值，x 为弧度值

注意：使用 pow 函数时，需要注意：当 x 等于或小于 0，而 y 不为整数时，将出现结果错误。该函数对参数 x 和参数 y 及函数类型要求严格，否则有可能出现数值溢出等问题。

【例 2.16】 通过算术运算符计算一个三位数的百位数、十位数和个位数，并输出各位的立方和。

```
1  #include<stdio.h>
2  #include<math.h>
3  int main ()
4  {
5    int data,d0,d1,d2,sum;
6    printf("Please enter data:");
7    scanf("%d",&data);
8    d0=data%10;
9    d1=data/10%10;
10   d2=data/100;
11   sum=pow(d0,3)+ pow(d1,3)+ pow(d2,3);
```

```
12    printf("The number is %d\n",sum);
13    return 0;
14 }
```

运行程序时，屏幕上首先显示如下提示行。

```
Please enter data:
```

假设通过键盘输入

```
222↙
```

则程序运行输出结果如下。

```
The number is 24
```

2．关系运算符

关系运算符用于对两个数值或变量的比较，其结果是一个逻辑值（"真"或"假"）。C 语言的关系运算中，"真"用数字"1"来表示，"假"用数字"0"来表示。表 2-8 列出了 C 语言定义的关系运算符。

表 2-8　C 语言定义的关系运算符

运　算　符	类　型	含　义	优　先　级	范　例	结　果
>	双目	大于		5>2	1
<	双目	小于	高 ↓ 低 （>、<、>=、<=同级，==、!=同级）	5<2	0
>=	双目	大于或等于		5>=2	1
<=	双目	小于或等于		5<=2	0
==	双目	等于		5==2	0
!=	双目	不等于		5!=2	1

关于关系运算符的三点说明如下。

（1）优先级。关系运算符整体优先级低于算术运算符的优先级，关系运算符本身可分为比较运算符（<、<=、>和>=）和相等运算符（==和!=），其中比较运算符的优先级比相等运算符的优先级高。例如，表达式 a+2>b==b-3<c 等价于((a+2)>b)==((b-3)<c)。

（2）浮点数。由于浮点数在机器内部是近似存储的，因此相等运算符的操作数不能是浮点数，当判断两个浮点数是否相等时，不能直接用相等运算符来进行比较。例如，已知变量声明

```
float x=1.234567,y=1.234567;
```

由于存储误差，关系表达式 x==y 的结果将可能为 1 也可能为 0。解决这个问题可以采用定义一个针对程序应用领域足够小的常数，如 1.0e-7，然后判断|x-y|是否小于这个常数即可，对应的表达式为

```
fabs(x-y)<1.0e-7        //fabs 是对 x-y 结果取绝对值函数
```

若 fabs(x-y)< 1.0e-7 的值为 1，则说明 x 与 y 已近似相等，否则 x 与 y 不相等。

（3）关系表达式与数学表达式的区别。在 C 语言中，关系表达式与数学表达式的含义不同，如在数学中"10<x<100"表示 $x \in (10,100)$，但在 C 语言中，关系表达式按照从左向右的计算顺序进行计算，即表达式 10<x<100 等价于(10<x)<100：首先计算 10<x，这里无论 x 的值是多少，10<x 的结果一定是一个逻辑值 1 或 0，由于 1<100 和 0<100 均为真，因此表达式 10<x<100 的结果为 1（真），与 x 是否在区间(10,100)内无关。也就是说，在 C 语言中，不能用 10<x<100 表示 x>10 且 x<100 的关系。若要表示 x>10 且 x<100 的关系则需要用逻辑运算符。

3．逻辑运算符

逻辑运算也称布尔运算，C 语言提供了三个逻辑运算符，如表 2-9 所示。表 2-9 中的三个逻辑运算符的优先级各不相同。其中，逻辑运算符"!"只需要一个操作数，为单目运算符。注意，所有单目运算符的优先级都比其他运算符的优先级高，所以在这三个逻辑运算符中，逻辑运算符"!"的优先级是最高的，其次是"&&"，再次是"||"。

表 2-9　逻辑运算符

逻辑运算符	类　型	含　义	优　先　级	结　合　性
!	单目	逻辑非	高 ↓ 低	从右向左
&&	双目	逻辑与		从左向右
||	双目	逻辑或		从左向右

逻辑运算规则如表 2-10 所示。

表 2-10　逻辑运算规则

表 达 式 A	表 达 式 B	逻辑非（求反运算）		逻辑与(A&&B)	逻辑或(A||B)
		!A	!B		
真（非 0）	真（非 0）	0	0	1	1
真（非 0）	假（0）	0	1	0	1
假（0）	真（非 0）	1	1	0	1
假（0）	假（0）	1	0	0	0

表 2-10 给出了表达式 A 和表达式 B 取 0（假）和非零（真）的全部 4 种可能的组合。这种表常称为真值表（Truth Table）。C 语言将所有包含关系运算符、相等运算符和逻辑运算符的表达式的值都定值为 0 或 1。尽管 C 语言将"逻辑真"定义为 1，但也接受任何一个非零值作为"逻辑真"。

关于逻辑运算符的 4 点说明如下。

（1）"逻辑与"运算的特点。只有两个操作数都为真，结果才为真；只要有一个为假，结果就为假。因此，当要表示两个条件必须同时成立时，可用"逻辑与"运算符连接这两个条件。

（2）"逻辑或"运算的特点。只要有一个操作数为真，结果就为真；只有两个操作数都为假，结果才为假。因此，当需要表示"或"这样的条件时，可用"逻辑或"运算符连接这两个条件。

（3）逻辑表达式。用逻辑运算符连接操作数组成的表达式称为逻辑表达式。逻辑表达式的值只有真和假两个值。但是在判断一个数值表达式的真、假时，不只局限于 0、1 两种情况，因此以表达式的值是非 0 还是 0 来判断真、假。

熟练地掌握 C 语言的算术运算符、关系运算符和逻辑运算符后，可以巧妙地用一个表达式表示实际应用中的复杂条件。例如，数学表达式"$10<x<100$"转换为逻辑表达式"$(10<x)\&\&(x<100)$"可以用来判断其值是否在 $(10,100)$ 区间内；通过逻辑表达式"$x\%3==0\&\&x\%5==0$"的值是否为 1，可以判断整型变量 x 是否既能被 3 整除又能被 5 整除；逻辑表达式"$a>=A\&\&a<=Z$"用于判断变量 a 是否为大写英文字母。

（4）逻辑运算的短路现象。在逻辑表达式的计算过程中，并不是所有的逻辑运算符都会被执行，只有在必须执行下一个逻辑运算符才能求出表达式的值时，才执行该运算符，一旦整个逻辑表达式的值可以确定，将停止后续逻辑运算操作。上述情况称为逻辑运算的短路现象。

例如，已知"int x=2,y=3,z=4;"则执行表达式"$x>5\&\&y=y-1\&\&z=x+y$"时首先判断 $x>5$，由于 $x>5$ 为逻辑假，所以整个表达式的结果为逻辑假。无须与 y=y-1 和 z=x+y 的值进行与操作，因此表达式执行完毕后，变量 y 与变量 z 的值保持不变，仍为 3 和 4。

例如，判断某年 year 是否为闰年需要满足下列两个条件：① 能被 4 整除，但不能被 100 整除；② 能被 400 整除。其表达式可以描述为"$((year\%4==0)\&\&(year\%100!=0))||(year\%400==0)$"。

运算符"$\&\&$"和"$||$"都对操作数进行"短路"计算。也就是说，若表达式的值可由先计算的左操作数的值单独推导出来，则将不再计算右操作数的值。"$\&\&$"和"$||$"的"短路特性"使得表达式中的某些操作可能不会被执行。

注意：在编写包含逻辑或运算符"$||$"的表达式时，将最有可能为真的子表达式写在表达式的最左边，这样将有助于提高程序的运行效率。

4．赋值运算符

赋值运算符的作用是将常量、变量或表达式的值赋给某个变量。当某变量与表达式发生二元运算，并将结果存回该变量时，可以采用复合赋值运算。表 2-11 列举了赋值运算符与复合赋值运算符的含义及其用法。

表 2-11　赋值运算符与复合赋值运算符的含义及其用法

运算符	类型	含　义	范　例	计 算 过 程
=	双目	将右侧表达式的值赋值给左侧变量	a=2	a=2
+=	双目	左侧变量与右侧表达式进行加法运算，将结果存回该变量	a+=2	a=a+2
-=	双目	左侧变量与右侧表达式进行减法运算，将结果存回该变量	a-=2	a=a-2
*=	双目	左侧变量与右侧表达式进行乘法运算，将结果存回该变量	a*=2+b	a=a*(2+b)
/=	双目	左侧变量与右侧表达式进行除法运算，将结果存回该变量	a/=2*b	a=a/(2*b)
%=	双目	左侧变量与右侧表达式进行求余运算，将结果存回该变量	a%=2	a=a%2

关于赋值运算符的三点说明如下。

（1）赋值表达式。由赋值运算符及相应操作数组成的式子称为赋值表达式。其一般形式为

变量名=表达式

赋值运算符虽与数学表达式中的"="相同，但两者的含义是截然不同的。例如，数学表达式 a+b=c 表示 a+b 的值与 c 的值相等，而在 C 语言中赋值运算的操作是有方向性的，即将右侧表达式的值赋给左侧变量。因此，在 C 语言中"="左侧不允许是表达式，只能是标识一个特定存储单元的变量名，所以在 C 语言中 a+b=c 是错误的。同理，x=x+1 在数学中是无意义而且永远不成立的式子，而在 C 语言中是有意义的，即取出 x 的值后加 1，然后再存入 x 中。

（2）多重复赋值表达式。多重复赋值表达式用于为多个变量赋予同一个值的场合。其形式为

变量1=变量2=变量3=…=变量 n=表达式

由于赋值运算符是右结合的，因此执行时是把表达式值依次赋给变量 n，…，变量 1，即上面的形式等价于

变量1=(变量2=(变量3=(…=(变量 n=表达式)…)))

（3）复合赋值表达式。复合赋值表达式中将复合赋值运算符右边的表达式视为一个整体。复合赋值运算符和赋值运算符有相同的结合性，它们都是右结合的。

例如，若有变量定义 int a=l0, b=20, c=30;

表达式：a+=b+=c;

其执行顺序为：

```
b=b+c;
a=a+b;
```

执行后结果为：a 的值为 60，b 的值为 50，C 的值为 30。

再如，若有变量定义 int a=4;

表达式：a*=a+=a-=2;

其执行顺序为：

```
a=a-2;      //执行完成后 a 为 2
a=a+2;      //执行完成后 a 为 4
a=a*2;      //执行完成后 a 为 8
```

注意：赋值运算符的优先级低于算术运算符、关系运算符及逻辑运算符的优先级。

5．自增运算符与自减运算符

C 语言提供两种非常有用的运算符，即自增运算符"++"和自减运算符"――"。自增运算使变量的值加 1，而自减运算使变量的值减 1。自增运算符和自减运算符都是单目运算符，只需要一个操作数，并且操作数只能是变量，不能是常量或表达式。它们既可以作为前缀运算符（用在变量的前面），又可以作为后缀运算符（用在变量的后面）。例如：

```
++x, --x;        //前缀运算符，其意义在于先自增或自减1后，再参与表达式计算
x++,x--;         //后缀运算符，其意义在于先参与表达式计算后，再自增或自减1
```

关于自增运算符和自减运算符的三点说明如下。

（1）执行效率。对于多数 C 编译器，利用自增运算符和自减运算符运算生成的代码比等价的赋值语句生成的代码运算速度快得多，目标代码的效率更高。

（2）结果影响范围。"++"和"--"作为前缀运算符或后缀运算符使用时，对变量（即运算对象）而言，运算都是一样的；但对自增表达式和自减表达式而言，结果却是不一样的，例如，已知"int x=5,y;"，此时执行表 2-12 中的语句，结果如表 2-12 所示。

表 2-12　自增运算与自减运算的结果

语　　句	等 价 语 句	执行该语句后 x 的值	执行该语句后 y 的值
y=x++;	y=x; x=x+1;	6	5
y=++x;	x=x+1; y=x;	6	6
y=x--;	y=x; x=x-1;	4	5
y=--x;	x=x-1; y=x;	4	4

（3）优先级。"++"和"--"作为前缀运算符和后缀运算符时的优先级和结合性是不同的。后缀运算符"++"和后缀运算符"--"的优先级都高于前缀运算符"++"、前缀运算符"--"及其他单目运算符的优先级，前缀运算符"++"、前缀运算符"--"及其他单目运算符的结合性都是右结合的，而后缀运算符"++"和后缀运算符"--"的结合性则是左结合的。

【例 2.17】　写出下面程序的输出结果。

```
1  #include<stdio.h>
2  int main ()
3  {
4      int x=5,y;
5      y=-x++;
6      printf("y=%d,x=%d\n",x,y);
7      return 0;
8  }
```

程序运行输出结果如下。

```
y=-5,x=6
```

为什么会出现这样的结果呢？在第 5 行语句中，出现了"++"和"–"两个单目运算符。因为单目运算符的优先级是相同的，所以要根据它们的结合性来确定其运算顺序，单目运算符都是右结合的，即按自右向左的顺序运算，因此第 5 行语句相当于"y=-(x++);"而不是"y=(-x)++;"。

由于在表达式-(x++)中，"++"是变量 x 的后缀运算符，因此它表示先使用变量 x 的

值，使用完 x 后（对 x 取负值后再赋值给 y）再将 x 的值增 1。即第 5 行语句等价于下面两个语句："y=-x;" 和 "x=x+1;"。

因此，执行该语句后，y 值为-5，x 值为 6。虽然这两种实现方式是等价的，但从程序的可读性角度而言，后面的两个语句比语句 "y=-x++;" 的可读性更好。

注意：良好的程序设计风格提倡：在一行语句中，一个变量最多只出现一次增 1 或减 1 运算。因为过多的增 1 和减 1 混合运算，会导致程序的可读性变差。同时，C 语言规定，表达式中的子表达式以未定顺序求值，这就允许编译器自由重排表达式的顺序，以便产生最优代码。这也导致当相同的表达式用不同的编译器编译时，可能产生不同的运算结果。

6. 逗号运算符

在 C 语言中，有一种特殊的运算符称为逗号运算符。逗号运算符可将多个表达式连接在一起，进而构成逗号表达式，其作用是实现对各个表达式的顺序求值，因此逗号运算符也称为顺序求值运算符。其一般形式为

表达式 1，表达式 2，…，表达式 n

逗号运算符在所有运算符中的优先级最低，且具有左结合性。在执行时，上述表达式的求解过程为：先计算表达式 1 的值，然后依次计算其后的各个表达式的值，最后求出表达式 n 的值，并将最后一个表达式的值作为整个逗号表达式的值。

【例 2.18】　写出下面程序的输出结果。

```
1  #include<stdio.h>
2  int main ()
3  {
4      int a=5,b;
5      b=(a++,9-2,a+3);
6      printf("%d\n",b);
7      return 0;
8  }
```

程序运行输出结果如下。

9

在程序执行时，首先计算 a++，此时 a 自增为 6，然后计算 9-2，最后计算 a+3（最后一个表达式），结果为 9，逗号运算符返回该表达式的值并赋给变量 b。最终该程序运行输出结果为变量 b 的值，即 9。

注意：在多数情况下，使用逗号运算符的目的并非是为了得到整个逗号表达式的值，而是为了分别得到各个表达式的值。逗号运算符主要用在循环语句中，同时对多个变量赋初值。

7. 位运算符

C 语言既具有高级语言的特点，又具有低级语言的功能，如支持位运算。这是因为 C 语言最初是为取代汇编语言设计系统软件而设计的，因此它必须支持位运算等汇编操作。位运算是对字节或字内的二进制位进行测试、抽取、设置或移位等操作。操作对象不能是

float 和 double 等其他复杂的数据类型，只能是标准的 char 和 int 数据类型。

C 语言提供了如表 2-13 所示的 5 种位运算符。其中，只有按位取反运算符为单目运算符，其他运算符都是双目运算符。

表 2-13　5 种位运算符

位运算符	类　型	含　义	优　先　级	结　合　性
～	单目	按位取反	高 ↓ 低	从右向左
<<、>>	双目	左移位，右移位		从左向右
&	双目	按位与		从左向右
^	双目	按位异或		从左向右
|	双目	按位或		从左向右

除移位运算符外的位运算的运算规则（真值表）如表 2-14 所示。

表 2-14　除移位运算符外的位运算符的运算规则

按位与（&）	按位或（|）	按位异或（^）	按位取反（～）
0&0=0	0|0=0	0^0=0	～0=1
0&1=0	0|1=1	0^1=1	～1=0
1&0=0	1|0=1	1^0=1	
1&1=1	1|1=1	1^1=0	

【例 2.19】　写出下面程序使用按位与运算符后的输出结果。

```
1   #include<stdio.h>
2   int main ()
3   {
4       char x;
5       x=10&8;
6       printf("%d\n",x);
7       return 0;
8   }
```

程序运行输出结果如下。

```
8
```

10&8 的运算过程如下。

```
    00001010
    00001000   （按位与&）
    00001000
```

因此，程序的运行结果为 8。

若将程序的第 5 行语句改为按位或运算，则 10|8 的运算过程如下。

```
    00001010
    00001000   （按位或|）
    00001010
```

因此，程序的运行结果为 10。

若将程序的第 5 行语句改为按位异或运算，则 10^8 的运算过程如下。

00001010
00001000　（按位异或^）

00000010

因此，程序的运行结果为 2。

关于位运算符的三点说明如下。

（1）使用位运算的目的。在程序设计中，利用位运算的特点可以达到一些特殊的目的。按位与运算经常用于把特定的二进制位清零（屏蔽）。例如，a 值为 11011010，b 值为 11110000，a&b 的结果是 11010000，即相当于将 a 的低 4 位屏蔽，而高 4 位保持不变。可见，若要把某个数的某些二进制位取出来，则可以把其他位清零，然后把需要取出来的位与 1 进行按位与运算即可。

（2）移位运算符。C 语言中有两个移位运算符，左移位运算符和右移位运算符都为双目运算符。对于左移位运算 "x<<n" 和右移位运算 "x>>n"，移位运算符右边的 n 表示移位的位数。例如，"x<<1" 表示将操作数的所有二进制位均向左移动一位。运算时，右边的空位补 0，左边移走的部分舍去。当进行 "x>>1" 右移时，需要注意最高的符号位。若符号位为 0，则左边空位补 0，称为逻辑移位；若符号位为 1，则左边空位补符号位上的值，称为算术移位。在表 2-15 中，以十进制数 15 为例来说明两种移位运算过程及对应结果。

表 2-15　移位运算符的运算规则

操 作 数	移 位 方 向	位 数	二进制补码	对应十进制数
15	未移动	0	00001111	15
	左移位	1	00011110	30
	左移位	2	00111100	60
	左移位	3	01111000	120
	右移位	1	00000111	7
	右移位	2	00000011	3
	右移位	3	00000001	1
-15	未移动	0	11110001	-15
	右移位	1	11111000	-8
	右移位	2	11111100	-4
	右移位	3	11111110	-2

通过表 2-15 可以很直观地看到，当数据进行左移位运算时，将可以扩大原数的倍数。例如：左移 1 位时，原数从 15 扩大 2 倍变成 30，左移 2 位时原数扩大 4 倍，依此类推。当数据进行右移位运算时，将缩小原数的相应倍数。

说明：左移位运算和右移位运算均可以快速地实现整数的乘法和除法。左移 1 位相当于乘以 2，左移 n 位相当于乘以 2^n。右移 1 位相当于除以 2，右移 n 位相当于除以 2^n。这种运算在某些场合下是非常有用的。例如，在实现某些含有乘法和除法算法时，可以通过移位运算实现乘 2 或除 2 运算，这样非常有利于算法的硬件实现。

注意：一般在使用移位运算符时，不能只写成"x<<n"这种形式，因为这仅计算了移位的值，而若要利用该移位的值，则应该写成"x=x<<n"的形式。例如，表达式"x=x<<2"表示把 x 左移 2 位后赋值给 x。

（3）位运算符的优先级。按位与、按位或、按位异或和移位运算符的优先级均低于算术运算符的优先级，但是高于赋值运算符的优先级。按位取反运算符是在已经学过的运算符中除特殊符号（圆括号）外优先级最高的运算符，并且按位与运算符的优先级高于按位异或运算符的优先级，按位异或运算符的优先级高于按位或运算符的优先级。

8．条件运算符

C 语言提供了一种特殊的条件运算符，这种运算符允许表达式根据条件的值产生两个值中的其中一个值。条件运算符由符号"?"和符号":"组成，两个符号必须按下列格式一起使用。

表达式 1?表达式 2:表达式 3;

格式说明：条件表达式的执行过程为：先计算表达式 1 的值，若表达式 1 的值为逻辑真（非 0），则求解表达式 2 的值，将表达式 2 的值作为整个条件表达式的值；否则，求解表达式 3 的值，将表达式 3 的值作为整个条件表达式的值。

例如，"maxData=a>b?a:b;"语句表示若 a 大于 b，则把 a 的值赋值给变量 maxData；否则把 b 的值赋值给变量 maxData。

条件运算符是 C 语言中唯一的三目运算符，其结合性为右结合，其优先级高于赋值运算符的优先级。

2.5.3 运算符的优先级

虽然在第 2 .5.2 节运算符的讲解中已经讨论了各种运算符的优先级，但是考虑到后面会使用到各种运算符交织在一起的复杂表达式，故在这里需要再次梳理一下表达式中所有参与运算的运算符的优先级。表 2-16 列出了常用运算符的优先级。

表 2-16　常用运算符的优先级

优 先 级	运 算 符	优 先 级	运 算 符
1	．、[]、()	8	&
2	++、——、~、!	9	^
3	*、/、%	10	|
4	+、−	11	&&
5	<<、>>	12	||
6	<、>、<=、>=	13	?:
7	==、!=	14	=、+=、−=、*=、/=

运算符优先级的规则较多，可以通过口诀来帮助理解记忆，完整口诀是"单算移关与，异或逻条赋"，具体解释如下。

● "单"表示单目运算符：逻辑非（!）、按位取反（~）、自增（++）、自减（——）、取地址（&）、取值（*）。

- "算"表示算术运算符：乘、除、求余（*、/、%）的优先级高于加、减（+、−）。
- "移"表示按左移位（<<）和按右移位（>>）。
- "关"表示关系运算符：大小关系运算符（>、>=、<、<=）的优先级高于相等、不相等关系运算符（==、!=）的优先级。
- "与"表示按位与（&）。
- "异"表示按位异或（^）。
- "或"表示按位或（|）。
- "逻"表示逻辑运算符，逻辑与（&&）的优先级高于逻辑或（||）的优先级。
- "条"表示条件运算符（?:）。
- "赋"表示赋值运算符（=、+=、−=、*=、/=、%=、>>=、<<=、&=、^=、|=）。

另外，需要注意的是逗号运算符的优先级最低，口诀中没有表述。

2.6　C 语言数据类型的转换

在计算表达式时，不仅要考虑运算符的优先级和结合性，还要分析运算对象的数据类型，一个运算符对不同数据类型的计算结果有可能不同。例如：除号对两个整数对象进行整除运算。若不同类型的数据在一起运算，则需要将其转换为相同的数据类型。

在 C 语言中，数据类型的转换有两种方式：自动转换和强制转换。自动转换又称为隐式转换，而强制转换又称为显式转换。

2.6.1　自动转换

所谓"自动转换"就是系统根据规则自动将两种不同数据类型转换成同一种数据类型的过程。

自动转换的一个基本原则是：为两个运算对象的计算结果提供尽可能大的内存空间。也就是说，若两个操作数的数据类型不同，则运算时，将以占用内存空间大的数据类型为计算结果的数据类型。例如，一个长整型数与普通整型数计算的结果将以长整型数存储。自动转换规则如图 2-4 所示。

图 2-4　自动转换规则

图 2-4 中纵向向下的箭头表示是必需的转换，也就是说，对于表达式中的 char 与 short 型的数据，系统将其一律转换为 int 型参与运算；而对于表达式中 float 型的数据，系统则将其一律转换为 double 型参与运算。

对于其他数据类型，一定要在两个运算对象的数据类型不同时，使用纵向箭头表示的方向由低向高进行类型转换。若两个运算对象的数据类型相同，则可以不进行转换。

例如，两个运算对象分别是 int 型和 long 型，则需要将 int 型的数据转换为 long 型的数据参与运算；若两个运算对象都是 int 型的数据，则仍以 int 型参与运算。

注意：自动转换只针对两个运算对象，不能对表达式的所有运算做一次性的自动转换。例如，表达式 "5/4+3.2" 的计算结果是 4.20，而表达式 "5.0/4+3.2" 的计算结果是 4.45。原因是 5/4 按整型计算，而并不因为 3.2 是浮点型而将其按浮点型计算。

2.6.2　强制转换

在 C 语言中，允许程序员根据自己的意愿将一种数据类型强制转换成另一种数据类型。其一般格式如下。

> (类型说明符)表达式

功能说明：其功能是将表达式的值转换成类型说明符指定的数据类型。例如，(long)a 表示将 a 转换成长整型数参与运算，而(int)f 表示将 f 转换成整型数参与运算。

注意：强制转换并不改变操作对象的数据类型和数值。例如，(int)f 的确切含义是将 f 转换为整型数参与运算，而 f 本身的数据类型和数值都没有任何改变。

另外，强制转换经常用于调用函数的参数（称为实际参数），因为 C 语言的库函数对参数的数据类型有规定，若实际参数不符合规定，则函数调用不能正确执行。

【例 2.20】　写出下面程序的输出结果。

```
1   #include<stdio.h>
2   int main ()
3   {
4       int x=216;
5       double y;
6       y=x/10;
7       printf("%f\n",y);
8       y=(double)x/10;
9       printf("%f\n",y);
10      return 0;
11  }
```

程序运行输出结果如下。

```
21.000000
21.600000
```

由于 x 为整型，因此 x/10 的值为 21，赋值给 y 后转换为 21.0。在计算(double)x/10 时，首先将 x 的值取出并转换为 double 型，因此可得计算结果为 21.6。

习　题　2

一、简答题

1. 在 C 语言中，标识符的构成规则是什么？

2. 字符常量和字符串常量有什么区别？

二、选择题

1. C 语言中，错误的 int 型的常量是（   ）。

   A. 12.5   B. 2   C. 037   D. 0x5a

2. C 语言中运算对象要求为整型数的运算符是（   ）。

   A. /   B. %=   C. =   D. *=

3. 下列转义字符中哪个代表的是"换行"的含义（   ）。

   A. '\r'   B. '\t'   C. '\n'   D. '\b'

4. 若有定义 "int a, b, c;"，则要给变量 a,b,c 输入数据，正确的输入语句是（   ）。

   A. scanf("%d%d%d",&a,&b,&c);   B. scanf("%D%D%D",&a,&b,&c);

   C. read(a,b,c);   D. scanf("%d%d%d",a,b,c);

5. 下列正确的标识符是(   )。

   A. -a1   B. a[i]   C. a2_i   D. int t

6. C 语言中，关系表达式和逻辑表达式的值是(   )。

   A. 0   B. 0 或 1   C. 1   D. 'T'或'F'

7. 下面哪个表达式的值为 4（   ）。

   A. 11/3   B. 11.0/3   C. (float)11/3   D. (int)(11.0/3+0.5)

8. 设 x=1,y=-1，下列表达式中解为 8 的是（   ）。

   A. x&y   B. ~x|x   C. x^x   D. x<<=3

9. 下列选项中正确的变量声明与初始化语句是（   ）。

   A. int a=b=10;   B. char a='我';

   C. float a=10;   D. double a=∞;

10. 算术运算符、赋值运算符和关系运算符的运算优先级按从高到低依次为（   ）。

    A. 算术运算、赋值运算、关系运算

    B. 算术运算、关系运算、赋值运算

    C. 关系运算、赋值运算、算术运算

    D. 关系运算、算术运算、赋值运算

11. 设整型变量 m,n,a,b,c,d 均为 1，执行(m=a>b)&&(n=c>d)后，m,n 的值分别是（   ）。

    A. 0,0   B. 0,1   C. 1,0   D. 1,1

12. 若已定义 x 和 y 为 double 型，则表达式 x=1;y=x+3/2 的值是（   ）。

    A. 1   B. 2   C. 2.0   D. 2.5

三、填空题

1. C 语言提供了 sizeof 运算符，该运算符主要用于_____。

2. 设 a 为整数，数学关系 8<a<12 的 C 语言正确表达式是_____。

3. 执行语句 "i=3; ++i;" 后，变量 i 的值为_____。

4. 位运算符是专门针对数字_____和_____进行操作的。

实　验　2

一、实验目的

（1）掌握变量和常量的概念。

（2）掌握整型、浮点型和字符型变量的定义与引用方法。

（3）掌握简单算术表达式的书写与求值方法。

二、实验内容

（1）已知梯形的上底为 a、下底为 b、高为 h，请用程序实现求梯形的面积。

（2）使用位运算符实现交换两个变量值的功能。

（3）编写程序输入 3 个数，求它们的平均值并输出。

（4）编写程序利用 putchar 函数和 getchar 函数解密"凯撒密码"。

凯撒密码是一种替换加密的技术，明文中的所有英文字母都按字典顺序向后（或向前）以一个固定数量进行偏移后被替换成密文。例如，当偏移量是 3 时，所有英文字母 A 将被替换成 D，B 变成 E，依此类推。提示：凯撒密码的生成方法是在原来字符的 ASCII 码值上加一个整数（如加 1），而加上这个整数后，ASCII 码值有可能超出 26 个字母的范围，因此，需要对接收的字符做一个简单的运算，即(c-'a'+1)%26+'a'，才能得到凯撒密码的正确值。注意，该公式中的 1 是加密运算中需要进行加运算的那个整数，即密钥。若密钥改为 3，则公式为(c-'a'+3)%26+'a'。

第 3 章　算法与 C 语言程序设计

随着计算机软/硬件的飞速发展，程序设计已经由最初的追求时间和空间效率演变为追求程序的清晰度。算法恰恰符合现在程序设计的观念，为此在使用 C 语言编写程序前，可以通过算法来描述程序的功能，使程序具有良好的可读性。本章首先介绍算法思想，然后分别讨论 C 语言程序设计的 3 种基本结构。本章内容结构如下。

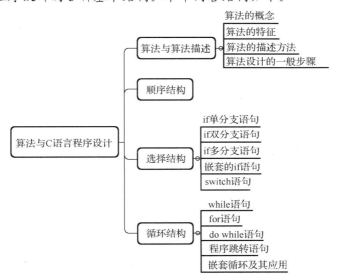

3.1　算法与算法描述

3.1.1　算法的概念

做任何事情都要有一定的步骤，这些步骤都是有顺序的，而且缺一不可，所以广义地说，算法就是为解决问题而采取的步骤和方法。在程序设计中，算法就是计算机解题的过程，要求对解题方案有准确而完整的描述。

著名计算机科学家沃思曾提出过一个经典公式：

$$数据结构+算法=程序$$

该公式说明，一个面向过程的程序应由以下两部分组成。

（1）数据的描述和组织形式，即数据结构（Data Structure）。

（2）对操作或行为的描述，即操作步骤，也称为算法（Algorithm）。

合理地组织数据和设计算法是编程解决问题的关键。一个问题可以通过多个算法解决。例如：C 语言好比是汽车，它仅仅是实现算法（到达目的地）的工具之一，当然也可以采用其他交通工具，甚至步行到达目的地。另外，也可以采用同样的交通工具，但是采用不同的行车路线（相当于算法）到达目的地。显然，采用不同的算法和不同的程序设计语言解决同一个问题，效率上会有所不同。程序设计的过程实质上就是设计算法和数据结构的过程。那么，究竟什么是算法呢？

具体地说，算法就是在有限步骤内求解某个问题所使用的一组定义明确的操作序列，能够在有限时间内，对一定规范的输入获得所要求的输出。当然，这里所说的算法仅指计算机算法，即计算机能够执行的算法。

计算机解题的算法大致分为如下两类。

（1）数值运算算法。主要用于解决求数值解的问题，如二分法求方程的根，迭代法求阶乘等。

（2）非数值运算算法。主要用于解决需要使用分析推理、逻辑推理才能解决的问题，如分类、查找等。

3.1.2　算法的特征

算法具有以下特征。

（1）**有穷性**：一个算法必须保证在执行有限步骤后结束，而不是无限执行。

（2）**确定性**：算法中每条指令都必须有明确的含义，而不能有歧义。

（3）**可行性**：每个操作步骤都必须在有限的时间内完成。

（4）**输入**：一个算法可以有多个输入，也可以没有输入。

（5）**输出**：一个算法可以有一个或多个输出，没有输出的算法是没有实际意义的。

3.1.3　算法的描述方法

可以用不同的方法表示同一个算法。常用的表示法有自然语言表示法、伪代码表示法、传统流程图描述法、N-S 结构化流程图描述法等。下面对这些方法做一些简要介绍。

1．自然语言表示法

自然语言就是人们日常使用的语言，不同国家有各自的自然语言，如英语、法语和汉语等。该表示法比较符合人们日常的思维习惯，通俗易懂，初学者容易掌握，但描述文字显得冗长，在表达上容易出现疏漏，并容易引起理解上的歧义性，不易直接转化为程序，所以一般适用于算法较简单的情况。

2．伪代码表示法

伪代码是一种使用介于自然语言和计算机语言之间的文字和符号的算法，其书写方便，容易理解，并且容易向计算机语言程序过渡。例如，通过中间变量 c 交换变量 a 和变量 b 的数据，则可用伪代码简单描述为 a→c,b→a,c→b。

3．传统流程图描述法

流程图是以图形方式来表示算法的，即用一些几何图形代表各种不同性质的操作。该方法是程序一种比较直观的表示形式。ANSI 规定的一些常用流程图符号如图 3-1 所示。

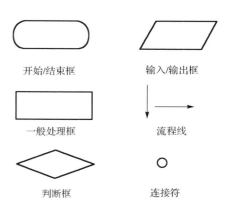

开始/结束框　　　　输入/输出框

一般处理框　　　　流程线

判断框　　　　　　连接符

图 3-1　常用流程图符号

程序设计中的处理流程，通常可由以下三种结构组成。

（1）顺序结构：按照所述顺序处理，如图 3-2 所示。图 3-2 表示先执行 A 再执行 B 操作的流程。

（2）选择结构：又称分支结构。根据判断条件改变执行流程，如图 3-3 和图 3-4 所示。图 3-3 表示若条件 P 成立（P 为真），则执行 A；否则受该条件控制的 A 将不被执行。图 3-4 表示若条件 P 成立（P 为真），则执行 A；否则执行 B。

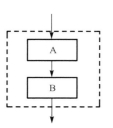

图 3-2　顺序结构流程图

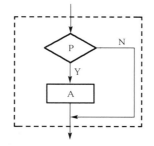

图 3-3　分支结构流程图 1

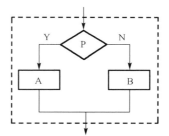

图 3-4　分支结构流程图 2

（3）循环结构：当条件成立时，反复执行给定的处理操作。循环结构一般有两种：当型循环和直到型循环。当型循环是指若条件 P 成立（P 为真），则反复执行 A；若条件 P 不成立（P 为假），则结束循环，其流程图如图 3-5 所示。直到型循环是指反复执行 A，直到 P 条件不成立时停止执行 A，即只要条件 P 成立就一直执行 A，其流程图如图 3-6 所示。

另外，描述任务处理流程的算法也可以用以上三种结构组合表示。

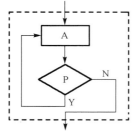

图 3-5　当型循环结构流程图

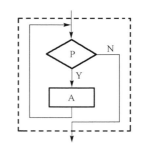

图 3-6　直到型循环结构流程图

4．N-S 结构化流程图描述法

1973 年，美国计算机科学家 I.Nassi 和 B. Schneiderman 提出了一种新的流程图形式。

在这种流程图中，完全去掉了带箭头的流程线。全部算法写在一个矩形框内，在该框内还可以包含其他的从属于它的框。这种流程图称为N-S 结构化流程图。与传统流程图相比，N-S 结构化流程图既直观又节省篇幅，尤其适用于描述仅包含顺序、选择和循环结构化程序。用N-S 结构化流程图表示的顺序结构、选择结构及循环结构分别如图 3-7、图 3-8 和图 3-9 所示。

图 3-7　顺序结构

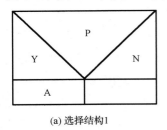

(a) 选择结构1

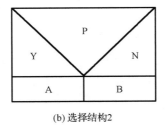

(b) 选择结构2

图 3-8　选择结构

(a) 循环结构1

(b) 循环结构2

图 3-9　循环结构

3.1.4　算法设计的一般步骤

若令计算机完成人们预定的工作，则首先必须为如何完成预定的工作设计一个算法。算法是问题求解过程的精确描述，不同的问题有不同的算法，同一个问题也可能会有多个算法可供选择。虽然前人已经设计出了很多经典的算法可以去借鉴，如迭代法、穷举搜索法、递归法等，但算法设计依然是一项非常困难的工作，其困难在于算法设计不同于一般的数学问题和物理问题，即在明确问题后，有现成的公式可以套用。那么算法设计是否有规律可循呢？从算法处理数据的步骤这个角度来看,可以总结出算法设计的一般步骤如下。

（1）设定算法的初始条件。

（2）确定算法的结束条件。

（3）按问题的普遍规律给出算法处理的流程。

（4）考虑临界点或特殊点的处理。

（5）考虑异常情况。

下面举例说明，当遇到问题求解时，如何用算法描述来解决问题。

【例 3.1】　算法设计实例——求 $n!$。

首先，分析该问题并设计解决问题的算法，考虑 $n!=1 \times 2 \times 3 \times 4 \cdots \times n$，于是计算 $n!$ 可用 n 次乘法运算来实现，每次在原有结果的基础上乘以一个数，而这个数从 1 变化到 n，按照这个思路可以分别用自然语言、传统流程图及伪代码来进行算法描述，进而解决问题。

（1）利用自然语言描述算法。

第 1 步：输入 n 值。

第 2 步：判断 n 值的合法性，若 n<0，则给出错误提示信息，并转去执行第 4 步。

第 3 步：若 n>=0，则首先需要对临界点或特殊点设定初值，例如，存放结果的变量初值为 1，代表乘数的变量初值也为 1；其次按照累乘计算 n!，且每计算一次，其乘数变量加 1，只要乘数变量不超过 n，则重复执行；最后输出 n 的结果。

第 4 步：算法结束。

（2）计算 n!的传统流程图，如图 3-10 所示。

（3）计算 n!的 N-S 结构化流程图，如图 3-11 所示。

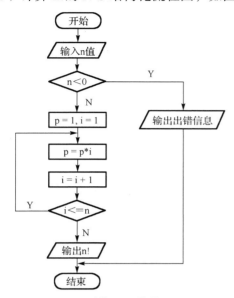

图 3-10　计算 n!的传统流程图

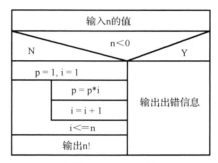

图 3-11　计算 n!的 N-S 结构化流程图

（4）计算 n!的伪代码描述算法，如表 3-1 所示。

表 3.1　计算 n!的伪代码描述算法

顶部伪代码描述	第一步细化	第二步细化
输入 n 的值	输入 n 值	scanf("%d",&n);
	判断 n 值	if(n<0)
求 n!	初始化乘积 p=1，乘数 i=1	p=1,i=1;
	由 1 乘 2 开始，对应结果存放在乘积 p 中，乘数 i 每次增 1	do{ p=p*i; 　　 i=i+1;
	当 n>i 时，结束运算	}while(i<=n);
输出结果	输出结果 p	printf("%f",p);

　　注意：伪代码并不是用来在计算机中执行的代码。伪代码只是帮助人们在编写程序前"思考"程序的设计过程。伪代码程序只包含转换后可以执行的语句。由于变量定义语句不是可执行语句，在执行程序时，变量定义语句不会引发任何诸如输入、输出、计算或比较这样的操作，因此在编写伪代码程序时，可以不进行变量定义。

　　3.13 节中的 4 种方法用于描述算法，若算法要通过计算机来实现，则最终要将算法转换成利用计算机语言书写的算法程序。使用计算机语言表示算法需要严格遵守对应语言编译器的语法规则，否则算法程序无法通过编译而产生可执行程序。

　　【例 3.2】　利用 C 语言书写例 3.1 的算法程序，代码如下。

```
1  #include<stdio.h>
```

```
2   int main()
3   {
4     int n,i=1;
5     double p=1;
6     printf("请输入 n 的值:");
7     scanf("%d",&n);
8     if(n<0)
9     {
10      printf("输入错误! ") ;
11      goto end;
12    }
13    do{
14       p=p*i;
15       i=i+1;
16       }while(i<=n);
17    printf("%.2f",p);
18    end:
19    return 0;
20  }
```

从该例可以看出：解决一个问题的关键是设计有效的算法，一旦确定解决问题的算法再采用一种合适的程序设计语言去实现就变得非常容易。反之，若没有确定解决问题的算法，则即使对程序设计语言的语法非常熟悉，也很难编写出好的程序。

3.2 顺 序 结 构

前面章节讲解的程序都有一个共同的特点，即程序中的所有语句都是从上到下逐条执行的，这样的程序结构称为顺序结构。该结构是程序设计中最常见的一种结构，它可以包含多个语句，如变量的定义语句、输入/输出语句、赋值语句等。顺序结构中，其语句从上至下一句接一句地执行，该结构是最简单的一种程序结构。接下来将以案例的形式讲解顺序结构。

【例 3.3】 编写程序，输入 x 和 y，交换它们的值，并输出交换前后 x 值和 y 值。

```
1   #include<stdio.h>
2   int main()
3   {  int x,y,temp;
4      printf("请输入两个整数，中间用逗号隔开: ");
5      scanf("%d,%d",&x,&y);
6      printf("交换前 x=%d,y=%d\n",x,y);
7      temp=x;
8      x=y;
9      y=temp;
10     printf("交换后 x=%d,y=%d\n",x,y);
11     return 0;
12  }
```

程序运行结果如下。

```
请输入两个整数，中间用逗号隔开：5,6
交换前 x=5,y=6
交换后 x=6,y=5
```

本程序利用中间变量 temp 来完成值的交换工作。先将 x 赋值给 temp，再将 y 赋值给 x，由于 x 值已经存放于 temp 中，因此最后将 temp（原先是 x 值）赋值给 y，这样就完成了交换。注意第 7～9 行这 3 个语句的顺序不能随便调换，请读者思考顺序不能调换的原因。

【例 3.4】　小明班里组织去春游，小明负责采购食品，他总共买了 50 个面包（每个 5 元）、5 箱牛奶（每箱 49 元）、10 盒巧克力（每盒 15 元）、20 包薯片（每包 4.5 元）和 3 箱矿泉水（每箱 28 元）。编写程序帮助小明计算一共花了多少钱，并计算平均每人应该收取多少钱（假设小明班里总共有 50 人）。

```
1   #include<stdio.h>
2   int main()
3   {   double bread,milk,choc,crisps,water;
4       double sum,avg;
5       printf("请输入每个面包的价格: ");
6       scanf("%lf",&bread);
7       printf("请输入每箱牛奶的价格: ");
8       scanf("%lf",&milk);
9       printf("请输入每盒巧克力的价格: ");
10      scanf("%lf",&choc);
11      printf("请输入每包薯片的价格: ");
12      scanf("%lf",&crisps);
13      printf("请输入每箱矿泉水的价格: ");
14      scanf("%lf",&water);
15      sum=bread*50+milk*5+choc*10+crisps*20+water*3;
16      avg=sum/50;
17      printf("总共花费: %.1f 元\n",sum);
18      printf("平均每人应该收取%.1f 元\n",avg);
19      return 0;
20  }
```

程序运行的结果如下。

```
请输入每个面包的价格: 5 ↙
请输入每箱牛奶的价格: 49 ↙
请输入每盒巧克力的价格: 15 ↙
请输入每包薯片的价格: 4.5↙
请输入每箱矿泉水的价格: 28↙
总共花费: 819.0 元
平均每人应该收取: 16.4 元
```

通过该例可以发现顺序结构程序虽然简单，但也有一定的规律可循，顺序结构的基本程序框架主要由以下三部分组成。

（1）输入算法所需要的数据。

（2）进行运算和数据处理。

（3）输出运算结果。

当然，有些读者会注意到程序中出现一些似乎可有可无的语句，如例 3.3 中的第 4 个语句，例 3.4 的第 5、7、9、11、13 个语句，这些语句对程序的运行结果是没有任何影响的。那么可不可以省略不写呢？对于这个问题，可以这样考虑，即若由一个不了解程序内部结构的用户来运行程序，则在程序不给出任何提示信息的情况下，用户如何知道程序要求输入什么数据，并且按什么顺序输入数据呢？可见，在输入数据前，令程序输出一条提示信息可以提高程序的可读性，有助于用户了解程序的运行状态并按照正确的格式输入数据。

从上例中，可以总结出一个简单的 C 程序的结构框架如下。

```
以#开始的编译预处理命令行
int main()
{
  局部变量定义语句;
  可执行语句序列;
  return 0;
}
```

3.3　选　择　结　构

在顺序结构程序中，程序的执行顺序是固定的，即不能跳转，只能按照书写的先后顺序逐条逐句地执行。这样，一旦发生特殊情况（如发现输入不合法数据等），将无法进行特殊处理，而且在实际问题中，大多数情况需要根据不同的判断条件执行不同的处理步骤。这就需要使用选择结构语句。

C 语言提供了 if 语句来实现选择结构，if 语句的用法一般有三种，分别是 if 单分支语句、if 双分支语句和 if 多分支语句。

3.3.1　if 单分支语句

if 单分支语句是比较单一的选择，若条件满足，则执行规定的语句；若条件不满足，则什么也不用做。if 单分支语句是最简单的条件语句，可以实现单分支控制流程。

if 单分支语句的语法格式如下。

```
if(条件表达式)
  语句;
```

格式说明

● 判断条件一定要用括号括起来。

● if(条件表达式)与紧跟其后的语句构成完整的 if 语句，因此不要在 if(条件表达式)后面加 ";"，否则被 if(条件表达式)控制的语句是空语句。

● 为提高程序的可读性，受 if(条件表达式)控制的语句一般采用缩进格式书写。

【例 3.5】　输入 x，求出并输出 x 的绝对值。

分析：求 x 的绝对值的数学公式为

$$f(x)=\begin{cases}-x, & x<0 \\ x, & x\geq 0\end{cases}$$

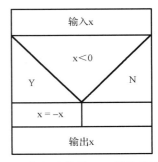

图 3-12　求绝对值的 N-S 结构化流程图

$f(x)$ 是 x 的绝对值，若 x 大于或等于 0，则 x 的绝对值就是 x 本身；否则，x 的绝对值就是 x 的负值。其对应的 N-S 结构化流程图，如图 3-12 所示。相关程序如下。

```
1   #include<stdio.h>
2   int main()
3   {
4      int x;
5      printf("请输入一个整数: \n");
6      scanf("%d",&x);
7      if(x<0)                //若 x 小于 0
8        x=-x;                //则 x 取负值
9      printf("|x|=%d\n",x);
10     return 0;
11  }
```

程序运行结果如下。

```
请输入一个整数:
5 ↙
|x|=5
```

或

```
请输入一个整数:
-5 ↙
|x|=5
```

【例 3.6】　编写一个程序，输入 a 和 b 两个整数，判断 a 大于 b 是否成立。若成立，则交换两个整数的位置；否则两个整数的位置保持不变。对应的 N-S 结构化流程图如图 3-13 所示。

```
1   #include<stdio.h>
2   int main()
3   {
4      int a,b,temp;
5      printf("请输入两个整数: ");
6      scanf("%d,%d",&a,&b);
7      if(a>b)                //若 a 小于 b
```

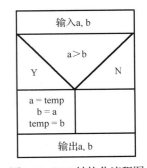

图 3-13　N-S 结构化流程图

```
8    {  temp=a;                    //则 a 与 b 交换位置
9       a=b;
10      b=temp;
11   }
12   printf("%d,%d\n",a,b);
10   return 0;
11 }
```

程序运行结果如下。

```
请输入两个整数: 5,4 ↙
4,5
```

注意：将上面程序中的 if 分支程序段改写成如下程序段。

```
if(a>b)
  temp=a;
  a=b;
  b=temp;
```

这段程序将不能满足本题要求。在该程序段中，若 a>b 的条件成立，则只执行一个语句 "temp=a;"，而无论 a>b 是否成立，后面两个语句都要执行。也就是说，若 a>b 条件成立，则先执行语句 "temp=a;"，然后执行语句 "a=b;" 和 "b=temp;"，因此，当 a>b 条件成立时，能够满足交换 a 和 b 的要求。但是，若 a>b 条件不成立，则直接执行语句 "a=b;" 和 "b=temp;"，若执行的结果破坏了 a 和 b 中原来的内容，则与本题要求不符。因为本题要求当 a>b 条件不成立时，a 与 b 两个数的位置不进行交换，即保持不变。

通过本例必须理解 if 单分支语法格式中的语句既可以是单个语句，又可以是复合语句。使用单个语句时，语句结束符分号 ";" 一定要写，多于一个语句就必须使用复合语句，使用复合语句时，需要用花括号 "{}" 将一组带分号的语句括起来。

【例 3.7】 分析下面程序的执行结果，并解释该程序的功能。

```
1  #include<stdio.h>
2  int main()
3  {
4    int a=10,b=20,max;
5    max=a;
6    if(a<b)
7      max=b;
8    printf("max=%d\n",max);
9    return 0;
10 }
```

本程序的功能是将 a 与 b 两个整数中较大的数存入 max 中，并输出 max。程序的设计思路是：先假设 a 大于 b，将 a 赋值给 max，然后判断 a 是否小于 b。若小于 b，则用 b 覆盖 max；否则说明 a 大于 b，由于这时 max 中已经是 a，因此不需要做任何工作。从 if 分支出来后，输出 max。这是程序设计过程中经常采用的方法，可以在不破坏 a 与 b 原来值的情况下得到 a 与 b 的最大值，并存入 max 中。

根据本例的启示，再来看看例 3.8 的编写过程。

【例 3.8】　从键盘输入三个整数，查找出其中最大数并输出。

```
1  #include<stdio.h>
2  int main()
3  {
4    int a,b,c,max;
5    printf("请输入三个整数: ");
6    scanf("%d,%d,%d",&a,&b,&c);
7    max=a;                        //假设 a 最大
8    if(b>max)                     //若 b 大
9      max=b;                      //则将 b 存储到 max 中
10   if(c>max)                     //若 c 大
11     max=c;                      //则将 c 存储到 max 中
12   printf("max=%d\n",max);
13   return 0;
14 }
```

注意：本程序的实现方法有很多种，之所以选择这种算法，是因为该算法思想对于初学者来说非常重要。比较三个数中谁最大，不妨先假设第 1 个数最大，并将其存入变量 max 中，接着令 b 与 max 相比，若 b 大，则用 b 覆盖 max，然后令 c 与 max 相比，若 c 大，则用 c 覆盖 max。该算法不但执行效率高，而且用 max 空间存放最大值的思想也非常重要。

3.3.2　if 双分支语句

if 单分支结构只允许在条件为真时指定要执行的语句，而 if else 是双分支结构，不仅允许条件为真时指定要执行的语句，还允许在条件为假时指定要执行的语句。

if else 双分支语句的语法格式如下。

```
if(条件表达式)
  语句 1;
else
  语句 2;
```

格式说明：if 与 else 分支均只能控制一个语句，若有多个语句要被 if 分支或 else 分支控制执行，则可以采用复合语句（即需要用花括号将一组带分号的语句括起来）来处理。

【例 3.9】　输入一个字符，若该字符为大写英文字母，则转换成小写英文字母输出，否则原样输出。

分析：解决该问题时，需要从以下两个方面考虑。

第一，考虑如何判断输入的字符是大写英文字母还是小写英文字母。

观察 ASCII 码表，从表中可以看出，'A'～'Z' 的 ASCII 码值是连续的，'a'～'z' 的 ASCII 码值也是连续的，因此若一个字符的 ASCII 码值在'A'～'Z' 的 ASCII 码值范围内，则说明这个字符是大写英文字母。因此条件表达式 "c>='A'&&c<='Z'" 表示 c 中存储的字符是大写英文字母。

第二，考虑如何将大写英文字母转换成小写英文字母。

观察 ASCII 码表，可以发现'A'的 ASCII 码值是 65，而'a'的 ASCII 码值是 97，两者相差 32，即任何成对大写英文字母和小写英文字母的 ASCII 码值都相差 32。因此将字符从大写英文字母转换成小写英文字母的方法是在原来的 ASCII 码值上加上 32，即可以写成"putchar(c+32);"。若记不住"32"这个关系，则可以将程序中的一个语句写成"putchar(c+'a'-'A');"。其对应的算法描述 N-S 结构化流程图，如图 3-14 所示。

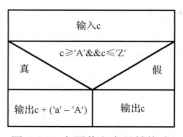

图 3-14　大写英文字母转换成小写英文字母的 N-S 结构化流程图

本例相关程序如下。

```
1   #include<stdio.h>
2   int main()
3   {
4     int c;
5     c=getchar();              //接收输入字符
6     if(c>='A'&&c<='Z')        //判断输入字符是否为大写英文字母
7       putchar(c+32);          //输出小写英文字母
8     else
9       putchar(c);             //输出原字符
10    return 0;
11  }
```

程序运行结果如下。

```
B ↙
b
```

或

```
g ↙
g
```

另外，本程序在运行时，输入必须是小写英文字母或大写英文字母，若是其他字符，则程序的输出是不符合要求的。

【例 3.10】　输入一个年份，判断该年是否为闰年。若是，则输出该年是闰年的提示信息；否则输出该年不是闰年的提示信息。

分析：判断该年是否为闰年，应满足下列两个条件中的一个。

（1）能被 4 整除，但不能被 100 整除。

（2）能被 400 整除。

对应的逻辑表达式可以表示为(year%4==0&&year%100!=0)||(year%400==0)。其对应的算法描述 N-S 结构化流程图，如图 3-15 所示。

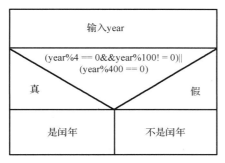

图 3-15　判断是否为闰年的 N-S 结构化流程图

本例相关程序如下。

```
1   #include <stdio.h>
2   int main()
3   {
4       unsigned int year;
5       printf("请输入一个年份:");
6       scanf("%u",&year);
7       if ((year%4==0&&year%100!=0)||(year%400==0))
8         printf("%u 是闰年\n",year);
9       else
10        printf("%u 不是闰年\n",year);
11      return 0;
12  }
```

程序运行结果如下。

```
请输入一个年份:1998 ↙
1998 不是闰年
```

或

```
请输入一个年份:2020 ↙
2020 是闰年
```

【例 3.11】 水仙花数是指一个三位整数的各个位数的立方和等于该数本身，如 153 是水仙花数（1+125+27=153）。从键盘输入一个三位的整数，判断该数是否为水仙花数。若是水仙花数，则输出该数为水仙花数；否则输出该数不是水仙花数。

分析：解决该问题时，抓住以下两个关键点。

第一，如何从一个三位整数中分离出它的个位数、十位数和百位数。

例如，若输入的是整数 153，则输出的分别是 3,5,1；最低位数可用除以 10 取余的方法得到，如 153%10=3，最高位数可用整除 100 的方法得到，如 153/100=1；中间位的数字可通过将其转化为最低位后再求余的方法得到，如 153/10%10=5。

第二，考虑怎样对各位数进行立方和计算，并与原数进行比较，确定两者是否相等的问题。

解决立方和的算法有以下两种。

（1）直接利用算术表达式写成 a0*a0*a0+a1*a1*a1+a2*a2*a2 的形式。

（2）根据前面所讲的幂次方函数 pow()来实现，即写成 pow(a0,3)+pow(a1,3)+ pow(a2,3) 的形式。若要使用该方法，则需要在程序开头添加预处理命令#include<math.h>。

其对应的算法描述 N-S 结构化流程图，如图 3-16 所示。

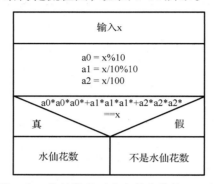

图 3-16 判断一个三位整数是否为水仙花数的 N-S 结构化流程图

本例相关程序如下。

```
1  #include <stdio.h>
2  int main()
3  {  int x,a0,a1,a2;
4     printf("请输入一个整数:");
5     scanf("%d",&x);
6     a0= x%10;          //求个位数
7     a1=x/10%10;        //求十位数
8     a2=x/100;          //求百位数
9     if(a0*a0*a0+a1*a1*a1+a2*a2*a2==x)
10        printf("%d 是一个水仙花数\n",x);
11     else
12        printf("%d 不是一个水仙花数\n",x);
13     return 0;
14 }
```

程序运行结果如下。

```
请输入一个整数:202 ↙
202 不是一个水仙花数
```

或

```
请输入一个整数:153 ↙
153 是一个水仙花数
```

3.3.3 if 多分支语句

if 语句的第 3 种形式是 else if 形式，是一种可以判断多种情况的选择语句，称为多分支结构。

else if 多分支语句的语法格式如下。

```
if（条件表达式）语句 1;
  else if 语句 2;
  [else if 语句 3; ]
      ⋮
  [else if 语句 n; ]
  [else 语句 n+1; ]
```

功能说明与格式说明

● **功能说明**：按表达式的顺序进行判断，值最早为真的表达式将引起执行相应的语句 n，并且不再继续判断其他条件，跳转到下一个语句执行。若表达式均为假，则执行语句 n+1。

● **格式说明**：else if 形式属于多分支结构。方括号 "[" 和 "]" 是描述高级语言语法的一种方式，方括号中的语句可以为空。

【例 3.12】　从键盘输入三个整数，查找出其中的最大数并输出。

```
1  #include<stdio.h>
2  int main()
3  {
4    int a,b,c;
5    printf("请输入三个整数: ");
6    scanf("%d,%d,%d",&a,&b,&c);
7    if(a>b&&a>c)                       //若 a>b 且 a>c
8        printf("%d 为最大数\n",a);      //则出 a
9    else if(b>a&&b>c)                  //若 b>c 且 b>c
10       printf("%d 为最大数\n",b);      //则输出 b
11   else
12       printf("%d 为最大数\n",c);      //输出 c
13   return 0;
14 }
```

本例在前面的例 3.8 中已经实现过了，例 3.7 利用的是假设第一个数是最大值，然后逐个比较的算法来实现的。本例中采用了另一种算法思想，即列举出每个输入的数，确定该数成为最大数的条件，若条件成立，则为最大数；否则判断下一个数是否为最大数。

【例 3.13】　十一国庆节某商场举办大型促销活动，活动规则如下。

（1）购物金额小于 200 元，打 9 折。

（2）购物金额大于或等于 200 且小于 500 元，打 8 折。

（3）购物金额大于或等于 500 且小于 1000 元，打 7 折。

（4）购物金额大于或等于 1000 元，打 6.5 折。

要求输入顾客应付购物金额，输出顾客实付金额和节约金额。

分析：该例可以采用并列的 if 语句或者 else if 多分支语句来实现，因为判断条件存在互斥关系，所以若用多个并列的 if 语句实现，则会浪费不必要的 CPU 处理时间。因此，采用 else if 多分支语句来实现更合理。其对应的算法描述传统流程图，如图 3-17 所示。

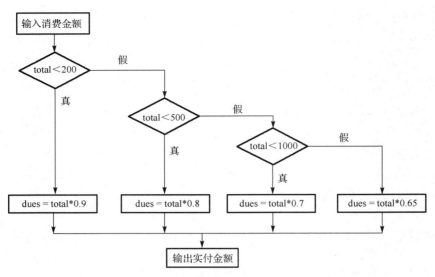

图 3-17　商场促销活动的传统流程图

本例相关程序如下。

```
1   #include <stdio.h>
2   int main()
3   {
4     double total,dues,saving;
5     printf("请输入购物总价: ");
6     scanf("%lf",&total);
7     if(total<200)
8         dues=total*0.9;
9     else if(total<500)          //此时, total 大于或等于 200
10      dues=total*0.8;
11    else if(total<800)          //此时, total 大于或等于 500
12      dues=total*0.7;
13    else                        //此时, total 大于或等于 1000
14       dues=total*0.65;
15    saving=total-dues;
16    printf("实付: %.2f 元.\n",dues);
17    printf("节约: %.2f 元.\n",saving);
18    return 0;
19  }
```

3.3.4　嵌套的 if 语句

嵌套的 if 语句是指 if 条件语句的 3 种形式中的任何一个语句中又包含了一个或多个 if 条件语句。

前面介绍的很多程序都未对输入数据的合法性进行判断，这是一种不好的程序设计思想。优秀的程序员应该了解所有被处理的数据范围，若用户输入的数据不在正确范围内，则应该提示用户输入数据有误。

修改例 3.13，排除不可能的付款金额，相关程序如下。

```
1  #include <stdio.h>
2  int main()
3  {
4    double total,dues,saving;
5    printf("请输入购物总价: ");
6    scanf("%lf",&total);
7    if(total>0)
8      {
9        if(total<200)
10         dues=total*0.9;
11       else if(total<500)
12         dues=total*0.8;
13       else if(total<800)
14         dues=total*0.7;
15       else
16         dues=total*0.65;
17       saving=total-dues;
18       printf("实付: %.2f元.\n",dues);
19       printf("节约: %.2f元.\n",saving);
20     }
21   else
22     printf("付款有误! ");
23   return 0;
24 }
```

【例 3.14】　输入一只股票今天和昨天的收盘价，若今天的收盘价高于昨天的收盘价，则提示"上涨"；若今天的收盘价低于昨天的收盘价，则提示"下跌"；若今天的收盘价刚好等于昨天的收盘价，则提示"平盘"。

本例相关程序如下。

```
1  #include<stdio.h>
2  int main()
3  {
4    float x,y;
5    printf("请用户输入昨天的股票收盘价: ");
6    scanf("%f",&x);
7    printf("请用户输入今天的股票收盘价: ");
8    scanf("%f",&y);
9    if(x>0&&y>0)
10   {
11     if(x==y)
12       printf("平盘! \n");
13     else if(x<y)
14       printf("上涨! \n");
```

```
15      else
16        printf("下跌! \n");
17      }
18    else
19      printf("数据录入错误! \n");
20    return 0;
21  }
```

程序运行结果如下。

```
请用户输入昨天的股票收盘价: 5.4 ↙
请用户输入今天的股票收盘价: 4.5 ↙
下跌!
```

注意：使用嵌套的 if 语句要防止出现二义性。嵌套的 if 语句中，else 与哪个 if 语句配对是很重要的，配对关系会影响程序的运行结果。例如：嵌套的 if 语句常见的两种表示方式如下。

```
方式一: if(条件表达式1)            方式二: if(条件表达式1)
        {   if(条件表达式2)                {   if(条件表达式2)
            语句1;                             语句1;
        }                                 else
        else                                  语句2;
          语句2;                            }
```

其中，第一种方式中的"语句 2"是条件表达式 1 为假时执行的语句，而第二种方式中的"语句 2"是条件表达式 2 为假时执行的语句。

若将这两种条件表达方式中的花括号去掉，则两者会变成如下相同的程序段。

```
if(条件表达式1)
  if(条件表达式2)
      语句1;
else
      语句2;
```

这时 else 到底应该与哪个 if 语句配对呢？C 语言规定：else 与它离得最近的 if 语句配对。也就是说，该程序段中，else 是与 if(条件表达式 2)配对的。

作为一名优秀的程序员，为了防止程序出现二义性，应该尽量使用花括号将嵌套的 if 语句括起来。

3.3.5　switch 语句

若遇到的问题需要讨论的情况较多，则可以考虑使用 switch 语句代替 if 条件语句来简化程序的设计，switch 语句就像多路开关一样，使程序控制流程形成多个分支，根据一个表达式可能产生的不同结果值，选择其中一个或几个分支语句去执行。因此，switch 语句常用于各种分类统计、菜单等程序的设计。

switch 语句的基本语法格式如下。

```
switch(条件表达式)
```

```
{   case 常量表达式 1:可执行语句序列 1;
    case 常量表达式 2:可执行语句序列 2;
                  ⋮
    case 常量表达式 n:可执行语句序列 n;
    default: 语句 n+1;
}
```

功能说明与格式说明

● **功能说明：** 首先计算条件表达式的值，然后从常量表达式 1 开始，依次寻找是否有与其相等的常量表达式 i。若常量表达式的值与条件表达式的值相等，则程序转去语句 n 执行，然后退出 switch 语句；若没有任何一个常量表达式与条件表达式相等，则执行语句 $n+1$。

● **格式说明：**

① switch 后面必须跟着由圆括号括起来的整型表达式。C 语言把字符当成整型来处理，因此条件表达式可以对字符进行判断，但是不能用浮点数和字符串表示。

② 所有分支包含在一对花括号中，每个分支的开头都有一个 "case 常量表达式:" 的标号。

③ 常量表达式中不能包含变量和函数调用，且其值必须是整数。每个分支标号后可以跟任意数量的语句，且不需要用花括号将这些语句括起来。

④ switch 语句执行时从上至下依次将 switch 后面圆括号中的条件表达式值与每个分支的常量表达式进行匹配，若条件表达式一旦与该常量表达式相等，则从该标号后的语句开始执行，直至遇到 break 或 switch 结束符 "}" 为止。

⑤ 当所有 case 匹配均不成功时，程序跳转到 default 分支开始执行，直到遇到 break 或遇 switch 结束符 "}" 为止。其中 default 可以省略，若 default 不存在，并且条件表达式的值与任意一个 case 分支都不匹配，则指令会直接传给 switch 语句后面的语句。

⑥ 同一个 switch 语句中，所有 case 常量均不能相同，但 case 的顺序没有要求，特别是 default 分支不一定在最后。

注意：break 语句的作用。 在 case 分支中，break 语句的作用是可以令程序控制转移到 switch 语句外，是否需要在每个 case 后面加上 break 语句需要根据程序的功能而定。

【例 3.15】 假设咖啡店里有 4 款咖啡：拿铁（Coffee Latte）、摩卡（Coffee Mocha）、卡布奇诺（Cappuccino）和美式（Americano），其单价分别是 10.00 元、12.00 元、15.00 元和 13.00 元。要求：首先显示一个简易菜单，将咖啡店里的咖啡种类列出来，请用户选择要购买的咖啡，然后输入购买的数量，计算用户应付的金额并输出。

本例相关程序如下。

```
1  #include <stdio.h>
2  #include<stdlib.h>
3  int main ()
4  {
5    int kind, amount;
6    double fee;
```

```
7       printf("\n***********欢迎光临************");    //显示简易菜单
8       printf ("\n***\t1. 拿铁(Coffee Latte)");
9       printf("\n***\t2. 摩卡(Coffee Mocha)");
10      printf ("\n***\t3. 卡布奇诺(Cappuccino)");
11      printf("\n***\t4. 美式(Americano)");
12      printf ("\n**********************************\n");
13      system("pause");
14      printf("请输入你需要购买的咖啡序号: ");          //提示用户输入购买咖啡的种类
15      scanf ("%d", &kind);                        //接收用户输入购买咖啡的种类
16      printf ("请输入购买数量: ");                   //提示用户输入购买咖啡的数量
17      scanf ("%d", &amount) ;                      //接收用户输入购买咖啡的数量
18      switch (kind)                               //根据用户购买咖啡种类和数量计算消费金额
19      {
20         case 1:fee=amount *10.00;break;           //根据不同情况计算相应消费金额
21         case 2:fee=amount * 12.00;break;
22         case 3:fee=amount *15.00;break;
23         case 4:fee=amount * 13.00;break;
24         default:printf("抱歉，没有此款咖啡! 期待您的下次光临! ");
25      }
26      if(fee>1.0e-6)                              //消费金额大于 0 元时进行付费
27      printf("请付费%.2f 元",fee);
28      return 0;
29  }
```

程序运行结果如图 3-18、图 3-19 和图 3-20 所示。

图 3-18 咖啡种类列表待用户选择

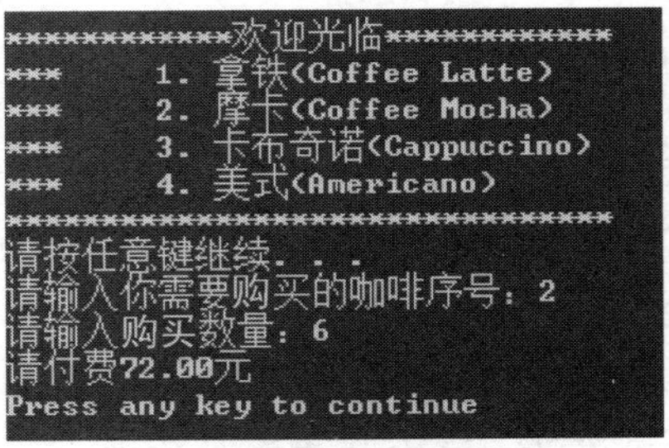

图 3-19 用户输入需要购买的咖啡种类及数量

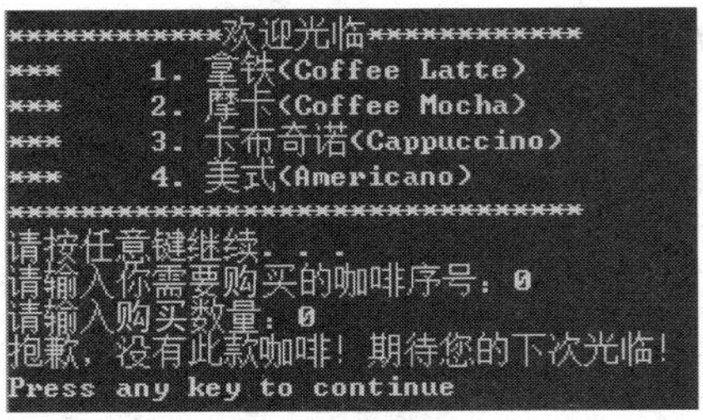

图 3-20 用户输入未出现的咖啡种类

【例 3.16】采用两种方法编写程序，根据用户输入的百分制成绩输出对应的等级成绩，百分制成绩与等级成绩的对应关系如图 3-21 所示。

$$grade = \begin{cases} A, & 90 \leqslant score < 100 \\ B, & 80 \leqslant score < 90 \\ C, & 70 \leqslant score < 80 \\ D, & 60 \leqslant score < 70 \\ E, & 0 \leqslant score < 60 \end{cases}$$

图 3-21　百分制成绩与等级成绩的对应关系

方法 1：用 else if 形式的条件语句编写程序。

```
1  #include <stdio.h>
2  int main()
3  {
4    int score;
5    printf("请输入学生成绩: ");
6    scanf("%d",&score);
7    if(score<0||score>100)
8       printf("输入成绩有误! ");
9         else if(score>=90)
10          printf("%d 为 A 级",score);
11        else if(score>=80)
12          printf("%d 为 B 级",score);
13        else if(score>=70)
14          printf("%d 为 C 级",score);
15        else if(score>=60)
16          printf("%d 为 D 级",score);
17        else
18           printf("%d 为 E 级",score);
19    return 0;
20 }
```

方法 2：用 switch 语句编写程序。由于输入的百分制成绩取值范围太大，因此根据百分制成绩与等级成绩的对应关系，没必要将所有 score 的取值都作为一个 case 常量，可将百分制成绩 score 先缩小为原来的 1/10 后再作为 switch 语句中的 case 常量的值。

```
1  #include <stdio.h>
2  int main()
3  {
4    int score,grade;
5    printf("请输入学生成绩: ");
6    scanf("%d",&score);
7    grade=score>=0&&score<=100?score/10:-1;//将百分制成绩 score 缩小为原来的 1/10
8    switch(grade)
9    {
10     case 10:
11     case 9: printf("%d 为 A 级",score);
12           break;
13     case 8: printf("%d 为 B 级",score);
14      break;
```

```
15      case 7: printf("%d为C级",score);
16    break;
17      case 6: printf("%d为D级",score);
18    break;
19      case 5:
20      case 4:
21      case 3:
22      case 2:
23      case 1:
24      case 0: printf("%d为E级",score);
25    break;
26      default: printf("输入成绩有误!\n");
27    break;
28    }
29    return 0;
30 }
```

方法 2 的第 7 行语句的作用是将百分制成绩 score 缩小为原来的 1/10，但是为什么不直接写成 "mark=score/10;"，而是要将其写成一个条件表达式呢？读者可以自行测试。

需要注意的是，当对本例进行测试时，不仅要选用合理的输入数据，还要选用不合理的输入数据（包括各种边界值）。总结以往经验，一般大量的错误通常发生在输入或输出的边界上。例如，本例中输入 101～109 这些刚刚超越范围边界的值时，若写成 "mark=score/10;"，则会产生错误的输出结果。

因此，要写成方法 2 中的第 7 行条件表达式的形式，这样不仅为了将百分制成绩 score 缩小为原来的 1/10，还是对 score 的合法性进行预处理。

小知识：针对各种边界情况设计测试用例，有助于用户发现更多运行时的错误，如除数为零、数组下标越界、栈溢出等。若程序代码能够经受意外的错误输入的考验，则对错误的输入具有容错能力，称这样的程序具有**健壮性**（Robustness）。

下面分析 if 语句与 switch 语句的异同点。

switch 语句只进行是否相等的判断；而 if 语句还可以进行大小范围的判断。switch 语句无法处理浮点数，只能进行整数的判断，case 标签值必须是常量；而 if 语句则可以对浮点数进行判断。

若要对几个常量如 "1, 2, 3…" 或 "A，B，C…" 进行选择，则可优先使用 switch 语句，因为这种情况下使用 switch 语句构造的代码结构清晰，可读性好。虽然使用 if 语句可以实现同样的功能，但是其可读性较差，容易出现漏判或重复判断等情况。另外，从性能方面考虑，switch 语句中只需经过一次比较就可以正确地找到跳转分支，平均情况下跳转次数为 1，而 else if 语句需要对每个条件进行逐一判断，直到找到符合条件的分支，比较次数至少为 1，故使用 switch 语句更高效。

但是当需要处理逻辑表达式时，只能使用 if 语句，因为 switch 语句无法进行逻辑判断。综上所述，switch 语句和 if 语句各有优劣，在实际开发中，应根据具体问题选择适合该问题的结构语句。

在运行例 3.16 的程序时会发现程序运行一次只能输入一个成绩，如果要对 10 名学生的成绩进行等级转换，那么需要重复运行 10 次程序。如果需要在一次程序运行中连续处理 10 名学生的成绩，那么该如何实现呢？3.4 节介绍的循环语句将实现上述功能。

3.4　循　环　结　构

循环结构程序设计在顺序、选择和循环三种基本结构中是最难掌握的，同时也是最重要的。原因在于不厌其烦地重复相同的工作是计算机的优势，并且只要程序是对的，计算机就可以不出错，当然，计算机发生故障的情况除外。表示循环结构的语句的语法并不难掌握，重点是如何使用循环程序设计的思想去解决实际问题。本节将通过大量实例来强化循环程序的设计思想。

3.4.1　while 语句

while 语句是 C 语言非常重要的循环语句，while 语句的结构又称为当型循环结构。while 语句的语法格式如下。

```
while (循环表达式)
  语句;
```

功能说明与格式说明

功能说明：首先计算循环表达式的值，若循环表达式的值非零（真），则执行语句，并再次计算循环表达式的值，此过程重复执行，直到循环表达式的值为零（假），循环结束。

格式说明：重复执行的语句称为循环体。循环表达式一定要用圆括号括起来。

while 语句实现循环的具体过程如图 3-22 所示。

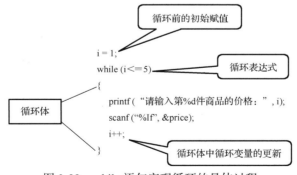

图 3-22　while 语句实现循环的具体过程

while 的循环控制通常可以采用计数法与标记法来控制循环次数，下面将详细介绍这两种循环控制方法。

1. 计数法

最常见的循环语句是通过计数法控制循环执行次数的。通过计数法控制循环是 while 语句的常规用法。

【**例3.17**】 计算 $\sum\limits_{i=0}^{100} i$，并输出计算结果。

分析：本例求 1 到 100 的和，可以定义一个变量 sum，用于存放 $\sum\limits_{i=0}^{100} i$，初始值为 0，再使用一个变量存放加数 i，其初始值为 1，当 $i \le 100$ 时，每次将 i 的值都累加到 sum 中，然后 i 自身加 1，直到 $i>100$ 时结束循环，输出 sum 的值，即为 $\sum\limits_{i=0}^{100} i$ 的值。

```
1  #include <stdio.h>
2  int main()
3  {
4    int sum,i;
5    sum=0;
6    i=1;                    //循环前的初始赋值
7    while (i<=100)          //循环表达式
8    {
9      sum=sum+i;
10     i++;                  //循环体中循环变量的更新
11   }
12   printf("sum=%d\n",sum);
13   printf("i=%d\n",i);
14   return 0;
15 }
```

程序运行结果如下。

```
sum=5050
i=101
```

【**例3.18**】 将连续输入的 10 名学生的百分制成绩转换成对应的等级。

分析：因为在例 3.16 中，已经实现将输入百分制成绩转换成对应等级的功能，所以现在主要考虑的问题是连续输入 10 名学生的百分制成绩。这里同样可以采用计数法来实现。

程序中计数法的实现可简单概括如下：定义一个计数器变量，该变量通常为整型，如 int counter，并将其赋初值为 0。此时 while 语句的控制条件可以写成 "counter<10"，每执行一次循环体，需将计数器加 1，因此可以将 "counter++;" 语句放置在循环体的最后。该算法描述的流程图如图 3-23 所示。根据 while 语句的语法，循环体将被执行 10 次。

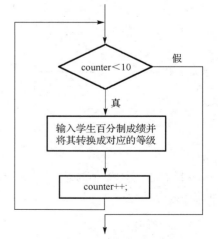

图 3-23　将 10 名学生百分制成绩转换成对应的等级流程图

修改后的程序如下。

```
1  #include <stdio.h>
2  int main()
3  {
4    int score,grade;
5    int counter=0;
6      while(counter<10)
7      {
8      printf("请输入第%d名学生的百分制成绩: ",counter+1);
9      scanf("%d",&score);
10     grade=score>=0&&score<=100?score/10:-1;
11     switch(grade)
12     {
13      case 10:
14      case 9: printf("%d为A级\n",score);
15            break;
16      case 8: printf("%d为B级\n",score);
17            break;
18      case 7: printf("%d为C级\n",score);
19            break;
20      case 6: printf("%d为D级\n",score);
21            break;
22      case 5:
23      case 4:
24      case 3:
25      case 2:
26      case 1:
27      case 0: printf("%d为E级\n",score);
28            break;
29      default: printf("输入的百分制成绩有误!\n");
30            break;
31     }
32     counter++;
33    }
34    return 0;
35 }
```

2．标记法

虽然计数法是一种有效的循环控制方法，但有时循环次数是由用户事先确定的，并且有些循环不需要通过循环变量来控制次数，而是通过一些特殊的条件来终止循环。例如，超市收银员在收银时不可能先数好顾客买了多少件商品，再来控制收银程序逐个扫描商品价格。

因此程序设计中，对预先未知循环次数的程序，可以采用标记法进行循环控制。简单地讲，标记法就是事先设置一个标记变量用于控制循环条件，初始值为逻辑真，在循环过程中当满足一定条件时，将该标记变量设置为逻辑假，从而结束循环。

【例 3.19】 改进例 3.13，模拟商场收银流程。根据输入顾客每件商品的价格计算商品总价，按照活动规则输出顾客购买商品的数量、购物金额、应付金额、节约金额、顾客实付金额及找零金额。促销活动规则如下。

（1）购物金额小于 200 元，打 9 折。

（2）购物金额大于或等于 200 且小于 500 元，打 8 折。

（3）购物金额大于或等于 500 且小于 1000 元，打 7 折。

（4）购物金额大于或等于 1000 元，打 6.5 折。

分析：首先，考虑结束循环的条件。因为每位顾客购买的商品数量是未知的，所以循环不适合采用计数法。故可以设置一个标记，即当输入商品价格大于 0 时，标记值为 1，一旦收银员输入的商品价格等于 0，标记值为 0，本次购物结束。其次，对于顾客购买商品的数量的统计，可以通过在循环中增加计数来实现。再次，需要考虑找零问题，若顾客实付金额大于或等于应付金额，则需要进行找零；否则提示付款金额不足。可以通过一个双分支结构解决该问题。最后，打折的相关程序在例 3.13 中已经完成，这里不再赘述。其算法描述流程图如图 3-24 所示。

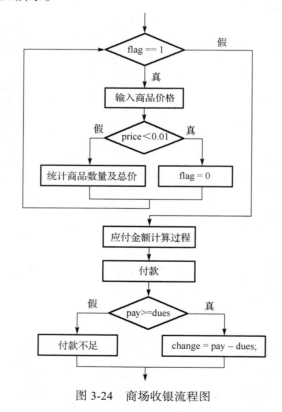

图 3-24　商场收银流程图

相关程序如下。

```
1  #include <stdio.h>
2  int main()
3  {
```

```
  double total=0,dues,saving;      //总价、应付金额、优惠金额
  double price,pay,change;         //单价、实付金额、找零金额
  int flag=1;                      //循环控制变量初始化，其值为逻辑真
  int counter=0;                   //商品数量
  while (flag==1)                  //循环输入商品价格
  {
    printf("请输入第%d 件商品的价格: %,2f 元。",++counter); //统计商品件数
    scanf("%lf",&price);
    if (price<0.01)
       flag=0;                     //修改循环控制变量
    else
       total=total+price;
  }
 if(total<200)                     //商品总价优惠计算
 dues=total*0.9;
 else if(total<500)
    dues=total*0.8;
 else if(total<800)
    dues=total*0.7;
    else
    dues=total*0.65;
 saving=total-dues;
 printf("总共买了%d 件商品,实际花费: %.2f 元。\n",counter-1,dues);
 printf("优惠金额: %.2f 元.\n",saving);
 printf("实付金额: %.2 元.\n",pay);       //输入实付金额
 scanf("%lf",&pay);
 if (pay>=dues)                           //计算找零金额
 {
    change=pay-dues;
    printf("找零金额: %.2f 元.\n",change);
 }
 else
    printf("付款不足! ");
 return 0;
 }
```

程序运行结果如图 3-25 所示。

```
请输入第1件商品价格: 99元。
请输入第2件商品价格: 102.5元。
请输入第3件商品价格: 20.5元。
请输入第4件商品价格: 165元。
请输入第5件商品价格: 0元。
总共买了4件商品,实际花费: 309.60元。
优惠金额: 77.40元。
实付金额: 320元。
找零金额: 10.40元。
```

图 3-25　程序运行结果

注意：使用 while 语句编写程序时应该注意以下两点。

（1）循环次数的控制要正确。

（2）当循环体包含一个以上语句时，一定要用花括号将这些语句括起来，否则可能与程序要求不符。

3.4.2 for 语句

利用计数法控制循环需要先初始化计数变量，并在结束一次循环后修改计数变量。C 语言提供的 for 语句特别适合计数循环。for 语句的语法格式如下。

```
for(表达式 1；表达式 2；表达式 3)
    语句；
```

功能说明：

（1）表达式 1 一般用于对计数变量赋初值，它仅在进入 for 循环时被执行 1 次。

（2）表达式 2 是循环条件表达式，一般为关系表达式或逻辑表达式，它将在每次执行循环体前被判断。若该表达式为真，则执行循环体；若为假，则结束循环，且程序控制跳转到 for 语句之后。

（3）表达式 3 一般为修改计数变量的表达式，在每执行完一次循环体后，自动被执行一次，之后再判断表达式 2 是否为真，若其为真，则循环体将再次被执行。重复这个过程，直到表达式 2 为假时结束循环。

格式说明： 表达式 1、表达式 2 和表达式 3 均可省略，但两个 ";" 不能省略，即 for(;;) 是合法的。当表达式 2 省略时，表示无限循环。

利用 for 循环实现整数 1～100 的累加，如图 3-26 所示。

程序执行的顺序为：第 1 步，执行表达式 1；第 2 步，执行表达式 2；第 3 步，若表达式 2 为真，则执行循环体内的语句序列；第 4 步，执行表达式 3；第 5 步，返回表达式 2，若表达式 2 依然为真，则反复执行第 2、3、4 步；若一旦表达式 2 为假，则跳出循环，执行循环体外的下一个语句。

下面将介绍三种在 for 循环语句中常用的算法。

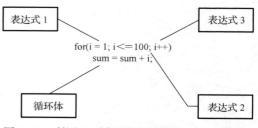

图 3-26　利用 for 循环实现整数 1～100 的累加

1. 递推法

递推法是一种用若干步可重复的简单运算（规律）来描述复杂问题的方法。递推法是序列计算中的一种常用算法，该算法按照一定规律来计算序列中的每一项，通常是通过计算前面的一些项来得出序列中的指定项的值。

【例 3.20】 计算 $n!$

分析： 这是一个循环次数已知的累乘求积问题。先求 1!，然后用 1!×2 得到 2!，再用 2!×3 得到 3!，依此类推，直到用 $(n-1)!×n$ 得到 $n!$ 为止，于是得出计算阶乘的递推公式为

$$i! = (i-1)! \times i$$

若用 p 表示$(i-1)!$，则只要将 p 乘以 i 即可得到 $i!$ 的值，用 C 程序表示这种累乘关系即为 "p=p*i;"。

令 p 初值为 1，并令 i 值从 1 变化到 n，循环累乘 n 次即可得到 $n!$ 的计算结果。相关程序如下。

```
1  #include <stdio.h>
2  int main()
3  {
4     int n,i;
5     double p=1;
6     printf("请输入一个正整数: ");
7     scanf("%d",&n);
8     for(i=1;i<=n;i++)         //先判断后执行, 循环 n 次
9        p=p*i;                 //执行累乘运算
10    printf("%d!=%f",n,p);     //以双精度型格式输出 n 的阶乘值
11    return 0;
12 }
```

程序运行结果如下。

```
请输入一个正整数: 5 ↵
5! =120.000000
```

2. 迭代法

迭代法与递推法的思想非常接近，同样是一种不断用变量的旧值递推新值的过程。只是迭代法的目的通常是逼近所需目标或结果，每次对过程的重复称为一次"迭代"，而每次迭代得到的结果会作为下一次迭代的初始值。迭代法也是用计算机解决问题的一种基本方法。

【例 3.21】 已知一个分数数列：$\dfrac{2}{1}, \dfrac{3}{2}, \dfrac{5}{3}, \dfrac{8}{5}, \dfrac{13}{8}, \dfrac{21}{13}, \cdots$，要求输出该数列的前 20 项和。

分析：通过观察可以发现数列中的 a_i 与 a_{i+1} 存在以下递推关系。

$$\begin{cases} a_1 = \dfrac{2}{1}, & i=1 \\ a_{i+1} = 1 + \dfrac{1}{a_i}, & i \geqslant 2 \end{cases}$$

定义一个变量 term 用于表示数列的当前项 a_i，则求解 a_{i+1} 的迭代式为 "term=1.0+1.0/term"。具体的程序如下。

```
1  #include <stdio.h>
2  int main()
3  {
4     int i;
5     double sum,term;
```

```
 6       term=2;                     //term 为数列的第 1 项
 7       sum=2;                      //sum 初始值为数列第 1 项的值
 8       for (i=1;i<20;i++)
 9       {
10          term=1.0+1.0/term;       //将当前项加到求和变量中
11          sum=sum+term;            //计算产生下一项
12       }
13       printf("sum=%f\n",sum);
14       return 0;
15    }
```

程序运行结果如下。

```
sum=32.660261
```

思考：若将"term=1.0+1.0/term;"改成"term=1+1/term;"，则运行结果会是怎样的？并分析出现这种情况的原因。

【例 3.22】 假设兔子在出生两个月后，就具备繁殖能力了，并且一对兔子每个月能生出一对小兔子。如果一年内所有兔子都不死，那么一年后有多少对兔子？

分析：从新出生的 1 对小兔子开始分析，此时具有 1 对没有繁殖能力的小兔子；第 1 个月小兔子没有繁殖能力，所以这个月还是 1 对小兔子；第 2 个月这对小兔子具备繁殖能力后，生下 1 对小兔子（幼兔），此时共有 2 对兔子，即 1 对成兔，1 对幼兔；第 3 个月，成兔又生下 1 对小兔子，因为幼兔还没有繁殖能力，所以一共是 3 对兔子，即 1 对成兔，2 对幼兔；第 4 个月，3 对成兔，2 对幼兔，共有 5 对兔子；第 5 个月，5 对成兔，3 对幼兔，共有 8 对兔子，依次类推，兔子繁殖序列表如表 3-2 所示。

表 3.2　兔子繁殖序列表

月　份	幼兔/对	成兔/对	总数/对	月　份	幼兔/对	成兔/对	总数/对
0	1	0+0=0	1	7	8	5+8=13	21
1	0	1+0=1	1	8	13	7+13=21	34
2	1	0+1=1	2	9	21	13+21=34	55
3	1	1+1=2	3	10	34	21+34=55	89
4	2	1+2=3	5	11	55	34+55=89	144
5	3	2+3=5	8	12	89	55+89=144	233
6	5	3+5=8	13				

通过表 3-2 可以明显地看出兔子的总数构成了一个数列。该数列有个显著的特点，就是前面相邻两项之和构成了后一项。而这个数列就是著名的斐波那契数列：1, 1, 2, 3, 5, 8, 13, …。其定义为

$$\begin{cases} f(0)=1, & n=0 \\ f(1)=1, & n=1 \\ f(n)=f(n-1)+f(n-2), & n \geqslant 2 \end{cases}$$

根据迭代法写出本例程序如下。

```
1   #include <stdio.h>
2   int main()
3   {
4     long int f1=1,f2=1,f;      //f1 代表幼兔, f2 代表成兔, f 代表兔子总数
5     int i;
6     for (i=2;i<=12;i++)
7     {
8        f=f1+f2;
9        f1=f2;
10       f2=f;
11    }
12    printf("一年后兔子的总数为%ld\n",f);
13    return 0;
14  }
```

程序运行结果如下。

一年后兔子的总数为 233

利用迭代法解决问题，需要做好以下三个方面的工作。

（1）确定迭代变量。在可以用迭代法解决的问题中，至少存在一个直接或间接地不断由旧值递推出新值的变量，这个变量就是迭代变量。

（2）建立迭代关系式。所谓迭代关系式是指如何从变量的前一个值推出下一个值的公式（或关系）。迭代关系式的建立是解决迭代问题的关键，通常可以使用递推或倒推的方法来完成。

（3）对迭代过程进行控制。什么时候结束迭代过程？这是编写迭代程序必须考虑的问题，不能让迭代过程无休止地重复执行下去。迭代过程的控制通常可分为两种情况：一种是所需的迭代次数是一个确定值，即可以计算出来；另一种是所需的迭代次数无法确定。对于前一种情况，可以构建一个固定次数的循环来实现对迭代过程的控制，如例 3.21、3.22；对于后一种情况，需要进一步分析出用来结束迭代过程的条件，这将在第三种循环语句 do while 中讲解。

注意：在编写程序时，不需要刻意地对递推法和迭代法进行区分，很多情况下它们都具有很高的相似度。编程的目的是采用某种算法能够很好地解决问题，而不必纠结于算法本身之间的差异。

【例 3.23】　舍罕王是古印度的国王，据说他是一个十分有趣的人。宰相达依尔为讨好国王，发明了现今的国际象棋。舍罕王非常喜欢这项游戏，于是决定嘉奖达依尔，许诺可以满足达依尔提出的任何要求。达依尔指着舍罕王前面的棋盘提出了要求："陛下，请您按棋盘的格子赏赐我一点麦子吧，第 1 个小格赏我 1 粒麦子，第 2 个小格赏我 2 粒麦子，第 3 个小格赏我 4 粒麦子，以后每一小格都比前一小格的麦粒数增加一倍，只要把棋盘上的 64 个小格全部按这样的方法得到的麦粒都赏赐给我，我就心满意足了。"舍罕王听了达依尔的这个"小小"的要求，想都没想就满口答应下来。如果 1 立方米麦粒数约 1.42×10^8 粒，那么国王能兑现他的许诺吗？试编程计算舍罕王共需要多少立方米的麦子赏赐给达依尔。

分析：这是一个典型的循环次数已知的等比数列求和问题。第 1 格放 1 粒，第 2 格放 2 粒，第 3 格放 4 粒（2^2），依此类推，第 i 格放 2^{i-1} 粒，故总粒数为 sum=$1+2+2^2+2^3+\cdots+2^{63}$。

解决这种累加求和问题的基本策略是：每次加一个累加项，用循环语句重复执行 64 次累加运算，即可求出累加和 sum。其中，寻找累加项的构成规律是问题求解的关键。一般而言，寻找累加项的构成规律有两种方法：一种是寻找统一的累加项表示规律，即用一个通式来表示累加项；另一种是寻找前后项之间的统一的变化规律，即利用前一项得到后一项的表示。下面分别采用这两种方法实现本例程序的功能。

方法 1：累加项的规律，得到累加项的通式为 2^{i-1}，写成 C 语言表达式为 "term=pow(2,i-1)"，令 i 从 1 变化到 64，从第 1 项开始累加 sum 的值，即 sum=sum+term，其中 sum 初值为 0。相关程序如下。

```
1  #include<stdio.h>
2  #include<math.h>
3  #define N 1.42e8
4  int main()
5  {
6    double sum=0,term,total;
7    int i;
8    for (i=1;i<=64;i++)
9    {
10       term=pow(2,i-1);
11       sum=sum+term;
12   }
13   total=sum/N;
14   printf("国王共需要%f 立方米麦子\n",total);
15   return 0;
16 }
```

方法 2：考虑到被累加的项都具有"后一项是前一项 2 倍"的特点，因此可通过前一项来计算后一项，即通过累乘"term=term*2"来计算累加项 term，其中 term 的初始值为 1。显然这种方法比每次累加都计算 2^{n-1} 的效率要高得多。若令 sum 的初始值为 1（即事先将需要累加的第 1 项存入 sum 中），则可从第 2 项开始计算累加项 term，并执行 63 次累加运算"sum=sum+term"。相关程序如下。

```
1  #include<stdio.h>
2  #define N 1.42e8
3  int main()
4  {
5    double sum=1,term=1,total;
6    int i;
7    for (i=2;i<=64;i++)
8    {
9      term=term*2;
10     sum=sum+term;
11   }
```

```
12      total=sum/N;
13      printf("国王共需要%f 立方米麦子\n",total);
14      return 0;
15  }
```

程序运行结果如下。

国王共需要 129906648406.405290 立方米麦子

3. 穷举法

程序设计中还有一种应用非常广泛的方法——穷举法（又称枚举法），其基本思想是根据题目的部分条件确定答案的大致范围，并在此范围内对所有可能的情况逐一验证，直到全部情况验证完毕。该方法正是利用了计算机运算速度快、计算精确度高的特点，为人们提供了一种最直接、实现最简单、同时又最耗时的一种解决实际问题的算法思想。

【例 3.24】　韩信点兵是一个有趣的猜数字游戏，相传古时候韩信带兵打仗，为了快速清点士兵的人数，命令士兵按照 3 人一排，5 人一排，7 人一排，三种排法站队，然后根据每种排法的队尾人数来判断队伍的总人数。请根据输入三种排法的队尾人数，编程计算队伍的总人数（总人数设定在 100～200 之间）。

相关程序如下。

```
1   #include <stdio.h>
2   int main()
3   {
4       int i;
5       int a,b,c;
6       int flag=1;
7       printf("\n 请输入 3 人成排队尾人数: ");
8       scanf("%d",&a);
9       printf("\n 请输入 5 人成排队尾人数: ");
10      scanf("%d",&b);
11      printf("\n 请输入 7 人成排队尾人数: ");
12      scanf("%d",&c);
13      for(i=100;i<=200&&flag==1;i++)
14          if(i%3==a&&i%5==b&&i%7==c)
15              flag=0;
16      if(flag==0)
17          printf("\n 输入队尾人数有误! ");
18      else
19          printf("\n 队伍总共有%d 人",i);
20      return 0;
21  }
```

程序运行结果如下。

请输入 3 人成排队尾人数: 1
请输入 5 人成排队尾人数: 2
请输入 7 人成排队尾人数: 3
队伍总共有 158 人

或

请输入 3 人成排队尾人数：4
请输入 5 人成排队尾人数：5
请输入 7 人成排队尾人数：6
输入队尾人数有误！

利用穷举法解决实际问题时，需要确定以下几点。

（1）根据问题的具体情况确定解空间。

（2）根据确定的范围设置穷举循环。

（3）根据问题的具体要求确定筛选约束条件。

提示：穷举法思想中最关键的步骤是划定问题的解空间，并在该空间中一一枚举每个可能的解。这里有以下两点需要注意。

（1）解空间的划定必须保证覆盖问题的全部解，若解空间集合用 H 表示，问题的解用 h 表示，则只有当 $h \in H$ 时，才能使用穷举法求解。

（2）解空间集合及问题的解集一定是离散的集合，即集合的元素是有限的。

【例 3.25】 已知 4 名学生中有且只有一名学生的数学成绩是 100 分。当老师询问这 4 名学生谁的数学成绩是 100 分时，4 名学生的回答如下：A 说：不是我。B 说：是 C。C 说：是 D。D 说：他胡说。其中三名学生说的是真话，一名学生说的是假话。现在根据这些信息，找出数学成绩是 100 分的学生。

分析：为了求解这道题，需要学习如何通过逻辑思维与判断找到求解这类问题的思路。

为了使用计算机求解这类问题，首先要解决如何将"是"和"否"写成关系表达式，即将 4 名学生所说的 4 句话写成关系表达式。因此，要先定义一种字符型变量，如 char thisman。因为本题中有 4 名学生，所以解空间只有 4 种可能，假设数学成绩为 100 分的学生用 thisman 表示，则可能的解空间可以用表 3-3 表示。

表 3.3　可能的解空间

状　　态	赋值表达式
1	thisman='A'
2	thisman='B'
3	thisman='C'
4	thisman='D'

接着设 "=="的含义为"是"，设 "!="的含义为"不是"。利用关系表达式可以将 4 名学生所说的话表示成如表 3-4 所示的关系。注意，D 说的"他胡说"是针对 C 的，所以他的意思是"不是我"，对应表达式是 thisman!='D'。

表 3.4　使用关系式表达 4 名学生所说的话

学　　生	所说的话	写成关系表达式
A	"不是我"	thisman!='A'
B	"是 C"	thisman=='C'
C	"是 D"	thisman=='D'
D	"他胡说"	thisman!='D'

根据前面所讲的穷举法思想，可以按照这 4 种假设逐一地测试 4 名学生的话有几句是真话。根据"已知三名学生说的是真话，一名学生说的是假话"的条件，若测试结果不满足 3 句为真，则否定掉这个假设，然后测试下一个状态。具体约束条件可表示为

```
((thisman!='A')+(thisman=='C')+(thisman=='D')+(thisman!='D')==3)
```

据此，可以写出求解本例的程序如下。

```
1   #include<stdio.h>
2   int main()
3   {
4     int sum,flag=0;
5     char thisman;
6     for (thisman='A';thisman<='D';thisman++)
7     {
8        sum =((thisman!='A')+(thisman=='C')+(thisman=='D')+(thisman!='D'));
9        if (sum==3)
10      {
11      printf("考 100 分的是%c\n",thisman);
12        flag=1;
13      }
14    }
15    if(flag!=1)
16    printf("无解! ");
17    return 0;
18  }
```

程序运行结果如下。

```
考 100 分的是 C
```

3.4.3　do while 语句

C 语言提供了 do while 语句，do while 语句的结构又称为直到型循环结构。do while 语句的语法格式如下。

```
do
{
   语句;
}while(表达式);
```

功能说明：首先执行循环体中的语句，计算表达式的值。若表达式的值非零（真），则继续执行循环体中的语句，直到表达式的值为零（假），循环结束。

格式说明：while 语句的循环表达式的圆括号外面一定要有 ";" 作为语句结束符。

do while 语句与 while 语句的区别如下。

do while 语句总是要先运行一遍循环体，再做表达式的判断，因此循环体中的语句肯定要先运行一次。在设计程序时，若循环的次数未知，而且循环必须执行，则采用 do while 语句。

do while 语句循环的具体格式如图 3-27 所示。

图 3-27　do while 语句循环的具体格式

程序执行的顺序为：第 1 步，直接进入 do while 循环；第 2 步，执行循环体语句；第 3 步，若判断表达式结果为真，则返回循环体内继续执行循环体语句；若判断表达式为假，则跳出循环，执行循环体外的下一个语句。

do while 的循环控制同样可采用计数法和标记法，常用解决问题的算法也可以采用递推法、迭代法、穷举法等。下面列举一些专门适用于 do while 循环结构的案例。

【例 3.26】 利用公式 $\frac{\pi}{4}=1-\frac{1}{3}+\frac{1}{5}-\frac{1}{7}+\frac{1}{9}\cdots$ 求 π 的近似值，直到最后一项的绝对值小于 10^{-6} 为止，并统计一共迭代计算的次数。

分析：本例要求最后一项的绝对值小于 10^{-6}，在程序运行前，并不清楚需要循环迭代的总次数，但至少会进行一次循环迭代，因此适合使用 do while 语句来实现。

具体实现时可以定义一个求和变量 pi 用于存放各项之和，同时定义一个变量 term，用于存放每次要累加的当前项。由于累加项呈现一正、一负的规律，一种有效的方法是定义一个符号变量 flag，其值交替取 1 和–1，每次迭代将 flag*term 的值作为每次的累加项。

```
1  #include <stdio.h>
2  int main()
3  {
4      double pi,term;
5      long n=1,counter=0;
6      int flag=1;                   //符号开关
7      pi=0;
8      do
9      {
10         term=1.0/n;               //求当前通项
11         pi+=flag*term;
12         n+=2;                     //为下一次循环做准备
13         flag=-flag;               //符号位取反
14         counter++;                //迭代次数加 1
15     }while ( term >1e-6);
16     pi=pi*4;
17     printf("pi=%-10.6f\n",pi);
18     printf("counter=%ld\n",counter);
19     return 0;
20 }
```

程序运行结果如下。

```
pi=3.141595
counter=500001
```

【例 3.27】 猜数字游戏，由计算机指定一个 1～100 的整数，然后由玩家猜该数，直到猜对为止。

分析：首先，通过调用随机函数任意"指定"一个整数，并设置计数器用来记录玩家猜的次数；其次，由玩家输入所猜整数，计数器变量增 1；然后，根据计算机指定的整数与玩家猜的整数进行比较，弹出对应的提示信息后，玩家接着猜数，直到猜对为止。对应的算法描述流程图，如图 3-28 所示。

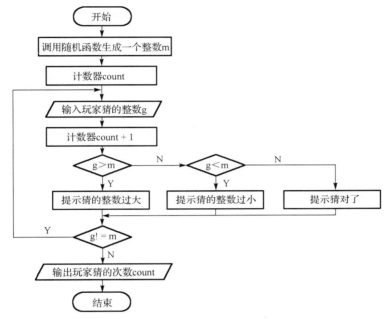

图 3-28 "猜数字游戏"流程图

本例相关程序如下。

```
1   #include<stdio.h>
2   #include<stdlib.h>
3   #include<time.h>    //将函数 time()所需要的头文件 time.h 包含到程序中
4   int main()
5   {
6       int m,g,counter;
7       counter=0;
8       srand(time(NULL));
9       m=rand()%100+1;
10      do
11      {
12          counter++;
13          printf("请输入一个 100 以内的整数\n");
14          scanf("%d",&g);
15          if(g>m)
```

```
16          printf("不好意思，猜错啦！数字太大！\n");
17      else if(g<m)
18          printf("不好意思，猜错啦！数字太小！\n");
19      else
20      {   printf("恭喜你，猜对了！");
21          printf("这个数字是%d\n",m);
22      }
23  }while(g!=m);
24  printf("你总共猜了%d次！\n",counter);
25  return 0;
26 }
```

程序运行结果如图 3-29 所示。

小知识：关于 rand()、srand()和 time()。

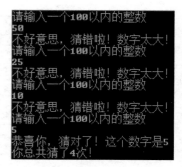

图 3-29　程序运行结果

● rand()是用来生成随机数的函数，而实际上，每次执行程序时 rand()产生的序列都是相同的一系列数，所以把 rand()产生的随机数称为伪随机数。那么如何使程序每次执行时产生不同的随机数序列，也就是将生成的数"随机化"呢？

● srand()是用来为 rand()设置随机种子的随机数发生器函数，只要输入不同的随机数种子数，每次执行程序时都会产生不同的随机数序列。如 "scanf("%d",&seed);srand(seed);" 就可以实现输入不同的随机数种子数。如果不想每次都通过输入随机数种子来完成随机化，那么还有其他办法吗？

● time()是用来返回当前系统时间的函数，其中返回时间以秒为单位。time()的参数 NULL 首先可以使其不具有从函数参数返回时间值的功能，并且可以从返回值中取得系统时间让其用于随机数种子，目的是简化每次输入随机数种子数的操作。

另外，本例虽然可以实现猜数字功能，但是该程序的健壮性较差，当玩家输入非数字字符时，程序将无法运行。请读者思考，如何修改本例程序，以便提高程序的健壮性，使得修改后的程序在玩家输入非数字字符时，允许玩家重新输入。

3.4.4　程序跳转语句

通常，计算机程序中的语句是按照它们被编写的顺序而逐条执行的。不过，还可以借助 C 语句提供的跳转语句来实现 "下一条要执行的语句并不是当前语句的后继语句"。C 语言提供了 4 种用于控制流程转移的跳转语句：goto 语句、break 语句、continue 语句和 return 语句。其中，用于控制从函数返回值的 return 语句将在第 4 章中介绍。

1．break 语句

3.3.5 节介绍的 switch 语句中曾经提到过 break 语句的使用，当时 break 语句主要用于程序的控制，目的是从 switch 语句中跳转出来。同理，break 语句也可以从 while、for、do while 三种循环中跳转出来。break 语句的语法格式如下。

```
break;
```

功能说明：break 语句用于终止最内层循环。从包含它的最内层循环语句（while、do while 和 for)中退出，执行包含它的循环语句的下一个语句。

通常 break 语句可与条件语句同时使用，其流程图如图 3-30 所示。

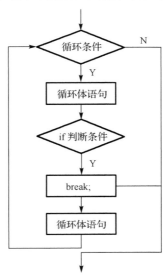

图 3-30　break 语句与条件语句同时使用时的流程图

【**例 3.28**】　在连续输入的 10 个字符中寻找最大值，若遇到控制字符（ASCII 码值小或等于 32），则停止寻找。

```
1   #include <stdio.h>
2   int main()
3   {
4       int n=0,max=0,ch;
5       printf("请输入一个带空格的字符串:");       //提示输入字符
6       while (n<10)                              //循环次数为 10 次
7       {
8           if((ch=getchar())<=32)               //遇到控制字符退出循环
9           break;
10          if(ch>max)                           //若当前字符 ASCII 值大,则覆盖最大值
11          max=ch;
12          n++;
13      }
14      printf("最大的 ASCII 码值是%d,对应的字符是%c",max,max);
15      return 0;
16  }
```

程序运行结果如下。

```
请输入一个带空格的字符串:
abcd  efg
```

　　最大的 ASCII 码值是 100,对应的字符是 d

　　循环体中的 if 语句负责判断读入的字符是不是控制字符,若是控制字符,则循环终止。运行实例中字符串 "abed" 后面是空格,空格的 ASCII 码值小于 32,故循环终止。因此 ASCII 码值最大的是字符串 "abed" 中的字符 "d",而不是 g。

　　【例 3.29】 从键盘输入一个正整数,判断该数是否为素数。

　　分析:判断正整数 n 是否为素数,根据定义可以循环地将 $2 \sim n-1$ 范围内的所有整数逐个作为除数,一旦出现某个因数,则可提前终止循环判断,故可以确定 n 不是素数。若在 $2 \sim n-1$ 范围内的所有正整数均不能整除 n,则 n 是素数。

　　相关程序如下。

```
1   #include <stdio.h>
2   int main()
3   {
4      int n;
5      int i;
6      printf("请输入一个大于 2 的正整数:");
7      scanf("%d",&n);
8      for(i=2;i<n;i++)
9        if (n%i==0)
10         break;            //提前结束循环
11     if(i<n)               //若成立,则说明令循环提前结束的 n 能被 i 整除,故 n 不是素数
12     printf("%d 不是素数\n",n);
13     else                  //若不成立,则说明所有整数均不能整除 n,故 n 为素数
14     printf("%d 是素数\n",n);
15     return 0;
16  }
```

　　根据数学性质可以优化刚刚分析的正整数范围,对于一个整数 n,若 $2 \sim \sqrt{n}$ 范围内的所有数都不是 n 的因子,则 $\sqrt{n} \sim n-1$ 范围内也不可能存在 n 的因子。改进后的循环变量 i 只需从 2 增加到 $\sqrt{n}$ 即可。

　　改进后的程序如下。

```
1   #include <stdio.h>
2   #include <math.h>
3   int main()
4   {
5      int n,i,k;
6      printf("请输入一个大于 2 的正整数:");
7      scanf("%d",&n);
8      k=(int)sqrt(n);           //sqrt 函数用来完成开根号运算
9      for(i=2; i<=k;i++)
10       if(n%i==0)
11          break;
12     if (i<=k)
13     printf("%d 不是素数\n",n);
14     else
```

```
15      printf("%d是素数\n",n);
16      return 0;
17 }
```

2. continue 语句

continue 语句的语法格式如下。

```
continue;
```

功能说明：continue 语句可以使包含它的最内层循环立即开始下一轮循环（即本次循环体中 continue 语句后面的部分不进行循环）。continue 语句用在 while 与 do while 语句中与用在 for 语句中略有不同。在 for 语句中，当终止本次循环体运行时，需要运行表达式 3（见 3.4.2 节中的 for 语句的语法格式）。

通常 continue 语句可以与条件语句同时使用，其流程图如图 3-31 所示。

【**例 3.30**】 从键盘输入 10 个整数，求其中所有奇数的和。

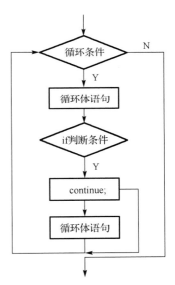

图 3-31　continue 语句与条件语句同时使用的流程图

```
1  #include <stdio.h>
2  int main()
3  {
4      int i,n,sum=0;
5      printf("请输入 10 个整数:\n");
6      for(i=0;i<10;i++)
7      {
8          scanf("%d",&n);
9          if(n%2==0)
10             continue;
11         sum=sum+n;
12     }
13     printf("奇数的和是:%d ",sum);
14     return 0;
15 }
```

程序运行结果如下。

```
请输入 10 个整数:
1 2 3 4 5 6 7 8 9 10
奇数的和是: 25
```

本程序循环体执行了 10 次，若读入的数是偶数，则不做求和计算，直接进入下一轮循环。利用 while 语句修改上面的程序如下。

```
1  #include <stdio.h>
2  int main()
3  {
4      int i,n,sum=0;
```

```
5        printf("请输入整数:\n");
6        i=0;
7        while(i<10)
8        {
9            scanf("%d",&n);
10           if(n%2==0)
11               continue;
12           sum=sum+n;
13           i++;
14       }
15       printf("奇数的和是:%d ",sum);
16       return 0;
17   }
```

修改后的程序其运行结果会有所不同，此时一定要读够 10 个奇数，循环才能结束。若一直读入的是偶数，则循环将不会结束。其原因是：若读入的数是偶数，则程序执行 continue 语句进入下一轮循环，而不会执行语句"i++;"。

程序运行结果如下。

```
请输入整数:
1 2 3 4 5 6 7 8 9 10
11 12 13 14 15 16 17 18 19 20
奇数的和是: 100
```

3．goto 语句

除 break 语句与 continue 语句外，C 语言还提供了 goto 语句来实现程序跳转，该语句可以跳转到函数中任何有标号的语句处。

goto 语句为无条件转向语句，其常用的两种格式如图 3-32 所示。

图 3-32　goto 语句常用的两种格式

功能说明：goto 语句的作用是无须任何条件，直接使程序转跳到该语句标号所标识的语句处去执行，语句标号代表 goto 语句转向的目标位置，其命名规则与变量名的命名规则相同。注意，不能用整数作为语句标号。

【例 3.31】 利用 goto 语句求 $\sum\limits_{i=0}^{n} i$ 。

```
1   #include <stdio.h>
2   int main()
3   {
4       int n,i,sum;
5       i=0,sum=0;
6       printf("请输入 n 的值 :");
```

```
7       scanf("%d",&n);
8       loop: sum=sum+i;
9             i++;
10      if(i<=n) goto loop;
11      printf("sum=%d\n ",sum);
13      return 0;
14  }
```

注意：现代程序设计观点认为，过多使用 goto 语句会使程序难以理解。目前，大多数高级程设计语言都具有丰富的控制结构，且允许使用 break 语句和 continue 语句作为附加控制，因此，一般很少使用 goto 语句，编程时应尽量避免使用该语句。

4．break 语句、continue 语句与 goto 语句的区别

（1）break 语句与 continue 语句的区别。break 语句与 continue 语句都可以用在循环体中，使用时需要注意以下两点。

① 在循环语句中，break 语句使内层循环立即停止，然后执行循环体外的第一个语句，而 continue 语句使本次循环停止执行，然后执行下一次循环。两者对内层循环的影响如图 3-33 所示。

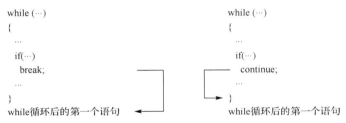

图 3-33　break 语句与 continue 语句对内层循环的影响

② break 语句可用在 switch 语句中，而 continue 语句则不能用在 switch 语句中。

下面通过两个例子说明 break 语句与 continue 语句的不同。

【例 3.32】　在循环体中，分别使用 break 语句和 continue 语句，输出 1～10 的整数。

程序 1

```
1   #include <stdio.h>
2   int main()
3   {
4       int i;
5       for(i=1;i<=10;i++)
6       {
7           if(i==5)
8               break;
9           printf("%2d ",i);
10      }
11      return 0;
12  }
```

程序运行结果如下。

```
1 2 3 4
```

程序 2

```
1  #include <stdio.h>
2  int main()
3  {
4      int i;
5      for(i=1;i<=10;i++)
6      {
7          if(i==5)
8              continue;
9          printf("%2d ",i);
10     }
11     return 0;
12 }
```

程序运行结果如下。

```
1 2 3 4 6 7 8 9 10
```

程序 1 中，表面上看 for 循环执行了 10 次，循环变量 i 从 1 增加到 10，但在循环体中有 break 语句，当 i 为 5 时就跳出了循环，因此只输出了 1,2,3,4；而程序 2 的循环体中有 continue 语句，i 为 5 时的这次循环并没有进行，而是接着进行下一次循环，故输出了 1, 2, 3, 4, 6, 7, 8, 9, 10，而并没有输出 5。

（2）break 语句与 goto 语句的区别。break 语句的作用是终止整个循环的执行，从循环体内中途退出，接着去执行循环语句外的第一个语句。而 goto 语句可以控制流程跳转到程序中任意某个指定的语句处去执行。

【例 3.33】 在循环体中分别使用 break 语句和 goto 语句输入一个大于 2 的正整数，并判断该数是否为素数。

程序 1

```
1  #include <stdio.h>
2  #include <math.h>
3  int main()
4  {
5      int n,i,k;
6      printf("请输入一个大于 2 的正整数:");
7      scanf("%d",&n);
8      k=(int)sqrt(n);
9      for(i=2; i<=k;i++)
10         if(n%i==0)
11             break;
12     if (i<n)
13         printf("%d 不是素数\n",n);
```

```
14      else
15          printf("%d是素数\n",n);
16      return 0;
17  }
```

程序运行结果如下。

请输入一个大于 2 的正整数：17 ↙
17 是素数

程序 2

```
1   #include <stdio.h>
2   #include <math.h>
3   int main()
4   {
5       int n,i,k;
6       printf("请输入一个大于 2 的正整数:");
7       scanf("%d",&n);
8       k=(int)sqrt(n);
9       for(i=2; i<=k;i++)
10      {
11          if(n%i==0)
12          {
13              printf("%d 不是素数\n",n);
14              goto end;
15          }
16      }
17      printf("%d是素数\n",n);
18      end: ;                      //空语句
19      return 0;
20  }
```

程序运行结果如下。

请输入一个大于 2 的正整数：33 ↙
33 不是素数

例 3.29 是之前一个关于判断输入的正整数是否为素数的案例，因此程序的算法分析过程这里不再赘述，此处只对 break 语句与 goto 语句的使用进行比较。

在程序 1 中，break 语句可以使程序从循环体内中途退出，接着去执行循环语句后的第一个语句，而循环全部执行完成后，流程也会转到循环语句后的第一个语句，因此在退出循环后需要判断程序是从哪个出口退出循环的，该过程需要借助循环控制变量 i 的值来做出判断。若 i>k，则说明循环全部执行完毕，未发现使 n%i 为 0 的 i 值，故 n 一定是素数；而若 i<=k，则说明未检验完就发现了使 n%i 为 0 的 i 值，中途退出循环，故 n 一定不是素数。由此可见，虽然 break 语句对循环的控制很灵活，但是会造成循环体出现两个出口。

在程序 2 中，goto 语句同样会造成循环体出现两个出口，不过不需要借助变量 i 的信息做出判断，而是通过 if 条件表达式来确定是否需要 goto 语句跳转。若在循环中未发现使 n%i 为 0 的情况，则程序根据循环条件顺序执行完毕，最后输出 n 是素数的结果；若在循环中出现 n%i 为 0 的情况，则直接输出 n 不是素数的结果并且跳转至循环外的语句标号处。

由此看来，无论使用 break 语句还是 goto 语句都会造成循环体有两个出口，这违反了结构化程序设计的基本原则，所以应尽量少用或不用这两个语句。其实在很多情况下，采用设置语句标号变量并加强循环测试的方法是可以避免使用 goto 语句和 break 语句的。

程序 3

```
1  #include <stdio.h>
2  #include <math.h>
3  int main()
4  {
5      int n,i,k;
6      int flag=1;                    //flag 初值为 1，即假设开始输入 n 时，n 为素数
7      printf("请输入一个大于 2 的正整数:");
8      scanf("%d",&n);
9      k=(int)sqrt(n);
10     for(i=2; i<=k&&flag==1;i++)//增加一个循环判断条件，判断 flag 的值是否与 1 相等
11         if(n%i==0)
12             flag=0;        //若输入的 n 能够被 i 整除，则 flag 的值为 0
13     if (flag==1)
14     printf("%d 不是素数\n",n);
15     else
16     printf("%d 是素数\n",n);
17     return 0;
18 }
```

显然程序 3 的可读性比程序 1 和程序 2 的可读性好。

3.4.5 嵌套循环及其应用

有时为了解决一个较为复杂的问题，需要在一个循环中再定义一个循环，这样的方式被称为嵌套循环也称多重循环。在 C 语言中，while、for 和 do while 这三种循环语句均可以相互嵌套。其中，for 循环嵌套是最常见的循环嵌套，其语法格式如下。

```
for(表达式1; 表达式2; 表达式3)
    {...
        for(表达式1; 表达式2; 表达式3)
            {语句;
            }
     ...
    }
```

接下来利用嵌套循环来解决一些常见的较为复杂的问题。

1. 矩阵问题

【例 3.34】　编程输出如下所示的九九乘法表。

```
1×1=1
2×1=2   2×2=4
3×1=3   3×2=6   3×3=9
4×1=4   4×2=8   4×3=12  4×4=16
5×1=5   5×2=10  5×3=15  5×4=20  5×5=25
6×1=6   6×2=12  6×3=18  6×4=24  6×5=30  6×6=36
7×1=7   7×2=14  7×3=21  7×4=28  7×5=35  7×6=42  7×7=49
8×1=8   8×2=16  8×3=24  8×4=32  8×5=40  8×6=48  8×7=56  8×8=64
9×1=9   9×2=18  9×3=27  9×4=36  9×5=45  9×6=54  9×7=63  9×8=72  9×9=81
```

　　分析：九九乘法表中给出的是两个 1~9 之间的数的乘积，若用变量 i 代表被乘数，j 代表乘数，则可用嵌套循环实现 9 行 9 列乘法表的打印。外层循环控制被乘数 i 从 1 变化到 9，而由于本例中每行打印的列数是递增变化的，因此打印下三角格式的关键是控制每行打印的列数，其规律是第 1 行打印 1 列，第 2 行打印 2 列，依此类推，第 9 行打印 9 列，即第 i 行内层循环控制乘数 j 从 1 变化到 9。相关程序如下。

```
1  #include <stdio.h>
2  int main()
3  {
4   int i,j;
5   for (i=1;i<=9;i++)
6     {
7       for (j=1;j<=i;j++)
8           printf("%d*%d=%-4d",i,j,i*j );
9         printf("\n");
10    }
11 }
```

　　通过本例可看出内、外层循环变量的变化情况，外层循环用变量 i 控制输出行，内层循环用变量 j 控制输出列。

　　注意：在实际应用中，许多问题需要用多重循环来解决，对所有的高级语言而言，循环嵌套的概念是相同的。在嵌套循环的使用过程中，被嵌套的循环可以不止一个，并且可以嵌套多层，但不论是哪种情况，内层循环与外层循环都必须是一个完整的结构，并且不允许有相互交叉的情况出现。多重循环最忌讳内、外层循环共用一个计数变量。

　　【例 3.35】　在屏幕中央输出以下图案，该图案的行数可由键盘输入。

整体分析：每行的输出可分为 3 步：① 在本行的左侧输出若干个空格，使图形居中对齐；② 输出若干 "*"；③ 换行。

细化分析：执行程序的屏幕共有 80 列，为实现上述图案居中打印，第 1 行可先输出 40 个空格，再输出 1 个 "*" 后换行；第 2 行输出 39 个空格，再输出 3 个 "*" 后换行；依此类推，可以得到以下规律，先用变量 i（$1 \leqslant i \leqslant n$）来表示输出的行，那么第 1 行的输出过程就可以表示为：① 输出($41-i$)个空格；② 输出($2 \times i-1$)个 "*"；③ 换行。相应的程序如下。

```
1  #include <stdio.h>
2  int main()
3  {
4    int i,j,n;
5    printf("请输入需要输出图形的行数（1≤n≤30）:\n");
6    scanf("%d",&n);
7    for ( i=1; i<=n; i++ )
8    {
9       for (j=1; j<=41-i; j++)          //① 输出本行 "*" 前的空格
10         printf(" ");
11      for (j=1; j<=2*i-1 ;j++)         //② 输出本行 "*"
12         printf("*");
13      printf("\n");                     //③ 换行
14   }
15   return 0;
16 }
```

2. 算术问题

【例 3.36】 鸡兔同笼问题。大约在 1500 年前，《孙子算经》中记载了一个有趣的问题。书中是这样叙述的："今有鸡兔同笼，上有三十五头，下有九十四足，问鸡兔各几何？"

分析： 该问题可以使用列方程组的方法来求解鸡与兔的数量：设鸡为 i 只，兔为 j 只，则有

$$\begin{cases} i + j = 35 \\ 2i + 4j = 94 \end{cases}$$

使用 i 和 j 分别表示两层循环，逐次枚举试验，当满足上述条件时，就可求出鸡有 i 只，兔有 j 只。相应的程序如下。

```
1  #include <stdio.h>
2  int main()
3  {
4    int sum=0;
5    int i,j;
6    for(i=1;i<35; i++)
7    {
8      sum++;
9      for(j=1;j<35;j++)
10     {
```

```
11        sum++;
12          if((i+j==35)&&(2*i+4*j==94))
13          printf("鸡有%d只，免有%d只\n",i,j);
14      }
15    }
16    printf("一共循环%d次\n",sum);
17    return 0;
18 }
```

程序运行结果如下。

```
鸡有 23 只，免有 12 只
一共循环 1190 次
```

该程序总共循环了 1190 次，其中第 2 个循环执行了 1156 次。其循环次数过多，降低了程序的执行效率，那么有没有可以提升效率的方法呢？接下来进一步分析鸡与兔的关系。

首先，由于鸡与兔总共 35 只，那么在第 2 个循环中可以将 j 的初值更改为 "35-i"，即程序的第 9 行写成 "for(j=35-i;j<35;j++);"，则循环总次数会减小为 629 次。

其次，两只鸡与一只兔的脚的数量相等，所以鸡头的数量不会超过总数的三分之二，即 "i<24，j<13;" 所以程序可以进行如下改进。

```
1  #include <stdio.h>
2  int main()
3  {
4    int sum=0;
5    int i,j;
6    for(i=1;i<24; i++)
7    {
8      sum++;
9      for(j=35-i;j<13;j++)
10     {
11      sum++;
12          if((i+j==35)&&(2*i+4*j==94))
13          printf("鸡有%d只，免有%d只\n",i,j);
14      }
15    }
16    printf("一共循环%d次\n",sum);
17    return 0;
18 }
```

程序运行结果如下。

```
鸡有 23 只，免有 12 只
一共循环 24 次
```

课外小知识

鸡兔同笼的"砍足"解题法：假如砍去每只鸡、每只兔一半的脚，则每只鸡就变成了"独角鸡"，每只兔就变成了"双脚兔"。由此可知：

（1）鸡与兔的脚的总数就由 94 只变成了 47 只。

（2）若笼子中有一只兔，则其脚的总数就比头的总数多 1。因此，总脚数 47 与总头数 35 的差就是兔的数量，即 47–35=12（只）。

（3）若已知兔的数量，则鸡的数量为 35–12=23（只）。

这种解题方法称为**化归法**。化归法就是在解决问题时，先不对问题采取直接分析，而是将题中的条件或问题进行转换，直到最终把它转换成某个已经解决的问题。

【例 3.37】 求解百元买百鸡问题。设母鸡、公鸡和小鸡共有 100 只，每只母鸡价格为 3 元，每只公鸡价格为 2 元，两只小鸡价格为 1 元。现用 100 元钱买鸡，且小鸡的数量只能是偶数，问能同时买到母鸡、公鸡、小鸡各多少只？要求在找到解的同时输出循环的次数，并寻找一个循环次数较少的算法。

分析： 设母鸡、公鸡、小鸡分别为 i、j、k 只，则可以列出如下两个方程。

$$\begin{cases} i + j + k = 100 \\ 3i + 2j + 0.5k = 100 \end{cases}$$

这里有 3 个未知数和 2 个方程，所以是一个不定方程组。要求同时买到母鸡、公鸡、小鸡，也是一个限制条件，即任何一个变量都不能为 0。故需要使用三重循环，通过枚举法找出所有符合条件的解答。另外，表示小鸡变量的初始值为 2，且每次均增加 2。相应的程序如下。

```c
1  #include<stdio.h>
2  int main()
3  {
4    int m=0,n=0,sum=0;
5    int i,j,k;
6    for(i=1;i<100;i++)
7    {
8      ++sum;
9      for(j=1;j<100; j++)
10     {
11       ++sum ;
12       for(k=2;k<100; k=k+2)
13       {
14         ++sum;
15         m=i+j+k;
16         n=3*i+2*j+k/2;
17         if((m==100)&&(n==100))
18           printf("母鸡: %2d 公鸡: %2d 小鸡: %2d\n",i,j,k);
19       }
20     }
21   }
22   printf("一共循环%d次\n",sum);
23   return 0;
24 }
```

程序运行结果如下。

```
母鸡: 2   公鸡: 30 小鸡: 68
母鸡: 5   公鸡: 25 小鸡: 70
母鸡: 8   公鸡: 20 小鸡: 72
母鸡: 11 公鸡: 15 小鸡: 74
母鸡: 14 公鸡: 10 小鸡: 76
母鸡: 17 公鸡: 5   小鸡: 78
一共循环 490149 次
```

本例与例 3.36 存在着同样的问题，循环次数过多。其中，第 3 层循环达到了 480249 次。怎样减少循环次数，提高算法效率？下面可以分层考虑。

第 1 层循环：考虑母鸡为 3 元一只，若 100 元都买母鸡，则最多能买 33 只。本例要求每个品种都要有，且小鸡数量只能为偶数，因此母鸡最多为 30 只，即第 1 层循环变量 i 的范围为 1～30。

第 2 层循环：公鸡为 2 元一只，若 100 元都买公鸡，则最多能买 50 只。因为至少需要买 1 只母鸡和 2 只小鸡，所以公鸡不会超出 50−3=47 只。因为第 1 层循环时已经决定枚举的母鸡数量 i，一只母鸡相当于 1.5 只公鸡，所以第 2 层循环时，公鸡 j 的数量的范围为 1～(47−1.5*i)。

因为 i+j+k=100，所以直接求得 k=100−i−j，这样不再需要第 3 层循环。

改进后算法的程序如下。

```
1   #include<stdio.h>
2   int main()
3   {
4     int  k=0,sum=0;
5     int i,j;
6     for(i=1;i<=30;i++)
7     {
8       ++sum;
9       for(j=1;j<47-1.5*i; j++)
10      {
11          ++sum ;
12          k=100-i-j;
13          if(3*i+2*j+0.5*k==100)
14              printf("母鸡: %2d 公鸡: %2d 小鸡: %2d\n",i,j,k);
15      }
16    }
17    printf("一共循环%d 次\n",sum);
18    return 0;
19  }
```

程序运行结果如下。

```
母鸡: 2   公鸡: 30 小鸡: 68
母鸡: 5   公鸡: 25 小鸡: 70
母鸡: 8   公鸡: 20 小鸡: 72
母鸡: 11 公鸡: 15 小鸡: 74
```

母鸡: 14 公鸡: 10 小鸡: 76
母鸡: 17 公鸡: 5 小鸡: 78
一共循环720次

3. 逻辑问题

【例3.38】 寻找肇事车辆。一辆汽车撞人后逃跑，4位目击者提供如下线索。甲：车牌号的3、4位相同。乙：车牌号为31xxxx。丙：车牌号的5、6位相同。丁：车牌号的3～6位是一个整数的平方。

分析：先来确定解决逻辑问题的方法。为了从这些线索中求出车牌号，只要求出车牌号的后4位再加上31000即可。这后4位数的前两位相同且后两位相同，但前两位与后两位互相不相同，并且这后4位数是某个整数的平方。利用计算机计算速度快的特点，把所有可能组合方式都测试一下，从中找出符合条件的数。前面介绍过的穷举法（枚举法）是组合逻辑问题组合的解题方法。

进一步算法解析，对于后面4位数，因为1000的平方根大于31，所以枚举试验时不需要从1开始，而是从31开始寻找一个整数的平方。由此，可以写出求解本例的程序如下。

```
1  #include <stdio.h>
2  int main( )
3  {
4     int i,j;        //i表示车牌号3、4位相同的数，j表示车牌号5、6位相同的数
5     int k,c;        //k表示车牌号后4位数，c表示需要进行枚举平方测试的整数
6      for(i=1; i<=9; i++)
7       for(j=0; j<=9; j++)
8         if(i!=j)
9         {
10            k=i*1000+i*100+j*10+j;        //计算车牌号后4位数
11            for(c=31; c*c<k; c++);
12             if(c*c==k)
13                    printf("车牌号是: %1d.\n",310000+k);
14         }
15     return 0;
16 }
```

程序运行结果如下。

车牌号是:317744

4. 排列组合问题

【例3.39】 已知有红、白、黑三种颜色的球，其中红球3个，白球3个，黑球6个。现将这12个球混放在一个盒子中，从中任意摸出8个球，计算摸出球的颜色搭配。

分析：从12个球中任意摸出8个球，本题使用穷举法解决问题。最常用的方法就是使用三重循环，对每种颜色的球的个数进行穷举。红球和白球个数的上限为3，黑球个数的上限为6，3种颜色的球的个数相加是8，这三个条件构成一组取法。

方法一：

```
1  #include <stdio.h>
2  int main ()
3  {
4     int red, white,black;                  //变量定义
5     for (red=0;red<=3;red++ )              //对红球进行穷举
6        for (white=0;white<=3;white++ )     //对白球进行穷举
7        for (black=2;black<=6;black++ )     //对黑球进行穷举
8             if (red+white+black==8)        //当 3 种颜色的球共有 8 个时，输出
9             printf ("red:%2d,white:%2d,black:%2d\n ", red,white,black);
10    return 0;
11 }
```

第二种方法是对多重循环进行优化，以便提高程序的效率。只对红球和白球的个数进行穷举，只要使用双重循环就可以了，而黑球通过公式"8-red-white"计算出来，另外，需要注意黑球个数的上限为 6，所以需要 if 语句进行判断，当黑球满足该条件时，就是一组取法。

方法二：

```
1  #include<stdio.h>
2  int main ()
3  {
4     int red, white;
5     for (red=0;red<= 3;red++ )            //对红球进行穷举
6        for (white=0;white<=3;white++ )    //对白球进行穷举
7          if( (8-red-white)<=6)            //计算黑球的数量
8          printf("red:%2d,white:%2d,black:%2d\n",red,white, 8-red-white);
9     return 0;
10 }
```

习　题　3

一、简答题

1. 列举 C 程序中可以出现的跳转语句，并分别说明它们之间的区别。

2. 请说明循环语句中的 while 循环与 for 循环有何异同。

二、选择题

1. 以下选项中，哪个不属于 switch 语句的关键字（　　　　）。

　　A．break　　　　　B．case　　　　　C．for　　　　　D．default

2. 以下程序段运行结束后，输出的结果是（　　　　）

```
for (int i=1;i<7;i++)
{
    if (i%3==0)
       break;
```

```
    printf("%d",i);
}
```

    A. 123456   B. 1245   C. 123   D. 12

3. 请先阅读下面的程序代码

```
int x=1;
int y=2;
if (x%2==0)
  y++;
else
  y--;
printf("y=%d",y);
```

该段程序运行结束时，变量 y 的值为（   ）。

    A. 1   B. 2   C. 3   D. 4

4. 执行语句"for(i=0;i<4;i++);"后，i 的值是（   ）。

    A. 3   B. 4   C. 5   D. 不确定

5. 设有如下程序段"int k=6; while(k==0) k=k-1;"，下面描述中正确的是（   ）。

    A. 循环执行一次   B. 循环体语句一次也不执行

    C. 循环是无限循环   D. 循环体语句执行一次

6. 写出下列程序的输出结果（   ）。

```
int main()
{ int a=2,b=3,c=0;
  if(a>b)
    if(a>c)  printf("%d\n",a);
    else     printf("%d\n",b);
    printf ("Byebye!\n");
}
```

    A. 3   B. 2   C. 1   D. Byebye!

7. C 语言支持的循环语句有三种，其中称为当型循环语句的是（   ）。

    A. while   B. for   C. do…while   D. goto

8. 在循环结构程序中，利用（   ）语句可以提前终止循环的执行。

    A. if   B. else   C. break   D. continue

9. 以下程序的运行结果为（   ）。

```
#include <stdio.h>
int main()
{   int c=2;
    switch (c)
    {
    case 1:  printf("1"); break;
    case 2:  printf("2");
    case 3:  printf("3"); break;
```

```
    default: printf("end");
    }
}
```

  A．2   B．3   C．23   D．23end

10．在 while(x)语句中的 x 与下面条件表达式等价的是（　　　）。

  A．x==0   B．x==1   C．x!=1   D．x!=0

11．以下程序的运行结果为（　　　）。

```
#include <stdio.h>
int main()
{  int i;
    for (i=1; i<=10 ;i++)
    {  printf("*");
        if (i>=5)  break;
        printf("|");
    }
    printf("\ni=%d",i);
return 0;
}
```

  A．*|*|*|*|*   B．*|*|*|*   C．*|*|*|*|*   D．i=5

     i=5   i=5

12．以下程序的运行结果为（　　　）。

```
#include<stdio.h>
int main()
{
  int  i,j ;
  for(i=0;i<2;i++)
  {
    printf("i=%d: ",i);
    for(j=0;j<4;j++)
        printf("j=%d\t",j);
    printf("\n");
  }
  return 0;
}
```

  A．i=0: j=0   j=1   j=2   j=3   B．i=1: j=0   j=1   j=2   j=3

    i=1: j=0   j=1   j=2   j=3   i=2: j=0   j=1   j=2   j=3

  C．i=1: j=0   j=1   j=2   j=3   D．i=0: j=3   j=2   j=1   j=0

    i=0: j=0   j=1   j=2   j=3   i=1: j=0   j=1   j=2   j=3

三、填空题

1．程序中的语句由上向下依次执行的是_____结构语句。

2．选择结构可分为三种形式，分别是_____、_____和_____。

3．假设"int x = 2"，三目表达式"x>0?x+1:5"的运算结果是_____。

4．C 语言支持的循环语句有三种，其中称为直到型循环语句的是_____。

四、程序分析题

1．写出下面程序运行时输入 420（回车）的输出结果。

```
#include <stdio.h>
int main( )
{   char c;
    while ((c=getchar())!='\n';)
    switch(c-'0')
      {
                case 0:
       case 1:putchar(c+2);
       case 2:putchar(c+3);break;
       case 3:putchar(c+4);
                default:putchar(c+1);break;
      }
printf ("\n");
    return 0;
    }
```

2．输入两个整数，按数值由小到大的顺序输出这两个数，请在横线上填上适当的语句。

```
#include
int main()
{ ____①____ a, b, temp;
scanf("%d, %d", ____②____ );
if(a>b)
{ ____③____ ;
    ____④____ ;
    ____⑤____ ; }
printf("%d,%d\n",a, b);
return 0;
}
```

3．下面的程序输出 10～100 范围内既能被 3 整除，又能被 5 整除的整数，要求每行输出 5 个数，程序结束前输出满足该条件的数的数量。请在横线上填上适当的表达式或语句。

```
#include<stdio.h>
int main()
{
  int n,_____①_____ ;
  for(n=10;____②____ ;n++)
  {
    if(n%3==0&&____③____ )
    {
      printf("%5d",n);
```

```
        if(       ④       ) printf("\n");
    }
    printf("共输出了%d 个数\n",       ⑤       );
  }
}
```

实　验　3

一、实验目的

（1）掌握 if 语句、if else 语句及嵌套 if else 语句的用法。

（2）掌握 switch case 多分支语句。

（3）掌握 for 语句及 do while 语句，实现循环控制的方法。

（4）掌握三种循环控制结构，并可以独立设计程序。

二、实验内容

（1）实现对键盘输入数字的奇数和偶数的判断。

（2）输入三个边长 a、b、c，判断它们能否构成三角形。若能构成三角形，则进一步判断此三角形是哪种类型的三角形。

（3）从键盘输入三个整数，将它们从大到小进行排序后再输出。

（4）从键盘输入任意年和月，输出该月有多少天。

（5）从键盘输入一个无符号整数，输出它的各位数字之和。例如，若输入 1234，则输出格式为 1+2+3+4=10。

（6）某大赛共有 7 位评委，记分规则为：按百分制记分，去掉一个最高分和一个最低分，再求平均分。试设计一个计分程序，输入 7 位评委的评分，计算输出选手的平均得分（精确到 1 位小数）。

（7）试编程实现"取火柴游戏"，要求人先取，计算机后取，最后的胜利者必须是计算机。游戏规则：共有 21 根火柴，人或计算机每次可以取走 1～4 根火柴，不可多取，谁取最后一根火柴谁输。

（8）求正整数 a 和 b 的最大公约数（GCD）。

（9）若正整数 n 与它的反序数 m（数字排列相反）同为素数，且 m 不等于 n，则称 n 和 m 是一对"幻影素数"。例如，107 与 701 是一对"幻影素数"。查找出三位数中的所有"幻影素数"，并统计该类素数共有多少对。

（10）编写程序实现在屏幕中央输出如图 3-34 所示的图案，图案行数可由键盘输入。

```
*************
 ***********
  *********
   *******
    *****
     ***
      *
```

图 3.34

（11）求解马克思手稿中的趣味数学题：有 30 个人（其中有男人、女人和小孩）在一家饭店里吃饭共花了 50 先令，每个男人花 3 先令，每个女人花 2 先令，每个小孩花 1 先令，请计算男人、女人和小孩各有几人。

（12）三对母子参加电视台亲子游戏，3 个母亲分别为 A、B、C，3 个孩子分别为 X、Y、Z。主持人不知道谁和谁是母子关系，于是询问了 6 个人中的 3 个人，听到的回答如下：A 说她的孩子是 X；X 说他的妈妈是 C；C 说 Z 是她的孩子。主持人听后知道他们全都在开玩笑，他们说的全是假话。请分析正确的母子关系。

第 **4** 章 函数

"函数"一词是从英文 Function 翻译得来的，含义为"功能"。从本质上讲，函数就是用来完成特定功能的程序模块，它是构成 C 程序的基本单位，一个函数可以实现一种具体功能，程序的功能将通过函数及其调用来实现。本章主要介绍函数的定义及其使用方法。

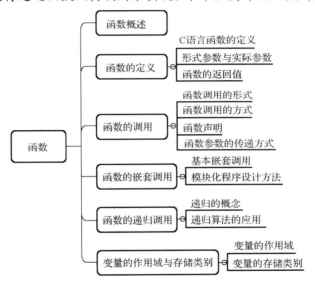

4.1 函 数 概 述

在进行 C 语言程序设计时，通常把一个程序中需要实现的子功能分别编写为若干个函数，再把它们有机地组合起来，形成一个完整的程序。若需要处理的问题比较简单，且程序规模不大，则只用一个 main 函数就可以实现相应的功能，前面章节中的例题一般只通过一个 main 函数即可解决。但若要处理的问题比较复杂，将所有的功能都通过 main 函数来实现，则会使程序规模过于庞大，且结构复杂。这时，可以用若干个函数对其进行功能的分解。将较复杂的问题分解成若干个小问题，这样既便于理解又容易实现，更可以分工协作，提高工作效率。

C 程序是通过函数来实现模块化设计的，它由多个函数组成，每个函数分别实现各自的功能。在设计一个规模较大的程序时，可以将其分成若干个子程序，每个子程序都用来实现一个特定的功能，而子程序的功能通常用函数来完成。

一个 C 程序可由一个 main 函数和若干个其他函数构成。由 main 函数调用其他函数，当然其他函数之间也可以相互调用。同一个函数可以被自身或其他函数调用任意多次。函数调用关系如图 4-1 所示。

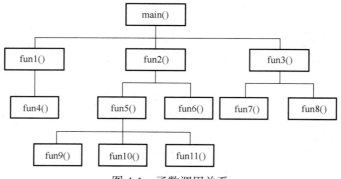

图 4-1　函数调用关系

编写程序时，通常从主程序开始，进行整体规划和任务分解，对复杂问题可以多次分解，直到每个模块足够简单、功能单一为止。这个逐层分解的过程称为**自顶向下**、**逐步求精**的设计。

下面先来分析一个简单的函数调用案例。

【例 4.1】　通过函数调用实现如下输出结果。

```
***************
How are you!
***************
```

分析：在文字"How are you!"的上方和下方分别有一行"*"，不必重复书写这段代码，用函数 pr1 来实现一行"*"的输出，函数 pr2 用于输出中间的文字信息，使用主函数 main 分别调用这两个函数即可显示相应的结果。

```c
1  #include <stdio.h>
2  pr1()
3  {
4      printf("***************\n");    //输出一行"*"
5  }
6  pr2()
7  {
8      printf(" How are you!\n");     //输出文字信息
9  }
10 int main()
11 {
12     pr1();                         //调用 pr1 函数
13     pr2();                         //调用 pr2 函数
14     pr1();                         //调用 pr1 函数
15     return 0;
16 }
```

程序运行结果如下。

```
***************
How are you!
***************
```

注意：pr1 和 pr2 都是用户自定义的函数名，分别用于输出一行 "*" 和一行文字。函数名的命名需符合标识符的命名规则。若需要修改输出的文字信息，则只修改 pr2 函数的内容即可，pr1 函数和 main 函数无须修改。

本案例的功能较少且实现简单，旨在演示函数调用的过程，为接下来的学习抛砖引玉。

4.2　函数的定义

C 程序中，所有的函数必须 **"先定义，后使用"**。要事先指定函数的名称和功能，编译系统才能正确地执行。

4.2.1　C 语言函数的定义

定义函数的一般格式如下。

```
类型名　函数名（形式参数列表）　　　　　　//函数首部
{
  声明部分;                           //函数体
  语句序列;
}
```

格式说明

（1）**函数首部**：包含类型名、函数名和形式参数列表。

● **类型名**：函数返回值的类型。在定义函数时，要用类型名指定函数值的类型。若函数没有返回值，则指定类型名为 void（空类型）；若省略类型名，则系统默认为 int 型，但在 C99 之后该方式视为不合法。

● **函数名**：由用户命名，命名规则与标识符的命名规则相同，最好能符合 "见名知意" 原则。

● **形式参数列表**：写在圆括号内的一组参数，用于从主调函数向被调函数传递数值，形式参数间用逗号分隔，且每个形式参数前均需说明其类型。例如

```
int max1(int x,int y)
{
    return (x>y)?x:y;   //若 x 大于 y，则返回 x 值；否则返回 y 值
}
```

（2）**函数体**：位于函数首部下方，用一对花括号括起来，由声明部分和语句序列组成。

● **声明部分**：定义本函数所使用的变量及有关声明（如函数声明）。

● **语句序列**：描述函数的具体功能。

函数体为空的函数称为**空函数**。调用空函数时，不执行任何操作，且没有实际意义。只表明此处调用一个函数，具体功能可以后续补充。例如

```
void dump()
{ ;
}
```

编写程序时，可根据函数的具体功能设计函数体，该函数体与 main()的函数体格式类似，均可包含声明部分和语句序列。例如

```
int max2(int x,int y)
{ int z;
  z=(x>y)?x:y;        //若 x 大于 y，则 z=x；否则 z=y
  return z;
}
```

在 max2()中，函数需要将形式参数 x 和 y 中的较大者作为函数的返回值，且函数的返回值类型为 int。

函数是否需要形式参数由其功能决定，若主调函数需要传递数据给被调函数处理，则在设计被调函数时，应根据需要传递的数据类型来定义形式参数；否则形式参数可以为空。例如

```
void print()
{
  printf("How are you!\n");
}
```

对于 print 函数，在调用时无须传递任何数据，故形式参数为空。

4.2.2　形式参数与实际参数

在调用函数时，若主调函数与被调函数之间有数据的传递关系，则该函数是**有参函数**。在定义函数时，函数名后面括号中的变量名称为**形式参数**（简称**形参**）。在主调函数中调用另一个函数时，该函数名后面括号中的参数称为**实际参数**（简称**实参**），实参可以是常量、变量或表达式。

【例 4.2】　输入两个整数 *a* 和 *b*，编写函数求出 *a* 和 *b* 中的最大值，并在主函数中输出这个最大值。

分析：编写 max 函数，其功能是求出 a 和 b 中的最大值。在主函数 main()中调用 max()，并将主函数中的变量 a 和 b 作为实参传递给 max()的形参 x 和 y，再通过 return 语句将获得的最大值返回到主函数中，并将最大值输出。

```
1  #include <stdio.h>
2  int max(int x,int y)
3  {
4      return (x>y)?x:y;          //若 x 大于 y，则返回 x 值；否则返回 y 值
5  }
6  int main()
```

```
7   {
8       int a,b,m;
9       printf("请输入两个整数: ");            //提示输入数据
10      scanf("%d%d",&a,&b);                   //输入两个整数
11      printf("最大值为: %d\n",max(a,b));      //输出最大值
12      return 0;
13  }
```

程序运行结果如下。

```
请输入两个整数: 10  20
最大值为: 20
```

第 2 行定义了函数名 max 和两个形参 x 与 y，以及两个形参的类型 int；第 11 行 main() 输出语句中包含一个 max()调用，以及实参 a 和 b，通过函数调用将实参 a 和 b 的值传递给形参 x 与 y，最后通过被调函数的 return 语句将最大值返回给输出语句。

注意

● 定义函数时，若有形参，则必须指定形参的类型。形参的类型应与实参的类型相同，且个数相等，顺序一致。

● 实参可以是常量、变量、表达式、函数等。无论实参为何种类型，在进行函数调用时，都必须有确定的值，以便将其传递给形参。

4.2.3　函数的返回值

通过函数调用使主调函数得到一个值，这就是函数的**返回值**。函数的返回值是通过 return 语句来获得的，其格式如下。

```
return 表达式;
```

或

```
return;
```

return 语句的作用是当被调函数执行结束、退出该函数时，表达式的值将返回到主调函数。

（1）函数的返回值是通过被调函数中的 return 语句获得的。

对于返回值类型为非 void 的函数，必须使用 "return 表达式;" 格式来指定要返回的值。表达式可以是常量、变量或复杂的表达式。例如

```
int result(int x,int y)
{
    return (x+3)*y;    //返回(x+3)y 的值
}
```

return 语句会直接使被调函数执行结束，因此一个函数中可以有多个 return 语句，但只有其中一个 return 语句会被执行。例如

```
int max3(int x,int y)
{
    if(x>y)    return x;
```

```
    else        return y;      //否则返回 y 值
    }
```

（2）函数定义时的类型应与 return 语句中的表达式类型一致。

例如，max2()定义的类型为整型，而变量 z 也被定义为整型，通过 return 语句把 z 的值作为 max()的返回值返回给主调函数。若变量 z 的类型与 max()的类型一致，则结果正确。

若函数定义的类型与 return 语句中表达式的值类型不一致，则以函数定义类型为准，即函数类型决定返回值的类型。例如

```
int  area(float r)
{
  return    3.14*r*r;      //返回半径为 r 的圆的面积
}
```

此函数的功能是通过形参变量 r 的值计算圆的面积，由于半径 r 为浮点型，表达式 "3.14*r*r" 的计算结果也为浮点型，而 area 函数的类型为整型，因此，最终返回值类型也将是整型（自动进行类型转换，小数部分被舍弃）。

（3）无返回值的函数，在定义时函数类型应为 "void"（空类型）。

此时函数不带回任何值，即在调用函数中禁止使用被调函数的返回值，故函数体中不能出现 return 语句。

若函数类型为 void，则可以省略 return 语句或者直接用 "return;" 结束函数。例如

```
void print()
{
  printf("How are you!\n");
  return;                   //可省略
}
```

注意： main()是 C 语言中的一个特殊函数，C99 规定 main()的返回类型为 int，因此本书所有的 main()定义如下。

```
int main()
{
  ...
  return 0;
}
```

main()的返回值是程序的执行码，若 main()返回值为 0，则说明该程序正常结束；否则表示该函数异常终止。

4.3　函数的调用

定义函数的目的是为了调用该函数，从而实现相应功能，得到预期的结果。

4.3.1　函数调用的形式

函数调用的一般格式如下。

> 函数名 (实参列表)

函数调用由函数名和实参列表组成，函数名后面括号内的为实参列表。实参可以是常量、变量或表达式，甚至是函数本身。

格式说明

● 若函数是无参函数，则没有实参列表，但函数名后的括号不能省略。例如：例 4.1 中 main() 内的 "pr1();" 和 "pr2();"，这时主调函数无须向被调函数传递数据，只是要求被调函数完成一定的操作，故可以没有实参列表，但括号不能省略。

● 若实参列表包含多个实参，则各参数之间用逗号分隔。实参与形参的个数应相等，并且两者类型应匹配，同时顺序一一对应，从实参向形参依次传递数据。

4.3.2　函数调用的方式

按照函数调用在程序中出现的形式和位置，可划分为以下 3 种函数调用方式。

1．函数调用语句

函数调用语句是指把函数调用单独作为一个语句。例如：例 4.1 中 main() 内的 "pr1();" 和 "pr2();"，这种调用不返回函数值，只要求被调函数完成一定的操作。

2．函数表达式

函数表达式是指函数调用出现在一个表达式中，如 "z=max(x,y);"。"max(x,y)" 是一次函数调用，它是赋值表达式中的一部分，这时要求函数返回一个确定的值以参加表达式的运算。如 "z=3*max(x,y);"。

3．函数参数

函数参数是指一个函数调用作为另一个函数调用时的实参。例如："m = max(z,max(x,y));"，或例 4.2 中的 "printf("最大值为：%d\n", max(a,b));"。

【例 4.3】　要求用函数作为函数调用的参数，求三个数中的最大值。

分析：先调用一次 max(数 1，数 2)，返回数 1 和数 2 中的较大者；再调用一次 max()，返回数 1 和数 2 中的较大数与第 3 个数中的最大值，从而找出三个数中的最大值。

```
1  #include <stdio.h>
2  int max(int x,int y)
3  {
4      int z;
5      z=(x>y)?x:y;                //若 x 大于 y，则 z=x；否则 z=y
6      return z;
7  }
8  int main()
9  {
```

```
10      int  a,b,c,m;
11      printf("请输入三个数（用逗号分隔）: ");
12      scanf("%d,%d,%d",&a,&b,&c);                //输入三个数
13    m=max(c,max(a,b));  //max()作为函数参数，再次调用返回三个数中的最大值
14      printf("三个数中的最大值为: %d\n",m);  //输出最大值
15      return 0;
16  }
```

程序运行结果如下。

```
请输入三个数（用逗号分隔）: 12，5，7  ↵
三个数中的最大值为: 12
```

max(a,b)是第一次 max()调用，它的值（a、b 两个数中的最大值）再作为 max()下一次调用的实参，与第三个数 c 进行比较，求出最大值。所以，最后 m 的值是 a、b、c 三者中的最大值。

4.3.3 函数声明

在一个函数中（主调函数）调用另一个函数（被调函数）需要具备的条件是：被调用函数必须是已经存在的，它可以是库函数或者用户自定义的函数。

1．调用库函数

调用库函数时，应在文件的开头使用#include 命令，将调用该库函数时所需的有关信息"包含"到本文件中。如标准输入/输出库函数 #include<stdio.h>，数学库函数#include<math.h>。其中，stdio.h 与 math.h 都是头文件（或称为库文件）。stdio.h 文件包含了对输入/输出函数的声明，若不包含 stdio.h 文件，则无法使用输入/输出函数，而 math.h文件包含了对大量数学函数的声明。

2．调用自定义函数

调用自定义函数时，若该函数在源文件中的位置处于调用它的函数（主调函数）后面，则应在主调函数中对被调函数进行声明，以便编译系统对函数调用进行语法检查。

【例 4.4】 通过键盘输入两个整数 a 和 b，用函数 sum()求出 $a+b$ 的和。

分析：首先要定义函数 sum()，尤其要注意对 sum()进行声明。

```
1  #include <stdio.h>
2  int main()
3  {
4     int sum(int x,int y);              //对 sum()进行声明
5     int a,b,s;
6     printf("请输入整数 a 和 b（用逗号分隔）: ");
7     scanf("%d,%d",&a,&b);              //输入两个整数
8     s=sum(a,b);                        //调用 sum 函数
9     printf("a 加 b 的和为: %d\n",s);    //输出两数之和
10    return 0;
```

```
11  }
12  int sum(int x,int y)
13  {
14      int z;
15      z=x+y;                              //求两数之和并赋值给 z
16      return z;
17  }
```

程序运行结果如下。

```
请输入整数 a 和 b（用逗号分隔）：14，9 ↙
a 加 b 的和为：23
```

"int sum(int x,int y);"是对被调用的 sum()进行的声明。程序中，main()的位置在 sum()前，而编译时是从上向下逐行进行的，若没有对函数的声明，则当编译到 sum 时，无法确定它是否为函数名，也无法判断实参的类型和个数是否正确，因此无法进行正确性检查。

函数声明的具体做法是在调用前声明函数，而函数的完整定义可以在后面给出。函数声明与函数定义中的函数首部基本相同，只是末尾处多了一个分号。由于函数声明与函数首部基本相同，因此在 C 语言中，函数声明又称为函数原型。以便对函数调用进行合法性检查。

函数原型有以下两种形式。

（1）函数类型 函数名（参数类型 1 参数名 1，参数类型 2 参数名 2，…）。

（2）函数类型 函数名（参数类型 1，参数类型 2，…）。

另外，函数原型必须与函数的定义一致。若采用第（1）种形式，只需要照搬函数首部加分号即可，该形式不易出错，而且加上参数名有利于对程序的理解。

注意

● 若被调函数的定义出现在主调函数之前，则可以不加声明。因为编译系统已经有了该函数的信息，所以会根据被调用函数提供的信息对函数的调用做语法检查。

● 若在文件开头（所有函数之前）已经对各个函数进行了声明（全局声明），则在调用各个函数时，不需要对被调函数进行声明。

4.3.4　函数参数的传递方式

函数的参数分为实参和形参。调用函数时，需要提供所有参数的个数及类型，且参数顺序要与定义时的顺序保持一致。若参数为变量，则该参数必须是已被赋值过的。

为了进一步理解函数实参与形参之间的关系，请分析下面的例子。

【例 4.5】 编写函数 change()，观察变量 x 的值。

```
1  #include <stdio.h>
2  void change(int a)
3  {
4      printf("a=%d\n",a);
```

```
5        a=5;                    //为变量a赋值
6        printf("a=%d\n",a);
7  }
8  int main()
9  {
10       int x=10;
11       printf("x=%d\n",x);
12       change(x);              //调用change()
13       printf("x=%d\n",x);
14       return 0;
15 }
```

程序运行结果如下。

```
x=10
a=10
a=5
x=10
```

从程序运行结果可知，实参变量 x 的值在函数调用后并未发生改变，这是因为形参变量 a 是函数的局部变量，当 change() 被调用时，操作系统为形参变量 a 分配内存空间，并将对应的实参变量 x 的值传递给形参变量 a，如图 4-2 所示。

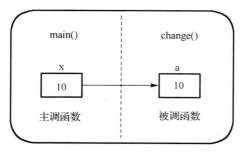
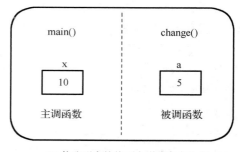

(a) 实参向形参传递数据　　　　　　　　　(b) 修改形参的值不会影响实参的值

图 4-2　实参向形参的单向值传递

本例中，变量 x 是 main() 的局部变量，其初值为 10，当 main() 调用 change() 时，实参变量 x 的值赋给了形参变量 a，故 change() 第一个输出语句的输出结果为 a=10。随后形参变量 a 被赋值为 5，change() 的第二个输出语句的输出结果为 a=5。change() 执行结束后，形参变量 a 所占用的内存空间随之被释放。若 change() 被多次调用，则每次调用都会为形参分配内存空间，调用结束再释放该内存空间。

在 change() 被调用的过程中，程序对形参变量 a 的任何修改都不会影响实参变量 x 的值。因此，change() 调用结束后，执行 main() 的第二个输出语句，输出的结果仍为 x=10。

由此可见，从实参到形参是单向值传递。形参变量值的改变不会影响实参变量的值。

思考：若将本例中形参变量名由 a 改为 x，则实参的值会发生改变吗？

```
void change(int x)
```

```
{
  printf("x=%d\n",x);
  x=5;                //为变量 x 赋值
  printf("x=%d\n",x);
}
```

注意：

● 从实参到形参是单向值传递。在调用函数时，为形参分配存储单元，并将实参对应的值传递给形参；调用结束时，释放形参存储单元，但实参的存储单元仍然保持不变。

● 执行被调函数时，即使形参的值发生改变，但并不会影响主调函数中实参的值。因为实参与形参分别占用不同的内存单元，所以即使两者同名，也不会相互影响。

4.4 函数的嵌套调用

4.4.1 基本嵌套调用

在 C 语言中，函数定义是相互独立的、平行的，即在函数定义时，一个函数内不能再定义另一个函数。函数不能嵌套定义，但可以嵌套调用，即在调用一个函数的过程中，又调用了另一个函数。

例如：分别定义函数 f1()和函数 f2()，但在调用函数 f1()的过程中又要调用函数 f2()，其调用过程如图 4-3 所示。

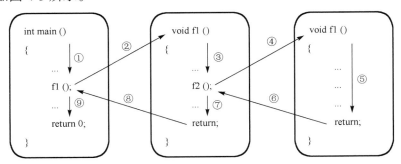

图 4-3 函数嵌套调用过程

上图表示了两层嵌套，调用过程分为以下 9 个步骤。

① 执行 main()的开头部分。

② 遇到函数调用语句，调用 f1()，流程转去执行 f1()。

③ 执行 f1()的开头部分。

④ 遇到函数调用语句，调用 f2()，流程转去执行 f2()。

⑤ 执行 f2()，若再无其他嵌套的函数，则完成 f2()的全部操作。

⑥ 返回 f1()中调用 f2()的位置。

⑦ 继续执行 f1()中尚未执行的部分，直到 f1()结束。

⑧ 返回 main()中调用 f1()的位置。

⑨ 继续执行 main()的剩余部分，直到函数结束。

函数嵌套调用的层数没有限制，但为了保证程序结构清晰、易读，建议嵌套调用的层数不要过多。

【例 4.6】 简单的函数嵌套调用。

程序代码如下。

```
1  #include <stdio.h>
2  f2()
3  {
4      printf("I am in f2!\n");
5  }
6  f1()
7  {
8      printf("I am in f1!\n");
9      f2();
10     printf("I'm back in f1!\n");
11 }
12 int main()
13 {
14     printf("I am in main!\n");
15     f1();
16     printf("I'm back in main!\n");
17     return 0;
18 }
```

程序运行结果如下。

```
I am in main!
I am in f1!
I am in f2!
I'm back in f1!
I'm back in main!
```

由运行结果可知，程序先执行 main()的开头部分，输出"I am in main!"；再调用 f1()，输出"I am in f1!"；f1()又调用 f2()，输出"I am in f2!"；f2()执行完毕后返回 f1()，继续执行 f1()中的剩余部分，输出"I'm back in f1!"；直到 f1()结束返回 main()；继续执行 main()的剩余部分，最后输出"I'm back in main!"，执行全部结束。

4.4.2　模块化程序设计方法

模块化程序设计的思想是把一个规模较大的程序按照功能进行逐层分解，分解成规模较小的模块，这样容易实现程序的相应功能，也容易调试。

1. 按功能划分模块

按功能划分模块的基本原则是：各模块都要易于理解，且功能尽量单一，模块间的联系尽量少。满足这些要求的模块具有以下优点。

（1）模块间的接口关系简单，程序的可读性高，易于理解。

（2）当需要修改某种功能时，只涉及一个模块，其他模块不受影响。

（3）脱离程序的上、下文也能单独验证一个模块的正确性。

（4）当扩充或建立新系统时，可以充分利用已有模块，减少重复性工作，提高模块的复用性。

2．按层次划分模块

模块化程序设计方法要求在设计程序时，按层次结构组织各模块。在按层次结构组织各模块时，上层模块只需要指出"做什么"，下层模块就会将功能层层分解，在最底层模块中给出"怎么做"的精确描述。图 4-4 是层次模块图，主模块指出总任务，模块 1、模块 2、模块 3 分别指出各自的子任务，再逐层分解，模块 1.1、模块 1.2 等模块精确地描述"怎么做"的具体实施步骤。

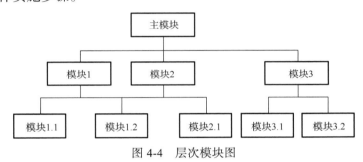

图 4-4　层次模块图

为了进一步理解函数的模块化程序设计思想，分析下面的例子。

【例 4.7】　通过键盘输入 n 值，计算 $s=1×2+2×3+3×4+\cdots+n×(n+1)$ 的结果。要求在 main() 中输入 n 值并输出结果 s，其他功能用自定义函数实现。

分析：本例旨在说明函数的模块化程序设计思想。定义 product()，完成求两数相乘的功能，定义 sum()，来计算所有项的累加和，在 sum() 中调用 product() 计算各个累加项，这样使程序结构清晰，且复用性高。

本例相关程序如下。

```
1  #include <stdio.h>
2  long sum(int n);
3  int product(int x);
4  int main()
5  {
6      long s;
7      int n;;
8      printf("请输入一个正整数n:");
9      scanf("%d",&n);
10     s=sum(n);                        //调用sum()，求累加和
11     printf("1*2+2*3+...+%d*%d=%ld\n",n,n+1,s);
12     return 0;
13 }
14 long sum(int n)
```

```
15 {
16     int i;
17     long sum=0;
18     for(i=1;i<=n;i++)
19         sum+=product(i);        //调用product()，计算各个累加项之和
20     return sum;
21 }
22 int product(int x)
23 {
24     int c;
25     c=x*(x+1);                   //计算累加项之和
26     return c;
27 }
```

程序运行结果如下。

请输入一个正整数n: 9 ↙
1*2+2*3+…+9*10=330

在本程序中，先对 sum()和 product()进行声明，在 sum()中根据循环变量 i 的值，反复调用 product()，直到 i 值大于 n，调用 product()共 n 次，分别求出 n 个累加项的值，并返回给 sum()，最后由 sum()计算出所有累加项之和，并返回给 main()，输出最终结果。

4.5 函数的递归调用

4.5.1 递归的概念

在程序中，反复嵌套地执行同一个操作称为递归。在调用一个函数的过程中，又直接或间接调用了该函数本身，称为函数的**递归调用**。

C 语言提供以下两种形式的递归调用。

（1）**直接递归调用**：在调用 fun()的过程中，又再次调用了 fun()本身，如图 4-5 所示。

（2）**间接递归调用**：在调用 fun1()的过程中调用了 fun2()，而在调用 fun2()的过程中又再次调用了 fun1()，如图 4-6 所示。

由图 4-5 和图 4-6 可知，这两种递归调用都是无终止的自身调用。显然程序中是不应该出现这种无终止的递归调用的，需要将其修改为调用次数有限、有终止的递归调用。例如：指定递归调用的次数，或指定某个条件，当条件成立时，执行递归调用，否则终止递归调用。

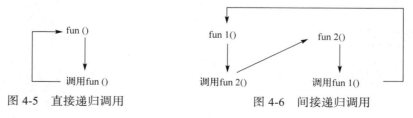

图 4-5 直接递归调用   图 4-6 间接递归调用

为了防止递归调用无终止地进行，在程序设计时，通常使用 if 语句来控制，即根据条件进行递归调用。

对于符合以下条件的类似问题，均可以采用递归调用来解决。

（1）能够把要解决的问题转化为一个新问题，而新问题的解决方法仍与原问题的解决方法相同，只是所处理的问题规模更小。即确定一个递归分解方式，将原问题分解为规模更小且形式相同的子问题。

（2）必须有一个最简问题，能够直接确定出答案。

（3）必须有一个结束递归过程的条件。

为了更好地理解递归的概念，下面用一个通俗的例子来说明。

【例 4.8】　有 5 个小朋友一起做游戏，问第 5 个小朋友手里有几个球，他说比第 4 个小朋友多 3 个球；问第 4 个小朋友手里有几个球，他说比第 3 个小朋友多 3 个球；问第 3 个小朋友手里有几个球，他说比第 2 个小朋友多 3 个球；问第 2 个小朋友手里有几个球，他说比第 1 个小朋友多 3 个球。最后问第 1 个小朋友手里有几个球，他说有 1 个球。请问第 5 个小朋友手里有几个球？

分析：若要求得第 5 个小朋友手里的球数，则必须要知道第 4 个小朋友的球数；而要知道第 4 个小朋友手里的球数，就必须要知道第 3 个小朋友手里的球数；而第 3 个小朋友手里的球数又取决于第 2 个小朋友手里的球数；第 2 个小朋友手里的球数又取决于第 1 个小朋友手里的球数。而且每个小朋友的球数都比前一个小朋友多 3 个。即

$$\begin{cases} num(5) = num(4) + 3 \\ num(4) = num(3) + 3 \\ num(3) = num(2) + 3 \\ num(2) = num(1) + 3 \\ num(1) = 1 \end{cases}$$

可用数学公式表示为

$$\begin{cases} num(n) = 1, & n = 1 \\ num(n) = num(n-1) + 3, & n > 1 \end{cases}$$

可以看出，当 $n>1$ 时，求每位小朋友手里的球数公式是相同的，因此可以用一个函数来表示上述关系。图 4-7 表示利用递归调用求第 5 个小朋友手里的球数的过程。

本例程序代码如下。

```
1  #include <stdio.h>
2  int num(int n)
3  {   int c;
4      if (n==1)
5         c=1;
6      else
7         c=num(n-1)+3;
8      return c;
9  }
10 int main()
11 {
```

```
12      int n;
13      n=num(5);
14      printf("No.5,num=%d\n",n);
15      return 0;
16  }
```

程序运行结果如下。

```
No.5,num = 13
```

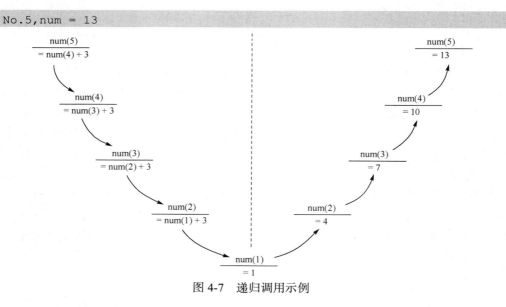

图 4-7　递归调用示例

注意：本例求解过程分为以下两个阶段。

（1）回溯阶段，将第 n 个小朋友手里的球数表示为第 $(n-1)$ 个小朋友手里的球数加 3；而第 $(n-1)$ 个小朋友的球数依旧未知，还要回溯到第 $(n-2)$ 个小朋友的球数，依此类推，直到第 1 个小朋友，他手里有 1 个球。因此，num(1)=1，该条件已知，此时不用再往前推了。

（2）递推阶段，从第 1 个小朋友已知的球数推算出第 2 个小朋友手里的球数，依此类推，直到推算出第 5 个小朋友手里的球数。

显然，若要求递归过程不是无限制进行下去，则必须有一个结束递归过程的条件。如 num(1)=1 就是使递归结束的条件。

4.5.2　递归算法的应用

递归算法是人们解决问题的一种思维方式，在解决某些问题时十分有用。该算法可以将一些看起来复杂的问题变得容易解决，并且写出的程序简短、清晰。但是递归算法通常要花费较多的运行时间、占用较多的内存空间，从而使效率降低。

下面通过一个简单的数学递归问题来加深对递归程序的理解。

【例 4.9】　用递归算法求一个正整数 n 的阶乘 $n!$。

分析：阶乘的计算公式为 $n!=n\times(n-1)\times\cdots\times3\times2\times1$。求 $n!$ 可以用递推算法，从 1 开始，乘 2，再乘 3，依此类推，一直乘到 n，这种方法容易理解，易于实现。递推算法（也称迭代算法）的特点是从一个已知事实出发（如 1!=1），按一定规律推导出下一个事实（如

2!=2×1!），再从这个新的已知事实出发，向下推导出一个更新的事实（如 3!=3×2!）。最后，推导出 $n!=n×(n-1)!$，故求阶乘可以用递归算法求解。

因为 $n!=n×(n-1)!$

而且 $(n-1)!=(n-1)×(n-2)!$

　　　…

　　　$2!=2×1!$

　　　$1!=1$

　　　$0!=1$

所以，可以用下面的递归公式表示

$$n!=\begin{cases}1, & n=0,1 \\ n×(n-1)!, & n>1\end{cases}$$

相关程序代码如下。

```
1  #include <stdio.h>
   //fact 函数的功能是计算 n!
2  long fact(int n)
3  {   long f;
4      if(n==0||n==1)
5          f=1;
6      else
7          f=n*fact(n-1);
8      return f;
9  }
10 int main()
11 {
12     int n;
13     long f;
14     printf("Please input an integer:");
15     scanf("%d",&n);
16     f=fact(n);
17     printf("%d!= %ld \n",n,f);
18     return 0;
19 }
```

程序运行结果如下。

```
Please input an integer: 5 ↙
5! = 120
```

注意： 当程序开始执行时，从键盘接收数值 5，存于变量 n 中；执行语句 f=fact(n)，首先进行函数调用 fact(5)，由于 5 不等于 0，也不等于 1，所以执行语句 f=n*fact(n−1)，即 f=5*fact(4)。

由于 n=5，若要求出 5 的阶乘，则需要调用 fact(4)，因此要求出 4 的阶乘；若要求出 4 的阶乘，则需要调用 fact(3)，因此要求出 3 的阶乘，依此类推。故有

```
f=4*fact(3);    （4 的阶乘）
```

```
f=3*fact(2);    （3 的阶乘）
f=2*fact(1);    （2 的阶乘）
```

直到 n=1。由于 fact(1)=1，因此 fact() 调用结束，返回 f 的值，代入 f=2*fact(1)，求出 2 的阶乘；再返回上一层的 fact() 函数，求出 3 的阶乘，依此类推，逐层返回，最后求出 5 的阶乘，并将结果显示出来。以上递归调用过程如图 4-8 所示。

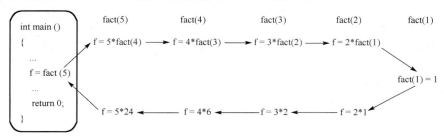

图 4-8　递归调用过程

以上程序采用递归调用，使程序简洁明了。除此之外，也可以采用递推方法来解决该问题。其相关程序如下。

```
long fact(int n)
{   long f=1;
    int i;
    for (i=1;i<=n;i++)
        f=f*i;
    return f;
}
```

可以看出，这种解决方法也非常简单且更易于理解。有些问题既可以用递推算法处理，又可以用递归算法处理；而有些问题却只能用递归算法处理。下面介绍的汉诺塔问题，若不用递归算法，则会非常困难，甚至无从下手，而采用递归算法却可以得到简洁明了的解决方案。

【例 4.10】 汉诺塔问题。汉诺塔（又称河内塔）是源于印度的一个古老传说，现今多用于益智玩具，如图 4-9 所示。相传印度教大梵天（创造之神）创造世界的时候做了三根金刚石柱子（A、B、C），在 A 柱上从下往上按照大小顺序摞着 64 个黄金圆盘。大梵天命令婆罗门（僧侣）把圆盘从下面开始按大小顺序重新摆放到 C 柱上，并且要求在小圆盘上不能放大圆盘，在三根柱子之间一次只能移动一个圆盘。编写程序，要求显示输出移动圆盘的步骤。

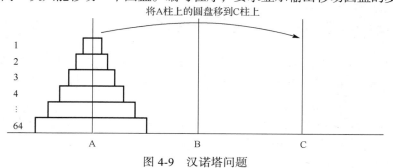

图 4-9　汉诺塔问题

分析：这是一个古典的数学问题，是利用递归算法解题的典型例子。该问题用一般方法很难直接写出移动圆盘的具体步骤，故需要另辟蹊径，尽量降低问题的难度。

僧侣们会怎么做呢？老和尚面对这个难题，无法自己解决，他请来大和尚，将 A 柱上的 63 个圆盘移走，这样问题就解决了。具体方法如下。

（1）命令大和尚将 63 个圆盘从 A 柱移动到 B 柱上。

（2）老和尚自己将底部最大的圆盘从 A 柱移动到 C 柱上。

（3）再命令大和尚将 63 个圆盘从 B 柱移动到 C 柱上。

至此，任务就全部完成了。这样就把移动 64 个圆盘的问题化简为了移动 63 个圆盘的问题。难度降低了一级，但是大和尚又怎样将 63 个圆盘从 A 柱移动到 B 柱上呢？

大和尚又请来小和尚，若将 62 个圆盘移走，他就能将第 63 个圆盘从 A 柱移动到 B 柱上了。具体方法如下。

（1）命令小和尚将 62 个圆盘从 A 柱移动到 C 柱上。

（2）大和尚自己将第 63 个圆盘从 A 柱移动到 B 柱上。

（3）再命令小和尚将 62 个圆盘从 C 柱移动到 B 柱上。

这样就把移动 63 个圆盘的问题化简为了移动 62 个圆盘的问题，难度又降低了一级。如此层层简化，直到找来的最后一个和尚将最小的 1 个圆盘移动完毕，全部工作就完成了。

以上过程就是递归过程。每个和尚所做的工作是类似的，都是移动 n 个盘子，只是 n 值不同而已。可以看出，随着递归的逐层进行，问题的难度逐步减小，直到最后一个和尚只移动 1 个圆盘。然后，工作的流程又向上逐级返回，直到老和尚完成他自己的 3 个步骤，全部工作就结束了。

需要注意，递归结束的条件是：最后一个和尚只需移动 1 个圆盘，这时就能直接执行下面步骤，而不需要再递归了。否则，递归还要继续向下进行。

为了便于理解，先分析 3 个圆盘的移动。若将 3 个圆盘从 A 柱移动到 C 柱上，其移动步骤如下。

（1）将 A 柱上的 2 个圆盘移动到 B 柱上（借助 C 柱）。

（2）将 A 柱上的 1 个圆盘（最大的）移动到 C 柱上。

（3）将 B 柱上的 2 个圆盘移动到 C 柱上（借助 A 柱）。

其中，第（2）步可以直接实现。

第（1）步可以分解为如下步骤。

（1.1）将 A 柱上的 1 个圆盘从 A 柱移动到 C 柱上。

（1.2）将 A 柱上的 1 个圆盘从 A 柱移动到 B 柱上。

（1.3）将 C 柱上的 1 个圆盘从 C 柱移动到 B 柱上。

第（3）步可以分解为如下步骤。

（3.1）将 B 柱上的 1 个圆盘从 B 柱移动到 A 柱上。

（3.2）将 B 柱上的 1 个圆盘从 B 柱移动到 C 柱上。

（3.3）将 A 柱上的 1 个圆盘从 A 柱移动到 C 柱上。

综上所述，移动 3 个圆盘的步骤如下。

A→C，A→B，C→B，A→C，B→A，B→C，A→C。一共执行了 7 步。

根据上面分析得出：将 n 个圆盘从 A 柱移动到 C 柱上可分解为如下 3 个步骤。

（1）将 A 柱上(n–1)个圆盘借助 C 柱移动到 B 柱上。

（2）将 A 柱上剩下的 1 个圆盘移动到 C 柱上。

（3）将(n–1)个圆盘从 B 柱借助于 A 柱移动到 C 柱上。

上面第（1）步和第（3）步，都是将(n–1)个圆盘从一个柱子移动到另一个柱子上，所采用的方法是一样的，只是柱子的位置不同。为了使操作更有通用性，引入 sourse、temp、goal，分别表示三根柱子，在第（1）步和第（3）步中，只是对应的 sourse、temp 和 goal 不同而已。

第（1）步对应关系为：sourse 对应 A，temp 对应 C，goal 对应 B。

第（3）步对应关系为：sourse 对应 B，temp 对应 A，goal 对应 C。

因此，可以把上述 3 个步骤分解成以下两类操作。

第一类：将(n–1)个圆盘从一个柱子移动到另一个柱子上（$n>1$），这是老和尚分配出去的工作。

为了使用递归算法模拟圆盘的移动过程，设计如下函数原型。

```
void moveTower(int n, char source, char temp, char goal);
```

函数中 4 个参数的含义如下。

- n：需要移动的圆盘个数。
- source：最开始圆盘所在的柱子编号。
- temp：用于临时、中转放置圆盘的柱子编号。
- goal：最终圆盘所在的柱子编号。

第二类将 1 个圆盘从一个柱子移动到另一个柱子上，这是老和尚自己完成的工作。

设计如下函数原型。

```
void move(int n, char source, char goal);
```

函数中的 3 个参数的含义如下。

- n：需要移动圆盘的编号。
- source：移动起点编号。
- goal：移动终点编号。

根据上述分析编写递归程序，模拟汉诺塔的移动过程。

```
1   #include <stdio.h>
2   void moveTower(int n, char source, char temp, char goal);
3   void move(int n, char source, char goal);
4   int main()
5   {
6       int n;
7       long f;
8       printf("请输入要移动的圆盘数 n=");
9       scanf("%d",&n);
10      printf("将%d 个圆盘从 A 柱移动到 C 柱的步骤为: \n",n);
11      moveTower(n,'A', 'B', 'C');
12      return 0;
13  }
```

```
14 void moveTower(int n, char source, char temp, char goal)
15 {
16     if (n==1)
17         move(n,source,goal);
18     else
19     {
20         moveTower(n-1,source,goal,temp);
21         move(n,source,goal);
22         moveTower(n-1,temp, source, goal);
23     }
24 }
25 void move(int n, char source, char goal)
26 {
27     printf("移动圆盘%d: 从 %c 到 %c \n", n, source, goal);
28 }
```

程序运行结果如下（当圆盘数为 3）。

```
请输入要移动的圆盘数 n=3 ↙
将 3 个圆盘从 A 柱移动到 C 柱的步骤为：
移动圆盘 1: 从 A 到 C
移动圆盘 2: 从 A 到 B
移动圆盘 1: 从 C 到 B
移动圆盘 3: 从 A 到 C
移动圆盘 1: 从 B 到 A
移动圆盘 2: 从 B 到 C
移动圆盘 1: 从 A 到 C
```

4.6 变量的作用域与存储类别

4.6.1 变量的作用域

变量的作用域是指变量能被有效引用的范围。C 语言按变量作用域将变量分为**局部变量**和**全局变量**。

1. 局部变量

局部变量又称为**内部变量**，它是在函数内部定义的变量，其作用域是从定义的位置开始，到函数（或者语句块）结束为止。

注意：

● 主函数 main()中定义的变量只在主函数中有效。不会因为变量是在主函数中定义而对整个文件有效，且主函数也不能使用其他函数中定义的变量。

● 形参也是局部变量，因为形参的作用域仅限于该函数的内部。其他函数可以调用，但不能引用该函数的形参。

● 不同函数中可以使用相同名称的变量，它们代表不同的对象，彼此互不干扰。例如：

在 fun1() 中定义了变量 a 和变量 b，在 fun2() 中也定义了变量 a 和变量 b，由于两组变量在内存中占用不同的内存单元，因此它们互不打扰。

● 在一个函数内部，复合语句中也可以定义变量，这些变量只在该复合语句中有效。复合语句也称为语句块。

局部变量作用域如图 4-10 所示。

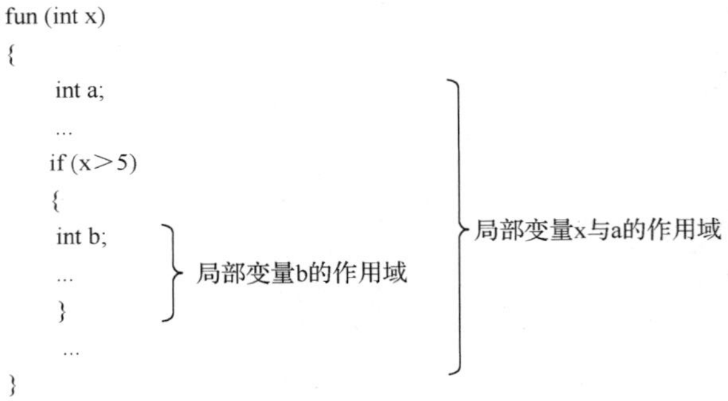

```
fun (int x)
{
    int a;
    ...
    if (x>5)
    {
        int b;          ⎫
        ...             ⎬ 局部变量b的作用域      ⎫
    }                   ⎭                       ⎬ 局部变量x与a的作用域
    ...                                         ⎭
}
```

图 4-10 局部变量作用域

变量 x 和变量 a 在整个 fun() 中有效，变量 b 只在 if 复合语句中有效。若离开复合语句，则变量 b 所占用的内存单元将被释放。

【例 4.11】 局部变量示例。

```
1   #include <stdio.h>
2   int main()
3   {
4      int a=10,b;
5      {
6          int a=20;
7          b=a;
8          printf("%d,%d\n",a,b);
9      }
10     b=a;
11     printf("%d,%d\n",a,b);
12     return 0;
13  }
```

程序运行结果如下。

```
20,20
10,10
```

函数 main() 中定义了两个局部变量 a 和 b，在 main() 复合语句中也定义了两个局部变量 a 和 b，其中，这两个变量 b 的作用域均为整个 main()，而在复合语句内部的局部变量 a 不起作用。因此，在复合语句内定义的变量 a 的作用域为复合语句内部，而在复合语句外部定义的变量 a 的作用域是除复合语句外的整个 main() 的函数体。

2. 全局变量

全局变量又称为**外部变量**，它是在函数外定义的变量。全局变量可以被本文件中的其他函数共用，它的作用范围是从定义变量的位置开始一直到本文件的结束。

注意： 在函数内定义的变量是局部变量，在函数外定义的变量是全局变量。

全局变量作用域如图 4-11 所示。

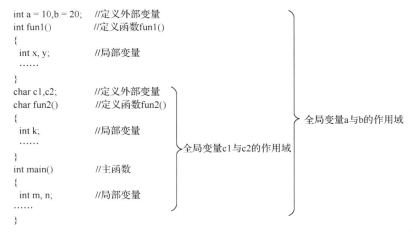

图 4-11 全局变量作用域

注意：

● 设置全局变量可以加强函数间数据的联系。由于在同一个文件中所有函数都可以引用全局变量的值，因此在一个函数中改变全局变量的值能影响其他函数，这相当于在各个函数间建立了数值传递的通道。函数调用只能有一个返回值，而通过全局变量可以得到多个返回值。

● 全局变量在整个程序执行过程中都占用存储单元，而不是在需要时才开辟内存单元。因此，使用过多的全局变量会影响程序的清晰度和通用性。

● 在同一个文件中，若全局变量与局部变量同名，则在局部变量的作用范围内，全局变量会被"屏蔽"，而不起作用。

【例 4.12】 全局变量示例。

```
1   #include <stdio.h>
2   int a=10,b=20;
3   void fun(int a,int b)
4   {
5       printf("%d,%d\n",a,b);
6   }
7   int main()
8   {
9       printf("%d,%d\n",a,b);
10      int a=5;
11      fun(a,b);
12      printf("%d,%d\n",a,b);
```

```
13     return 0;
14 }
```

程序运行结果如下。

```
10,20
5,20
5,20
```

在程序开头，第 2 行定义了两个整型全局变量 a 和 b，并将其分别初始化为 10 和 20。第 10 行 main()中又定义了一个局部变量 a，并将其初始化为 5，再将局部变量 a 与全局变量 b 的值传递给 fun()，因此 fun()中形参变量 a 的值为 5，形参变量 b 的值为 20。最后，在 main()中输出的局部变量 a 和全局变量 b 的值仍为 5 和 20。

从结果中看出，全局变量 a 的作用域虽然为整个程序，但在 fun()中有形参变量 a，且 main()中又定义了与它同名的局部变量 a，因此在 main()与 fun()中全局变量 a 被屏蔽，不发挥作用。

4.6.2 变量的存储类别

在 C 语言中，每个变量或函数都有两个属性：**数据类型**和**存储类型**。C 语言中完整的变量声明格式如下。

存储类型　数据类型　变量名

格式说明：

- 数据类型（如 int、char 等）指的是数据的取值范围和占用存储空间的大小。
- 存储类型指的是数据在内存中的存储方式，包含静态存储和动态存储两种方式。

变量的两类不同存储方式如下。

（1）静态存储方式：在程序运行期间，由系统分配固定的存储空间。

（2）动态存储方式：在程序运行期间，根据用户需要动态地分配存储空间。

内存中供用户使用的存储空间（用户区）可以分为以下 3 个部分，如图 4-12 所示。

图 4-12　内存中的用户区

- **程序区**：用于存储程序代码。
- **静态存储区**：用于存放程序中定义的全局变量和静态局部变量。这些数据占据固定的存储单元，在整个程序执行过程中保持有效。
- **动态存储区**：用于存放函数的形参、auto 型局部变量和用于管理函数调用与返回的断点等信息。这些数据在程序运行过程中自动分配和回收存储区。

注意：不同的存储方式决定了变量的生存期。

按照变量的存储类别又可以把变量分为 4 类：自动（auto）、静态（static）、外部（extern）和寄存器（register）。

1. auto 型变量

auto 型变量又称为**自动变量**，是 C 语言变量声明时默认的存储类型，当变量声明省略存储类型时，即为 auto 型变量。如 "auto int a;" 与 "int a;" 是等价的。

auto 型变量是在函数内定义的变量，其所在的函数或复合语句被执行时，系统动态地为相应的自动变量分配内存单元。函数中的形参也属于 auto 型变量，当函数开始执行时，分配存储空间，当函数执行结束时，释放其存储空间。auto 型变量的作用域局限于该函数内。

2．static 型变量

static 型变量又称为**静态变量**，该变量在静态存储区存放，分配的存储单元在程序运行过程中始终占用。静态变量分为内部静态变量和外部静态变量两种。

（1）内部静态变量。内部静态变量与 auto 型变量一样，在函数内定义该变量时，该变量局限于定义自身的函数。一般定义格式如下。

```
static 类型说明 变量名;
```

格式说明：
- static 是静态存储方式的关键字，不能省略。
- 静态局部变量的存储空间在整个程序运行期间固定不变。
- 静态局部变量在编译时赋初值，即只赋一次初值。以后每次调用函数时，不再重新赋值，而是保留上次函数调用结束时的值。
- 若在定义局部变量时不赋初值，则静态局部变量在编译时会自动赋初值（数值型变量为 0，字符型变量为空字符'\0'）。
- 虽然静态局部变量在函数调用结束后仍然存在，但是其他函数不能引用该变量。

思考：什么情况下需要使用静态局部变量？

答：当需要保留函数上一次调用结束时的值，就要使用静态局部变量。

【例 4.13】 巧用静态变量输出 1～10 的阶乘值。

分析：编写一个函数实现连乘的功能，如第 1 次调用时计算 1 乘 1，算出 1 的阶乘；第 2 次调用时再乘以 2，算出 2 的阶乘；第 3 次调用时再乘以 3，算出 3 的阶乘，依此类推。

```
1  #include <stdio.h>
2  long fact(int n)
3  {   static long f=1;            //f 保留了上次调用结束时的值
4      f=f*n;                      //在上次 f 值的基础上再乘以 n
5      return f;                   //返回值 f 是 n!的值
6  }
7  int main()
8  {   int i;
9      for (i=1;i<=10;i++)                    //先后 10 次调用 fact()
10     {
11         printf("%d!=%ld\n",i,fact(i));     //计算输出 i!的值
12     }
13     return 0;
14 }
```

程序运行结果如下。

```
1!=1
2!=2
3!=6
4!=24
5!=120
6!=720
7!=5040
8!=40320
9!=362880
10!=3628800
```

注意

● 每次调用 fact()输出一个 i!，同时保留这个 i!的值，以便下次再乘以(i+1)。

● 若函数中的变量只被引用而不改变其值，则将其定义为静态局部变量最为方便，以免每次调用时都对其重新赋值。

由于静态存储方式要长期占用内存资源，且当调用次数过多时往往无法确定当前值，因此，若非必要，尽量少用静态局部变量。

（2）外部静态变量。外部静态变量是在函数外定义的静态变量，一般在源程序的开始或所有函数之外定义，其定义格式与内部静态变量的定义格式相同。由于全局变量可以被多个函数直接引用，因此全局变量成为函数间进行数据传递的一种方式。

注意：

● 外部静态变量的存储空间在程序运行的整个过程中一直有效，直到程序运行结束才释放存储空间。

● 若使用 static 声明在源文件中定义全局变量，则该变量只能在该文件内使用。若要求其他文件也可以使用该变量，则需要用 extern 进行声明。

在程序设计中，若多个模块的设计由多人分工完成，则每个人只需要在其文件的外部变量前加上 static，就可以使用相同的外部变量名而互不干扰。外部静态变量有助于进行模块化的程序设计，并提高程序的通用性。

3．extern 型变量

extern 型变量又称为外部变量。全局变量的作用域是从定义变量的位置开始一直到本程序文件的末尾结束。在此作用域内，全局变量可以被程序中各个函数引用，但若需要扩展外部变量的作用域，则需要用 extern 关键字进行声明。

【例 4.14】 扩展型全局变量示例。

分析：先调用一次 max(数 1,数 2)，返回数 1 和数 2 中的较大数；再调用一次 max()，返回数 1 和数 2 中的较大数与第 3 个数中的最大值，从而找出三个数中的最大值。

```
1  #include <stdio.h>
2  void fun1()
3  {  extern int num;        //扩展外部变量
```

```
4      num*=2;
5  }
6  int num;                    //定义外部变量
7  void fun2()
8  {
9      num++;
10 }
11 int main()
12 {   num=10;
13     fun1();
14     fun2();
15     printf("number=%d\n",num);
16     return 0;
17 }
```

程序运行结果如下。

```
number=21
```

由于外部变量 num 未在文件的开头定义，因此其有效的作用范围只限于定义到文件末尾处，在定义点之前的函数不能引用该外部变量。fun1()不在变量 num 的有效使用范围内，因此，在引用之前要用关键字 extern 对变量 num 进行外部变量声明，表示把该外部变量的作用域扩展到此位置。

4．register 型变量

register 型变量又称为**寄存器变量**。在程序运行时，若某个变量（如循环控制变量）使用频繁，则为了提高程序运行速度，C 语言允许将局部动态变量的值存放于 CPU 的寄存器中，直接参加运算。但仅限于 int 型和 char 型的变量。用 register 关键字来显式定义寄存器变量的格式如下。

```
register 类型名 变量名;
```

另外，寄存器变量的数量有限，当定义的寄存器变量的数量超过实际寄存器变量的数量时，相关变量自动转换为 auto 型变量。

5．存储类型小结

变量的存储方式分类如图 4-13 所示。

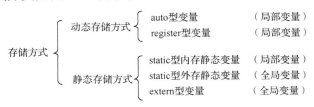

图 4-13　变量的存储方式分类

可以看出，当对一个变量进行说明时，要从变量的作用域和存储方式两个方面进行考虑。

习　题　4

一、简答题

1. 对于有参函数调用，实参与形参要满足什么条件？

2. 什么是变量的作用域？全局变量和局部变量有何异同点？

3. 按照变量的存储类别划分，可以将变量分为哪 4 种类型？

二、选择题

1. C 语言中的函数（　　）

    A. 可以嵌套定义，不可以嵌套调用   B. 既可以嵌套定义，又可以嵌套调用

    C. 不可以嵌套定义，可以嵌套调用   D. 嵌套定义和嵌套调用都不允许

2. C 语言规定，调用函数时，实参变量和形参变量之间的数据传递是（　　）。

    A. 地址传递   B. 单向值传递

    C. 由实参传给形参，并由形参回传给实参   D. 由用户指定传递方式

3. 若有函数定义

```
int fun(int x,float y)
{ int z;
  z=x+(int)y;
  return z;
}
```

则下列选项中，不正确的函数调用是（　　）。

    A. z=fun(10,2.3);   B. printf("%d",fun(12.5,2));

    C. z=fun('A');   D. z=fun('A',2);

4. 设有函数 A 和函数 B，函数的嵌套调用是指（　　）。

    A. 函数 A 调用函数 B   B. 主函数调用函数 A，函数 A 又调用函数 B

    C. 函数 B 调用函数 B   D. 函数 B 调用函数 A，而函数 A 又调用函数 B

5. C 语言中函数返回值的类型是由（　　）决定的。

    A. return 语句中的表达式类型   B. 形参的数据类型

    C. 调用该函数时的实参的数据类型   D. 函数定义时指定的数据类型

6. 以下说法正确的是（　　）。

    A. 实参与其对应的形参各占用独立的存储单元

    B. 实参与其对应的形参共享一个存储单元

    C. 形参是虚拟的，不占用存储单元

    D. 只有当形参与其对应的实参同名时才共享存储单元

7. 以下叙述正确的是（　　）。

    A. 全局变量的作用域一定比局部变量的作用域范围大

    B. 静态类型变量的生存期贯穿于整个程序的运行期间

C．函数的形参都属于全局变量

D．未在定义语句中赋值的 auto 型变量和 static 型变量的初值都是随机值

8．以下说法不正确的是（　　　）。

　　A．在不同的函数中可以有相同名称的变量

　　B．在一个函数内的复合语句中定义的变量在本函数内有效

　　C．在一个函数内定义的变量只能在本函数内有效

　　D．函数的形参是局部变量

9．下列程序的输出结果是（　　　）。

```c
#include
void f(int x,int y,int z)
{
   z=x+y;
}
void main()
{
   int a;
   f(5,6,a);
   printf("%d\n",a);
}
```

　　A．12　　　　　　B．11　　　　　　C．1　　　　　　D．不确定的值

10．下列程序的输出结果是（　　　）。

```c
#include <stdio.h>
int f(int a)
{
int b=0;
   static int c=3;
   a=c++,b++;
   return a;
}
void main()
{
int a,i,t;
   a=3;
   for(i=0;i<3;i++)
     t=f(a++);
   printf("%d\n",t);
}
```

　　A．3　　　　　　B．4　　　　　　C．5　　　　　　D．6

11．下列程序的输出结果是（　　　）。

```c
#include<stdio.h>
int k=1;
```

```
void fun(int m)
{
   m+=k;
   k+=m;
   {
      char k='B';
      printf("%d,",k-'A');
   }
   printf("%d,%d",m,k);
}
void main()
{
   int i=4;
   fun(i);
   printf("%d,%d",i,k);
}
```

    A. 2,5,64,6   B. 1,5,64,6   C. 1,6,64,6   D. 1,5,63,6

12. 下列程序的输出结果是（　　）。

```
#include<stdio.h>
int func(int a,int b)
{
return(a+b);
}
void main()
{
int x=6,y=7,z=8,r;
   r=func(func(x,y),z--);
   printf("%d\n",r);
}
```

    A. 20   B. 31   C. 15   D. 21

三、填空题

1. 从变量的有效范围（作用域）来划分，C语言中的变量可以分为局部变量和_____。

2. 函数定义处的参数称为_____，而函数调用处的参数为_____。两者需类型一致，一一对应。

3. C语言允许函数直接或间接地调用函数本身，把这种特殊的嵌套调用称为_____调用。

4. 函数中的返回值是通过函数中的_____语句获得的。

5. 在C语言中，一个函数通常由_____和函数体两个部分组成。

四、程序分析题

1. 输入一个整数 n，计算 $1+2+\cdots+n$。补全下画线上的语句。

```
#include <stdio.h>
int sum( int n)
{   int s=0,i;
```

```
    for (i=1;i<=n;i++ )
        ①      ;
    return s;
}
int main()
{  int s,n;
    printf("请输入一个正整数: ");
    scanf("%d",&n);
    s=    ②    ;
    printf( "1-%d 的和是: %d\n",n,s );
    return 0;
}
```

2. 分析下面程序，写出运行结果。

```
#include <stdio.h>
int fun(int n)
{ int s;
  if(n<=3)   s=3;
  else   s=n+fun(n-1);
  printf("%d\t",s);
  return s;
}
int main()
{   int k;
    k=fun(6);
     printf("\nk=%d\n",k);
    return 0;
}
```

3. 分析下面程序，写出运行结果。

```
#include <stdio.h>
void print( int n)
{   int i;
    for (i=1;i<=n;i++ )
        printf("*");
    printf("\n"); }
int main()
{   int i;
    for (i=5;i>=1;i--)
        print( i );
return 0;
}
```

4. 分析下面程序，写出运行结果。

```
#include<stdio.h>
fun(int x,int y,int z)
```

```
{
    z=x*x+y*y;
}
main()
{ int a=31;
    fun(6,3,a);
    printf("%d",a);
}
```

5. 以下程序的作用是计算 x^n，请将程序补充完整。

```
#include<stdio.h>
float power(float x,int n)
{   int i;
    float t=1;
    for(i=1;i<=n;i++)
    t=t*x;
        ①    ; return t
}
main()
{   float x,y;
    int n;
    scanf("%f,%d",&x,&n);
    y=  ②  ;
    printf("%8.2f\n",y);
}
```

6. 分析下面程序，写出运行结果。

```
#include <stdio.h>
void fun( )
{
    static int m=1;
    m*=2;
    printf("%4d\t",m);
}
int main()
{
    int k;
    for(k=1;k<=4;k++)
    fun();
    return 0;
}
```

7. 分析下面程序，写出运行结果。

```
#include <stdio.h>
int z=5;
void f( )
```

```
{
    static int x=2;
    int y=5;
    x=x+3;
    z=z+5;
    y=y+z;
    printf("%5d%5d\n",x,z);
}
int main()
{
    static int x=1;
    int y;
    printf("%5d%5d\n",x,z);
    f();
    printf("%5d%5d\n",x,z);
    f();
    return 0;
}
```

8．分析输入 9 时程序的运行结果，并说明函数 bin() 的功能。

```
#include <stdio.h>
void bin(int x)
{
    if (x/2>0)
  bin(x/2);
    printf("%d",x%2);
 }
int main()
{
 int n;
 printf("请输入一个整数: ");
 scanf("%d",&n);
 bin(n);
 return 0;
}
```

实 验 4

一、实验目的

（1）掌握函数定义的方法及调用过程。

（2）掌握函数实参与形参的对应关系及值传递的方式。

（3）掌握函数程序的调试方法。

二、实验内容

（1）编写一个函数 int sum(int n)，求 $1^2+2^2+3^2+\cdots+n^2$，并将其结果作为函数的返回结果，并编写 main()进行测试。

（2）编写函数 long fib(int n)，采用递归法求斐波那契数列的第 20 项，并编写 main()进行测试。斐波那契数列定义为

$$\begin{cases} f(0) = 1, & n = 0 \\ f(1) = 1, & n = 1 \\ f(n) = f(n-1) + f(n-2), & n \geqslant 2 \end{cases}$$

（3）编写一个函数 print(int n)，在屏幕中央按以下规律输出 n 行图形，并编写 main()进行测试。

```
    *
   ***
  *****
 *******
*********
```

（4）求 100 以内的全部素数，并且每行输出 10 个素数。素数是指只能被 1 和本身整除的正整数，注意：1 不是素数，2 是素数。要求定义和调用函数 prime()判断 m 是否为素数，若 m 为素数，则返回 1；否则返回 0。

（5）编写两个函数，分别求两个正整数（两个正整数由键盘输入）的最大公约数和最小公倍数，通过主函数调用这两个函数，并输出结果。

（6）根据公式 $C_m^n = \dfrac{m!}{n!(m-n)!}$ 设计函数，求 m 个元素中取 n 个元素的组合数，并编写 main()进行测试。提示：利用 fact(int n)求 n 的阶乘，利用 c(int m,int n) 求组合数 c(m,n)。

第5章 数组

到目前为止，在程序设计过程中使用的数据都是最基本的数据类型（整型、实型和字符型）。C语言还提供了一些更为复杂的数据类型，这些复杂的数据类型称为构造类型。数组就是一种常见的构造类型。在实际应用中，当需要对批量的数据进行处理时，采用数组来解决这类问题是一种方便可行的方法。

本章介绍一维数组和二维数组的定义、初始化及其使用，并介绍基于数组的常用算法，即查找、排序及计算最大值等。最后介绍字符串与字符数组的概念和使用，以及常用的字符串处理函数。本章内容结构如下。

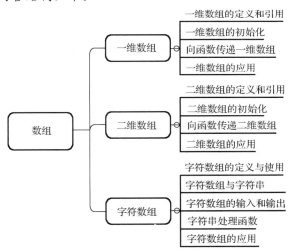

5.1 一 维 数 组

5.1.1 一维数组的定义和引用

1．一维数组的定义

数组是具有相同数据类型且按一定顺序排列的一组变量的集合。根据C语言规定，变量使用前必须先定义后使用，因此数组在使用前，也必须先定义。

一维数组定义的一般格式如下。

    类型标识符 数组名[整型常量表达式]；

格式说明：

- 类型标识符是指数组元素的数据类型，同一个数组的所有元素的类型都是相同的。
- 数组的命名规则与变量的命名规则相同，应遵循标识符的命名规则。
- 数组名后是用方括号括起来的整型常量表达式，这里不能使用圆括号。例如："int a(10);" 是错误的。

- 整型常量表达式是数组元素的个数，即数组的长度，数组元素的下标是从 0 开始的。

例如："int a[10];" 表示定义了一个名为 a 的一维数组，该数组有 10 个元素，每个元素的数据类型均是整型，这 10 个元素分别是 a[0], a[1], a[2], a[3], a[4], a[5], a[6], a[7], a[8], a[9]。

在定义一个一维数组后，系统会在内存中分配一段连续的空间用于存放数组元素，则一维数组 a 在内存中的存放形式如图 5-1 所示。

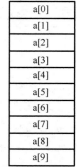

图 5-1　一维数组 a 在内存中的存放形式

注意：

- 方框号中的整型常量表达式可以是常量和符号常量，但绝不能包含变量，即 C 语言不允许动态定义数组。
- 实际编程时通常通过定义符号常量来定义数组的大小。例如：下面的定义是可行的。

```
#define N 50
int a[N];
```

若用变量来定义数组，则下面的定义是不可行的。

```
int n=5;
int a[n];
```

数组一旦定义，在程序执行期间其位置和大小不能再发生变化。因此，在编程时，需要根据要处理的数据规模来定义合适大小的数组。

2. 一维数组的引用

与变量一样，数组同样必须先定义后使用。在 C 语言中，数组名代表数组在内存单元的首地址，不能代表数组元素的全部，因此不能对数组整体进行操作，只能通过逐个引用数组元素的方式进行数组的操作。

一维数组元素的引用格式如下。

```
数组名[下标]
```

格式说明：

- 下标是数组元素在数组中的位置序号，通过数组名和下标可以唯一地确定一个数组元素。
- 下标可以是常量、变量或整型表达式，但要保证在有效的范围内。

例如："float a[10];" 表示数组 a 的元素范围为 a[0]～a[9]，不能出现 a[10]。若出现 a[10]，则发生下标越界，可能发生严重后果。

例如：

```
int i=5,a[20];
a[0]=8;                //将 a[0]赋值为 8
a[2+4]=10;             //将 a[6]赋值为 10
a[i-1]=a[0]+4;         //将 a[4]赋值为 12
```

以上这些都是合法的数组元素引用方式。

又如：

```
a[20]=0;               //下标越界
```

这个引用形式是错误的，数组 a 的下标范围是 0～19，没有 a[20]这个元素。

注意：

- 由于数组名代表数组在内存单元的首地址，因此 a==&a[0]。
- &a[i]可等价地表示为 a+i，即可通过计算 a+i 得到 a[i]的地址。

通常，数组元素的输入和输出可以使用循环语句来逐个访问数组的所有元素。例如：

```
int a[10];
for(i=0;i<10;i++)
  scanf("%d",&a[i]); //从键盘输入每个数组元素的值,也可写成 scanf("%d",a+i);
for(i=0;i<10;i++)
  printf("%4d",a[i]);//输出每个数组元素的值
for(i=9;i>=0;i--)
  printf("%4d",a[i]);//从后向前输出每个数组元素的值
```

【例 5.1】　从键盘输入 10 名学生的成绩，求学生的平均成绩，并输出所有学生的成绩。

分析：定义一个大小为 10 的一维数组来存放每名学生的成绩，通过循环语句依次输入学生的成绩，并累加求和，然后计算学生的平均成绩，最后再通过循环语句输出所有学生的成绩。

```
1  #include <stdio.h>
2  int main()
3  {
4      float score[10];
5      float sum=0,ave;
6      int i;
7      printf("请输入 10 名学生的成绩: \n");
8      for(i=0;i<10;i++)
9      {
10         scanf("%f",&score[i]);        //输入每名学生的成绩
11         sum=sum+score[i];             //将每名学生的成绩累加求和
12     }
13     ave=sum/10;                       //求平均成绩
14     printf("平均成绩=%.2f\n", ave);   //输出平均成绩
15     for(i=0;i<10;i++)
16     {
```

```
17          printf("%6.2f",score[i]);        //输出每名学生的成绩
18      }
19      return 0;
20  }
```

程序运行结果如下。

请输入 10 名学生的成绩：
90 85 96 88 85 92 78 65 95 84✔
平均成绩=85.80
90.00 85.00 96.00 88.00 85.00 92.00 78.00 65.00 95.00 84.00

5.1.2　一维数组的初始化

使用赋值语句或输入语句为数组中的元素赋值，该过程是在程序执行时实现的，占用程序运行时间。在定义数组时也可给数组赋值，称为数组的初始化。这种初始化是在编译时进行的，具体可以用以下方法实现。

（1）在定义数组时对全部元素赋初值。

例如：

```
int a[10]={0,1,2,3,4,5,6,7,8,9};
```

表示将数组元素 a[0]～a[9]依次初始化为 0～9。

（2）给数组中的部分元素赋初值，其他元素为系统默认值 0。

例如：

```
int a[10]={0,1,2,3,4};
```

等价于

```
int a[10]={0,1,2,3,4,0,0,0,0,0};
```

表示将数组元素 a[0]～a[4]依次初始化为 0～4，而 a[5]～a[9]均初始化为 0。

（3）将数组中全部元素赋初值 0。

例如：

```
int a[10]={0};
```

等价于

```
int a[10]={0,0,0,0,0,0,0,0,0,0};
```

（4）对数组全部元素赋初值时，可以不指定数组的长度。

例如：

```
int a[ ]={0,1,2,3,4};
```

系统会根据初始化列表中初值的个数来确定数组 a 的长度为 5。

（5）初值的个数不允许大于定义数组时指定的元素个数。

例如：

```
int a[5]={0,1,2,3,4,5};
```

该语句在编译时会出错。

注意:

● C 语言中,除定义时对数组赋初值外,不能对一个数组进行整体赋值。例如:

```
int i,a[10],b[10];
for(i=0;i<10;i++)
scanf("%d",&a[i]);
b=a;
```

其中,"b=a;"是非法语句。因为 a 和 b 代表的是数组的地址,即为常量。若将数组 a 元素的值赋给数组 b,则可用如下语句。

```
for(i=0;i<10;i++)
b[i]=a[i];
```

● C 语言中,编译程序不会检查数组下标的范围。当下标超出范围时,就有可能破坏其他存储单元中的数据,甚至破坏程序代码或操作系统。因此,在编写 C 语言程序时,要特别注意保证数组下标不越界。

【例 5.2】 利用数组计算斐波那契数列的前 20 项,并要求每行输出 5 个数。

分析:斐波那契数列的前两项是 1,从第 3 项开始,后一项是前两项之和,即 1, 1, 2, 3, 5, 8…,满足关系 $f[0]=f[1]=1$,$f[n]=f[n-1]+f[n-2]$,$n>=2$。相关程序如下。

```
1  #include<stdio.h>
2  #define N 20
3  int main()
4  {
5      int i,f[N]={1,1};
6      for(i=2;i<N;i++)
7          f[i]=f[i-1]+f[i-2];
8      for(i=0;i<N;i++)
9      {
10         if (i%5==0)
11             printf("\n");          //每行输出 5 个元素
12         printf("%6d",f[i]);
13     }
14     return 0;
15 }
```

程序运行结果如下。

```
   1     1     2     3     5
   8    13    21    34    55
  89   144   233   377   610
 987  1597  2584  4181  6765
```

5.1.3 向函数传递一维数组

数组作为函数参数进行传递时有两种形式：第一种是将数组元素作为函数的实参，对应的形参为普通变量；第二种是将数组名作为函数的实参，对应的形参为数组类型参数。

1. 数组元素作为函数实参

前面介绍的普通变量作为函数实参向形参传递为单向的值传递，在函数中，修改形参变量的值不会影响实参变量。数组元素与普通变量一样，即当数组元素作为函数实参时，与变量作为实参一样，也是单向的值传递。

【例 5.3】 数组元素作为函数的实参。

```
1   #include <stdio.h>
2   void change(int a,int b)
3   {
4       int n;
5       n=a;                            //交换两个形参的值
6       a=b;
7       b=n;
8   }
9   int main()
10  {
11      int a[10]={3,8};
12      printf("%d,%d\n",a[0],a[1]);    //交换前，输出 a[0]的值和 a[1]的值
13      change(a[0],a[1]);              //数组元素作为函数实参
14      printf("%d,%d",a[0],a[1]);      //交换后输出 a[0]的值和 a[1]的值
15      return 0;
16  }
```

程序运行结果如下。

```
3,8
3,8
```

在主函数 main()中，当调用 change(a[0],a[1])时，数组元素 a[0]和 a[1]均作为实参，其值通过参数传递分别赋值给 change()的形参 a 和 b。在 change()中，将变量 a 和 b 的值进行互换，函数调用结束后返回主函数 main()，输出数组元素的值没有变化。说明在 change()中修改形参时，不会影响实参数组元素的值。

2. 数组名作为函数实参

当数组名作为函数实参时，由于数组名代表的是数组元素的首地址，因此实参复制地址信息传递给形参。

【例 5.4】 使用一个一维数组存放 10 名学生的成绩，求其平均成绩。

```
1   #include <stdio.h>
2   float average(float a[10])
```

```
3  {
4      int i;
5      float sum=0,ave;
6      for(i=0;i<10;i++)
7          sum=sum+a[i];                //将每名学生的成绩累加求和
8      ave=sum/10;
9      return ave;
10 }
11 int main()
12 {
13     float score[10],ave;
14     int i;
15     printf("请输入 10 名学生的成绩: \n");
16     for(i=0;i<10;i++)
17         scanf("%f",&score[i]);       //输入每名学生的成绩
17     ave=average(score);              //数组名作为函数实参
18     printf("平均成绩=%5.2f", ave);   //输出平均成绩
19     return 0;
20 }
```

程序运行结果如下。

```
请输入 10 名学生的成绩:
90 85 96 88 85 92 78 65 95 84✓
平均成绩=85.80
```

在本例中，数组名 score 作为实参所进行的传递只是地址的传递，即将 score 所在的首地址值赋给形参数组 a。这样，形参数组与实参数组实际上为同一个数组，均指向内存空间的同一个位置。因此，函数中对形参数组的访问与修改，实际上就是对实参数组的访问与修改。

注意:

● 用数组名作为函数实参，应在主调函数和被调函数中分别定义数组。

● 实参数组与形参数组的类型必须一致，否则会出错。

● 形参数组可以不指定长度，在定义数组时可以在数组后面跟一个空的方括号。为了灵活处理大小不同的数组，可以另设一个参数，即传递数组元素的个数。例 5-4 可以修改为例 5-5 的形式。

【例5.5】　求两个班级学生的平均成绩，设两个班级的学生人数分别为 10 和 8。

```
1  #include <stdio.h>
2  float average(float a[ ],int n)
3  {
4      int i;
5      float sum=0,ave;
6      for(i=0;i<n;i++)
7          sum=sum+a[i];                //将每名学生的成绩累加求和
8      ave=sum/n;
```

```
9        return ave;
10       }
11  int main()
12  {
13      float score_A[10]={ 80,94,86,69,88,67,84,78,83,90};
14      float score_B[8]={ 82,95,76,89,68,65,83,82};
15      printf("A班学生的平均成绩=%5.2f\n", average(score_A,10));
                //输出A班学生的平均成绩
16      printf("B班学生的平均成绩=%5.2f\n", average(score_B,8));
                //输出B班学生的平均成绩
17      return 0;
18  }
```

程序运行结果如下。

```
A班学生的平均成绩=81.90
B班学生的平均成绩=80.00
```

5.1.4 一维数组的应用

在实际应用中,经常需要在一批数据中查找需要的数据或者对一批数据进行排序操作,接下来具体介绍基于一维数组常用的查找算法和排序算法。

1. 顺序查找

顺序查找是一种简单的查找算法，其算法思想是从数组的起始元素开始，将数组中的元素与所要查找的元素逐个进行比较，若数组中的某个元素与所要查找的元素相等，则表明查找成功；若查找到数组的最后一个元素都不存在一个元素与所要查找的元素相等，则表明查找失败。

【例5.6】 使用一个一维数组存放10名学生的成绩，查找成绩为 x（从键盘输入）的数组元素，若找到，则返回其在数组中的下标；否则返回查找失败。

```
1   #include <stdio.h>
2   int ordersearch(int a[], int n, int x)
3   {
4       int i;
5       for(i=0;i<n;i++)
6           if(x==a[i])
7               return i;
8       return -1;
9   }
10
11  int main()
12  {
13      int i, x,p;
14      int a[10];
15      printf("请输入10名学生的成绩: \n");
16      for(i=0;i<10;i++)
```

```
17        scanf("%d",&a[i]);                //输入每名学生的成绩
18      for(i=0;i<10;i++)
19        printf("%3d", a[i]);              //输出每名学生的成绩
20      printf("\n请输入所要查找的成绩: ");
21        scanf("%d",&x);
22      p=ordersearch(a,10,x);              //在数组 a 中顺序查找成绩为 x 的元素
23        if(p!=-1)
24          printf ("a[%d]=%d\n",p,a[p]);
25        else
26          printf ("查找失败! ");
27      return 0;
28  }
```

程序运行结果如下。

```
请输入 10 名学生的成绩:
90 85 96 88 85 92 78 65 95 84✓
90 85 96 88 85 92 78 65 95 84
请输入所要查找的成绩: 78✓
a[6]=78
```

或

```
请输入 10 名学生的成绩:
90 85 96 88 85 92 78 65 95 84✓
90 85 96 88 85 92 78 65 95 84
请输入所要查找的成绩: 87✓
查找失败!
```

分析上面的运行结果，首先输入所要查找的成绩为 78，该成绩在所要查找的数组中存在，所以输出该成绩对应的数组元素；第二次运行时输入的成绩为 87，该成绩在所要查找的数组中并不存在，因此输出"查找失败!"。

2．折半查找

顺序查找需要遍历数组中的所有元素，该算法效率较低。折半查找也称为二分查找，是一种高效的数据查找算法，其优点是查找速度快，缺点是要求所要查找的数据必须是有序数组。该算法的基本思想是首先选取数组中间位置的元素与所要查找的数据进行比较，若两者相等，则表示查找成功，返回数组中间位置元素的下标；否则将以该位置为基准将所要查找的序列分为左、右两部分。接下来根据所要查找序列的升序和降序规律及中间元素与所要查找元素的大小关系来选择所要查找元素可能存在的那部分序列，然后对其采用同样的方法进行查找，直至能够确定所要查找的元素是否存在。

【例 5.7】 用一个一维数组按升序排列存放 10 名学生的成绩，查找成绩为 x（从键盘输入）的数组元素，若找到，则返回其在数组中的下标；否则返回查找失败。

```
1   #include <stdio.h>
2   int binsearch(int a[],int n, int x)
3   {
```

```
4        int left=0;                    //数据区间左端点置为 0
5        int right=n-1;                 //数据区间右端点置为 n-1
6        int mid;
7        while (left<=right)            //若左端点小于或等于右端点，则继续查找
8        {
9                mid=(left+right)/2;            //取数组区间的中点
10               if (a[mid]==x)                 //查找成功
11                   return mid;                //返回找到的元素下标值 mid
12               else  if (x<a[mid])
13                       right=mid-1;           //修改数据区间的右端点
14                   else   left=mid+1;         //修改数据区间的左端点
15       }
16       return -1;                     //查找失败
17 }
18 int main()
19 {
20    int i,x,p;
21    int a[10];
22    printf("请按升序依次输入 10 名学生的成绩: \n");
23    for(i=0;i<10;i++)
24        scanf("%d",&a[i]);            //输入每名学生的成绩
25    for(i=0;i<10;i++)
26        printf("%3d", a[i]);          //输出每名学生的成绩
27    printf("\n 请输入所要查找的成绩:  ") ;
28    scanf ("%d",&x);
29    p=binsearch(a,10,x);             //在数组 a 中二分查找成绩为 x 的元素
30    if (p!=-1)
31        printf("a[%d]=%d\n",p,x);
32    else
33        printf("查找失败!\n");
34 }
```

程序运行结果如下。

```
请按升序依次输入 10 名学生的成绩:
65 70 75 80 85 86 89 90 93 95✔
65 70 75 80 85 86 89 90 93 95
请输入所要查找的成绩: 75✔
a[2]=75
```

或

```
请按升序依次输入 10 名学生的成绩:
65 70 75 80 85 86 89 90 93 95✔
65 70 75 80 85 86 89 90 93 95
请输入所要查找的成绩: 94✔
查找失败!
```

3．查找最大值

有些问题要求在一组数中查找最大值或最小值。

【例 5.8】　用一个一维数组存放 10 名学生的成绩，求最高成绩。

分析：定义一个变量 max，将数组的第一个元素 a[0]的值赋给变量 max，然后通过循环语句将数组剩下的元素依次与 max 进行比较，若发现某个元素的值大于 max，则将该元素的值赋给 max，待所有元素全部完成比较后，max 中的数就是数组中的最大值。

```
1  #include <stdio.h>
2  int findMax(int a[],int n)
3  {   int i,max=a[0];
4      for (i=1;i<n;i++)
5          if (a[i]>max)
6              max=a[i];
7      return max;
8  }
9  int main()
10 {
11     int a[10],max,i;
12     printf("请输入 10 名学生的成绩: \n");
13     for(i=0;i<10;i++)
14         scanf("%d",&a[i]);          //输入每名学生的成绩
15     max=findMax(a,10);              //在数组中查找最高成绩
16     printf("max=%d\n",max);
17     return 0;
18 }
```

程序运行结果如下。

```
请输入 10 名学生的成绩:
56 87 90 77 81 76 68 71 95 60✓
max=95
```

思考：若要查找数组中的最低成绩，则程序应该如何编写？

4．选择排序

在实际程序开发中，经常需要将数组元素按照从大到小（或者从小到大）的顺序排列，这样在查阅数据时会更加直观。对数组元素进行排序的方法有很多种，如选择排序、冒泡排序、插入排序及快速排序等。选择排序是一种相对比较简单的排序方法，接下来以从小到大排序为例进行讲解。

选择排序（从小到大）的基本思想是：首先选出最小的数，与第一个位置的数进行交换，即将该数放在第一个位置；然后在剩下的数中再选出最小的数，与第二个位置的数进行交换；依此类推，直到倒数第二个数与最后一个数比较完成。

【例 5.9】　使用选择排序对 8 个整数按从小到大的顺序排列。

选择排序过程如表 5-1 所示。

表 5.1 选择排序过程

	a[0]	a[1]	a[2]	a[3]	a[4]	a[5]	a[6]	a[7]	
待排序数据	86	15	37	44	76	12	5	67	a[6]最小，与a[0]交换
第1次排序后	5	15	37	44	76	12	86	67	a[5]最小，与a[1]交换
第2次排序后	5	12	37	44	76	15	86	67	a[5]最小，与a[2]交换
第3次排序后	5	12	15	44	76	37	86	67	a[5]最小，与a[3]交换
第4次排序后	5	12	15	37	76	44	86	67	a[5]最小，与a[4]交换
第5次排序后	5	12	15	37	44	76	86	67	a[7]最小，与a[5]交换
第6次排序后	5	12	15	37	44	67	86	76	a[7]最小，与a[6]交换
第7次排序后	5	12	15	37	44	67	76	86	

本例相关程序如下。

```
1   #include<stdio.h>
2   #include<stdlib.h>
3   #define N 8
4   /*选择排序实现*/
5   void select_sort(int a[],int n)        //n为数组a的元素个数
6   {   int i,j, min_index, temp;
7       for(i=0;i<n-1;i++)                 //进行(n-1)次选择过程
8       {
9           min_index=i;                   //找出第i个小的数所在的位置
10          for(j=i+1;j<n; j++)            //在a[i]～a[n-1]中查找最小数
11              if(a[j]<a[min_index])
12                  min_index=j;
13          if( i!=min_index)              //若最小数不在第i个位置，则交换位置
14          {
15              temp=a[i];
16              a[i]=a[min_index];
17              a[min_index]=temp;
18          }
19      }
20  }
21  int  main()
22  {
23      int i,num[N]={86, 15, 37, 44, 76,12, 5, 67};
24      select_sort(num, N);               //调用选择排序函数
25      for(i=0;i<N;i++)                   //输出排序后的数组
26          printf("%d  ", num[i]);
27      printf("\n");
28      return 0;
29  }
```

程序运行结果如下。

```
5   12   15   37   44   67   76   86
```

思考：若使用选择排序对 8 个整数按从大到小的顺序排列，则程序该如何编写？

5．冒泡排序

冒泡排序是排序算法中最经典的一种，其思路清晰，代码简洁。冒泡排序（从小到大）的基本思想是：从数组头部开始，不断比较相邻的两个元素的大小，令较大的元素逐渐向后移动（交换两个元素的值），直到数组的末尾。经过第一轮的比较，可以找到其中最大的元素，并将它移动到最后一个位置。第一轮比较结束后，继续第二轮比较，仍然从数组头部开始比较，令较大的元素逐渐向后移动，直到数组的倒数第二个元素为止。经过第二轮的比较，可以找到其中次大的元素，并将它放到倒数第二个位置。依此类推，进行$(n-1)$轮（n 为数组长度）"冒泡"后，可以将所有的元素都排列好。整个排序过程就好像气泡不断从水里冒出来，最大的数最先冒出来，次大的数第二冒出来，最小的数最后冒出来，所以将这种排序方式称为冒泡排序。

【例 5.10】　使用冒泡排序对 8 个整数按从小到大的顺序排列。

第一轮冒泡排序过程如表 5-2 所示，各轮冒泡排序过程如表 5-3 所示。

表 5.2　第一轮冒泡排序过程

	a[0]	a[1]	a[2]	a[3]	a[4]	a[5]	a[6]	a[7]	
待排序数据	56	15	37	44	76	12	5	67	a[0]>a[1]，交换
第 1 次比较	15	56	37	44	76	12	5	67	a[1]>a[2]，交换
第 2 次比较	15	37	56	44	76	12	5	67	a[2]>a[3]，交换
第 3 次比较	15	37	44	56	76	12	5	67	a[3]<a[4]，不交换
第 4 次比较	15	37	44	56	76	12	5	67	a[4]>a[5]，交换
第 5 次比较	15	37	44	56	12	76	5	67	a[5]>a[6]，交换
第 6 次比较	15	37	44	56	12	5	76	67	a[6]>a[7]，交换
第 7 次比较	15	37	44	56	12	5	67	76	最大数在 a[7]中

表 5.3　各轮冒泡排序过程

	a[0]	a[1]	a[2]	a[3]	a[4]	a[5]	a[6]	a[7]
待排序数据	56	15	37	44	76	12	5	67
第 1 轮冒泡结果	15	37	44	56	12	5	67	76
第 2 轮冒泡结果	15	37	44	12	5	56	67	76
第 3 轮冒泡结果	15	37	12	5	44	56	67	76
第 4 轮冒泡结果	15	12	5	37	44	56	67	76
第 5 轮冒泡结果	12	5	15	37	44	56	67	76
第 6 轮冒泡结果	5	12	15	37	44	56	67	76
第 7 轮冒泡结果	5	12	15	37	44	56	67	76

本例相关程序如下。

```
1  #include <stdio.h>
2  #define N 8
3  void bubble_sort(int a[],int n)
```

```
4   {   int i,temp;
5       while (n>1)                        //参与冒泡排序的元素个数大于 1
6       {       for (i=0;i<n-1;i++)        //一趟冒泡排序,共需比较(n-1)次
7               if (a[i]>a[i+1])
8               {  temp=a[i];
9                  a[i]=a[i+1];
10                 a[i+1]=temp;
11              }
12          n--;                           //参与冒泡排序的数据个数减 1
13      }
14  }
15  int main()
16  {
17      int num[N]={56,15,37,44,76,12,5,67},i;
18      bubble_sort(num,N);                //调用冒泡排序函数
19      for(i=0;i<N;i++)                   //输出排序后的数组
20          printf("%4d",num[i]);
21      return 0;
22  }
```

程序运行结果如下。

```
5   12   15   37   44   56   67   76
```

5.2 二 维 数 组

C 语言允许数组有多个下标，数组名后有两对方括号的数组称为二维数组，有三对方括号的数组称为三维数组，方括号的数量大于或等于 2 的数组称为多维数组。在实际应用中，通常需要使用二维数组或多维数组来解决问题。本节只介绍二维数组，多维数组可由二维数组类推得到。二维数组常用来处理矩阵问题。

5.2.1 二维数组的定义和引用

1. 二维数组的定义

二维数组定义的一般格式如下。

类型标识符 数组名[整型常量表达式 1][整型常量表达式 2];

格式说明：

● "整型常量表达式 1"用来定义数组的行数，"整型常量表达式 2"用来定义数组的列数。

● 类型标识符、数组名和整型常量表达式的要求与一维数组的要求相同。

例如："int a[3][4];"表示定义了一个名为 a 的二维数组，该数组为 3 行 4 列，共有 3×4=12 个元素，每个元素的数据类型都是整型。这 12 个元素分别是 a[0][0], a[0][1], a[0][2], a[0][3], a[1][0], a[1][1], a[1][2], a[1][3], a[2][0], a[2][1], a[2][2], a[2][3]。

从逻辑上看,这 12 个元素可以理解成一个 3 行 4 列的矩阵,其逻辑结构如图 5-2 所示。

	0列	1列	2列	3列
0行	a[0][0]	a[0][1]	a[0][2]	a[0][3]
1行	a[1][0]	a[1][1]	a[1][2]	a[1][3]
2行	a[2][0]	a[2][1]	a[2][2]	a[2][3]

图 5-2　二维数组的逻辑结构

注意:二维数组的元素在内存中是按行优先原则顺序存放的。

在内存中,数组 a 存放的顺序为:先存放第 0 行的 4 个元素,即 a[0][0], a[0][1], a[0][2], a[0][3],再存放第 1 行的 4 个元素,即 a[1][0], a[1][1], a[1][2], a[1][3],最后存放第 2 行的 4 个元素,即 a[2][0], a[2][1], a[2][2], a[2][3],其物理结构如图 5-3 所示。

一个二维数组可以看成由多个一维数组组成,如数组 a[3][4]可以看成由 3 个一维数组组成,其数组名分别为 a[0], a[1], a[2]。每个一维数组又都包含 4 个元素,如 a[1]数组中包含 a[1][0], a[1][1], a[1][2], a[1][3]这 4 个元素。

0行	a[0][0]
	a[0][1]
	a[0][2]
	a[0][3]
1行	a[1][0]
	a[1][1]
	a[1][2]
	a[1][3]
2行	a[2][0]
	a[2][1]
	a[2][2]
	a[2][3]

2. 二维数组的引用

二维数组元素引用的一般格式如下。

```
数组名[下标1] [下标2]
```

格式说明:二维数组元素可通过下标 1 和下标 2 进行引用,与一维数组相同,行/列下标均可以是常量、变量或表达式,其值从 0 开始,但要保证其在有效的范围内。

例如:

图 5-3　二维数组的物理结构

```
int i=2,a[2][3];
a[0][0]=1;                    //将 a[0][0]赋值为 1
a[0][1]=a[0][0]*3;           //将 a[0][1]赋值为 3
a[i-1][1+1]=10;              //将 a[1][2]赋值为 10
```

以上这些都是合法的数组元素引用方式。而以下引用是错误的。

```
int a[3][4];
a[3][4]=5;                   //下标越界
```

与同一维数组元素的引用类似,二维数组元素的下标也可以是整型变量,因此可以利用循环实现二维数组元素的操作。通常通过双重循环结构来实现对整个二维数组元素的访问,其中外层循环控制数组的行下标,内层循环控制数组的列下标。例如:

```
int a[3][4],i,j;
for(i=0;i<3;i++)
  for(j=0;j<4;j++)
```

```
    scanf("%d",&a[i][j]);              //从键盘输入每个数组元素的值
for(i=0;i<3;i++)
{
    for(j=0;j<4;j++)                   //输出第 i 行数组元素的值
        printf("%4d",a[i][j]);
    printf("\n");                      //换行
}
```

上述代码分别实现了对 3 行 4 列的二维数组元素的输入和输出。

5.2.2　二维数组的初始化

同样可以在定义二维数组时对数组元素赋初值，二维数组初始化的方法如下。

（1）按行给二维数组元素赋初值。

例如："int a[3][4]={{1,2,3,4},{5,6,7,8},{9,10,11,12}};"，这种赋值方法直观、清晰，将第一个花括号内的数据赋给第一行的元素，第二个花括号内的数据赋给第二行的元素，依此类推。另外，这种方法不易出错，是最常见的二维数组初始化方法。其按行初始化结果如图 5-4 所示。

	0列	1列	2列	3列
0行	1	2	3	4
1行	5	6	7	8
2行	9	10	11	12

图 5-4　二维数组按行初始化结果

（2）按数组排列的顺序依次给每个元素赋初值，即将所有数据写在一个花括号内。

例如："int a[3][4]={1,2,3,4,5,6,7,8,9,10,11,12};"，其效果与第（1）种方法相同。这种初始化方法的数据之间没有明显的界限，当数据较多时容易出错。

（3）对部分元素赋初值，其余元素为默认值。

例如："int b[3][4]={{1},{6,7},{2,1,3}};"，对数组 b 中第一行的元素只赋了一个值，其余元素自动赋为 0，第二行、第三行同理。其初始化结果如图 5-5 所示。

	0列	1列	2列	3列
0行	1	0	0	0
1行	6	7	0	0
2行	2	1	3	

图 5-5　数组部分元素初始化结果

另外，可以只对某几行元素赋初值。例如："int b[3][4]={{1},{6,7}};"，其初始化结果如图 5-6 所示。

	0列	1列	2列	3列
0行	1	0	0	0
1行	6	7	0	0
2行	0	0	0	0

图 5-6　数组部分元素初始化结果

还可以对第二行不赋初值。例如，“int b[3][4]={{1},{ },{0,9}};”，其初始化结果如图 5-7 所示。

	0列	1列	2列	3列
0行	1	0	0	0
1行	0	0	0	0
2行	0	9	0	0

图 5-7　数组部分元素初始化结果

（4）若对全部数组元素赋初值，则数组的第一个下标可以省略，但第二个下标不能省略。

例如：“int a[3][4]={1,2,3,4,5,6,7,8,9,10,11,12};” 可以写成 “int a[ ][4]={1,2,3,4,5,6,7,8,9,10,11,12};” 。系统会根据数据固定的列数，将后边的数值进行划分，自动将行数定为 3。其初始化结果如图 5-4 所示。

（5）按行对部分元素赋初值，也可以省略数组的第一个下标。

例如：“int b[ ][4]={{1},{6,7},{2,1,3}};”，其初始化结果如图 5-5 所示。

【例 5.11】 求一个班级 5 名学生 3 门课程的平均成绩。

分析：用二维数组 s[5][3]存放班级 5 名学生 3 门课程成绩，第一个下标代表某名学生（1～5），第二个下标代表该学生的某门课程成绩（1～3），sum 代表每名学生 3 门课程的总成绩，ave 代表每名学生 3 门课程的平均成绩。

```
#include <stdio.h>
int main()
{
    int i,j,sum;
    int s[5][3]={{80,75,92},{61,65,71},{59,63,70},{85,87,90}, {76,77,85}};
    float ave;
    for(i=0;i<5;i++)
    {
       sum=0;
       for(j=0;j<3;j++)
         sum+=s[i][j];                    //累计每名学生 3 门课程的总成绩
       ave=sum/3.0;                       //求每名学生的平均成绩
       printf("第%d 名学生的平均成绩=%.2f\n",i+1,ave);  //输出平均成绩
    }
    return 0;
```

```
16 }
```

程序运行结果如下。

```
第 1 名学生的平均成绩=82.33
第 2 名学生的平均成绩=65.67
第 3 名学生的平均成绩=64.00
第 4 名学生的平均成绩=87.33
第 5 名学生的平均成绩=79.33
```

5.2.3　向函数传递二维数组

二维数组名作为函数的实参，与一维数组一样，依然是将实参数组的首地址传给形参数组，函数中对形参数组的访问实际上是对实参数组的访问。

【例 5.12】　编写函数实现矩阵的转置，将一个 $N \times M$ 矩阵转置为 $M \times N$ 的矩阵。

分析：矩阵的转置是将矩阵中的行、列互换。需要定义两个二维数组，一个是 $N \times M$ 的二维数组存放转置前的矩阵 a，另一个则是 $M \times N$ 的二维数组存放转置后的矩阵 b，转置函数也需要定义两个形参数组。

```
1  #include<stdio.h>
2  #define N 3                                    //定义数组一维长度
3  #define M 4                                    //定义数组二维长度
4  void Transpose(int ta[N][M],int tb[M][N])      //定义 Transpose 函数
5  {
6      int i,j;
7      for (i=0;i<N;i++)
8          for (j=0;j<M;j++)
9              tb[j][i]=ta[i][j];                 //实现矩阵转置
10 }
11 int main()
12 {
13     int a[N][M]={1,2,3,4,5,6,7,8,9,10,11,12};   //数组 a 初始化
14     int b[M][N]={0};                            //数组 b 初始化
15     int i,j;
16     printf("原矩阵 a:\n");
17     for (i=0;i<N;i++)                           //用双层循环输出矩阵 a
18     {
19         for (j=0;j<M;j++)
20             printf("%4d",a[i][j]);
21         printf("\n");
22     }
23     Transpose(a,b);                             //调用 Transpose 函数
24     printf("转置后的矩阵 b:\n");
25     for (i=0;i<M;i++)                           //用双层循环输出矩阵 b
26     {
27         for (j=0;j<N;j++)
28             printf("%4d",b[i][j]);
```

```
29            printf("\n");
30        }
31  }
```

程序运行结果如下。

```
原矩阵 a:
1  2  3  4
5  6  7  8
9 10 11 12
转置后的矩阵 b:
1  5  9
2  6 10
3  7 11
4  8 12
```

说明：执行 Transpose(a,b)调用时，将实参数组 a 和 b 的首地址传给形参数组 ta 和 tb，在函数内对 tb[j][i]的赋值，实际上是将数据存放到数组 b 所占用的存储空间中。

在函数定义时对形参数组可以指定每一维的长度，也可省去第一维的长度。例如，"void Transpose(int ta[ ][M],int tb[ ][N])" 是合法的。

5.2.4 二维数组的应用

【例 5.13】 定义一个 3×4 的矩阵，找出矩阵中的最大值，并输出其所在的行号和列号。

分析：定义一个二维数组 a[3][4]，将数组的第一个元素 a[0][0]赋值给最大值 max，用 max 的值按从行到列的顺序与数组中其他元素进行比较，若当前比较的数组元素比 max 中的值大，则将 max 赋值为当前的数组元素，并记下该数组元素的行号和列号。

```
1  #include <stdio.h>
2  int main()
3  {   int a[3][4],i,j;
4      int max,row=0,col=0;
5      printf("请输入 3×4 的矩阵: \n");      //输入矩阵的值
6      for (i=0;i<3;i++)
7        for (j=0;j<4;j++)
8            scanf("%d",&a[i][j]);
9      max=a[0][0];                          //max 用于记录最大值
10     for (i=0;i<3;i++)
11       for (j=0;j<4;j++)
12         if (a[i][j]>max)
13         {
14             max=a[i][j];
15             row=i;                        //记录行号
16             col=j;                        //记录列号
17         }
18     printf("max=a[%d][%d]=%d\n",row,col,max);
```

```
19   return 0;
20 }
```

程序运行结果如下。

```
请输入 3×4 的矩阵:
1   2   3   4
5   6   7   8
9  10  11  12✓
max=a[2][3]=12
```

【例 5.14】 打印如下杨辉三角形（要求打印 7 行）。

```
1
1   1
1   2   1
1   3   3   1
1   4   6   4   1
1   5  10  10   5   1
1   6  15  20  15   6   1
```

分析： 首先找出杨辉三角形的规律，即每行的第一数和最后一个数都是 1，从第 2 列开始，除两端为 1 的数外，每个数都等于它上一行左边列和上一行同一列的两数之和。

本例程序如下。

```
1  #include <stdio.h>
2  #define N  10
3  int main()
4  {
5      int a[N][N],n;
6      int i,j;
7      printf("请输入需要输出的杨辉三角行数(小于或等于10): ");
8      scanf("%d",&n);
9      for(i=0;i<n;i++)
10     {
11         a[i][0]=a[i][i]=1;                    //两端为1
12         for(j=1;j<i;j++)
13             a[i][j]=a[i-1][j-1]+a[i-1][j];
14     }
15     for(i=0;i<n;i++)
16     {
17         for(j=0; j<=i; j++)                   //输出一行
18             printf("%-5d",a[i][j]);
19         printf("\n");                         //换行
20     }
21     return 0;
22 }
```

程序运行结果如下。

```
请输入需要输出的杨辉三角行数(小于或等于10):  7✓
1
1    1
1    2    1
1    3    3    1
1    4    6    4    1
1    5    10   10   5    1
1    6    15   20   15   6    1
```

5.3 字 符 数 组

字符数组是数据类型为 char 的数组,即数组的每个元素均存放一个字符,在内存中占用 1 字节。

5.3.1 字符数组的定义与使用

1.字符数组的定义

字符数组定义的一般格式如下。

```
char   数组名[整型常量表达式];
```

例如:"char c[6];"表示定义了一个名为 c 的字符数组,该数组有 6 个元素,分别为 c[0], c[1], c[2], c[3], c[4], c[5],该数组元素存放的内容是字符,即

```
c[0]='H'; c[1]='a'; c[2]='p'; c[3]='p'; c[4]='y'; c[5]='!'
```

由于字符型和整型在一定条件下是可以互相通用的,因此上面的定义也可以改为"int c[6];"。

2.字符数组的初始化

字符数组的初始化方法与数值型数组的初始化方法类似。

(1)对字符数组进行初始化时,可逐个将字符赋值给数组中的元素。

例如:"char c[6]={ 'H','a','p','p','y','!'};"相当于在内存中:"c[0]='H', c[1]='a', c[2]='p', c[3]='p', c[4]='y', c[5]='!'"。

字符数组 c 在内存中的存放形式如图 5-8 所示。

c[0]	c[1]	c[2]	c[3]	c[4]	c[5]
H	a	p	p	y	!

图 5-8 字符数组 c 在内存中的存放形式

说明:若花括号中的初值个数大于数组的长度,则按语法错误处理;若花括号中的初值个数小于数组的长度,则按顺序赋值后,其余元素自动赋值为空字符'\0'。

例如:已知 "char c[10]={ 'I',' ','a','m',' ','b','o','y'};",则 c[8]=c[9]='\0'。

字符数组 c 在内存中的存放形式如图 5-9 所示。

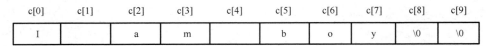

图 5-9　字符数组 c 在内存中的存放形式

若字符数组元素的个数与初值个数相同，则在定义时可以省略数组长度。

例如："char c[ ]={ 'C','h','i','n','a'};"，系统会自动根据初值个数确定数组 c 的长度为 5。

（2）定义和初始化一个二维数组。

例如： "char c[2][3]={ {'a','b','c'},{'A','B','C'}};"采用了二维数组分行初始化的方法，也可以采用其他二维数组初始化的方法。

3．字符数组的引用

字符数组的引用方法与数值型数组的引用方法相同。字符数组引用的一般格式如下。

数组名[下标]

【例 5.15】 输出一行字符序列"I love you"。

分析：采用定义数组时初始化的形式，将字符赋值给数组元素，然后输出字符。

```
1   #include <stdio.h>
2   int main()
3   {
4       char c[ ]={ 'I',' ','l','o','v','e',' ','y','o','u'};
5       int i;
6       for(i=0;i<10;i++)            //执行一次循环，输出一个字符
7           printf("%c",c[i]);
8       printf("\n");
9       return 0;
10  }
```

程序运行结果如下。

I love you

【例 5.16】 输出一个钻石图形。

分析：定义一个二维字符数组。

```
1   #include <stdio.h>
2   int main()
3   {
4       char diamond[ ][5]={ {' ',' ','*'},{' ','*',' ','*'},
5                   {'*',' ',' ',' ','*'},{' ','*',' ','*'},
6                   {' ',' ','*'}};
7       int i,j;
8       for(i=0;i<5;i++)
9       {
10          for(j=0;j<5;j++)
11              printf("%c",diamond[i][j]);
```

```
12        printf("\n");           //输出一行元素后换行
13    }
14    return 0;
15 }
```

程序运行结果如下。

```
     *
   *   *
  *     *
 *       *
     *
```

5.3.2　字符数组与字符串

在 C 语言中，虽然没有提供字符串数据类型，但是可以通过字符数组来处理字符串。字符串常量是由双引号括起来的若干个字符序列。

例如："China"与"How are you?"都是字符串常量。

字符串常量与字符常量不同，程序在定义时会在每个字符串的后面自动加上一个空字符'\0'进行区别，在计算字符串长度时，'\0'不计入字符串的长度。

C 语言用'\0'作为字符串的结束标志，它只是表示一个字符串的结束，并没有任何具体意义。存储字符串时，虽然'\0'不计入字符串长度，但'\0'将会占用 1 字节的存储空间。例如："China"占用 6 字节，"How are you?" 占用 13 字节，它们在内存中的存储格式如图 5-10 所示。

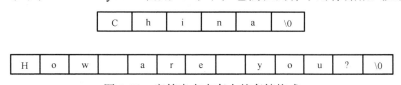

图 5-10　字符串在内存中的存储格式

在定义字符数组的长度时，应在字符串长度的基础上增加 1 字节，以保证数组长度始终大于字符串的实际长度。

例如，字符串"How are you?"有 12 个字符，但在定义时要定义的数值长度至少应为 13，在内存中实际占用 13 字节，其中包含一个字符串结束标志'\0'。

字符串的初始化有以下两种形式。

（1）与字符数组的初始化形式相同。

例如："char c[ ]={ 'H','a','p','p','y','!','\0'};"字符串也可以进行部分初始化。如"char c[5]={ 'H','o','w','\0'};"，其中未赋值的部分将自动赋值为'\0'，因此也可进行这样的初始化"char c[5]={'H','o','w'};"。这两种定义是等价的。

（2）对字符串的初始化还有两种简写形式。

例如："char c[ ]={ 'H','a','p','p','y','!','\0'};"与"char c[ ]="Happy!";"和"char c[ ]={"Happy!"};"这两种形式是等价的。系统会自动在字符串后添加一个字符串结束符'\0'。字符数组 c 在内存中的存储情况如图 5-11 所示。

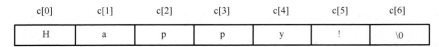

c[0]	c[1]	c[2]	c[3]	c[4]	c[5]	c[6]
H	a	p	p	y	!	\0

图 5-11　字符数组 c 在内存中的存储情况

故字符串的实际长度是 6，字符数组的长度是 7。

5.3.3　字符数组的输入和输出

字符数组的输入和输出有以下三种方式。

（1）用%c 格式符实现逐个字符的输入和输出。

例如：

```
char a[10];
for(i=0;i<10;i++)
  scanf("%c",&a[i]);          //从键盘输入每个数组元素的值
for(i=0;i<10;i++)
  printf("%c",a[i]);          //输出每个数组元素的值
```

（2）用%s 格式符实现一个字符串的输入和输出。

例如：

```
char s[20];
scanf("%s",s);               //输入字符串
printf("%s",s);              //输出字符串
```

注意：

● 用 scanf 函数与 printf 函数进行字符串的输入和输出时，输入项与输出项都是字符数组名，而不是数组元素；另外输入项前不要加地址符"&"，因为数组名代表该数组在内存的起始地址。

● "printf("%s",s);"表示从 s 数组的首地址开始输出后面单元的字符，直至遇到'\0'为止，且'\0'不输出。

● 用 scanf 函数输入字符串时，空格和回车符都会作为字符串的分隔符。因此%s 格式不能用来输入包含空格的字符串。

例如：当输入"How are you?"时，仅字符"How"被存入数组 s 中，遇到空格结束输入，并自动在其后加'\0'，字符数组 s 在内存中的存储情况如图 5-12 所示。

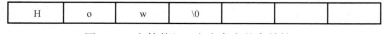

H	o	w	\0			

图 5-12　字符数组 s 在内存中的存储情况

（3）用函数 gets()和函数 puts()实现字符串的输入和输出。

例如：

```
char s[20];
gets(s);          //输入字符串
puts(s);          //输出字符串
```

注意:
- 若使用 gets()和 puts(),则需要在程序开头添加#include <stdio.h>。
- gets()仅遇到回车符时才结束输入,因此通常可用 gets()输入带有空格的字符串。
- puts()一次输出一个字符串,输出时将'\0'自动转换成换行符,即 puts()在功能上等价于 "printf("%s\n",s);"。

5.3.4　字符串处理函数

C 语言为字符串提供了丰富的字符串处理函数,这些函数定义在 string.h 库文件中,若用户在程序开头添加预编译命令#include<string.h>进行说明,则可以直接引用字符串函数。下面介绍几种比较常用的字符串处理函数。

1. 测试字符串长度函数 strlen()

strlen()调用的一般格式如下。

```
strlen(字符数组名);
```

功能:测试字符串的长度。该函数的值为字符串中字符的个数,不包括'\0'. 例如:

```
char s[10]="Happy!";
printf("%d",strlen(s));
```

输出结果为 s 的实际长度 6。注意,不是 10 也不是 7。也可以直接测试字符串常量的长度,例如: "printf("%d",strlen("welcome"));" 的输出结果为 7。

2. 字符串连接函数 strcat()

strcat()调用的一般格式如下。

```
strcat(字符数组1,字符数组2);
```

功能:将字符数组 2 连接到字符数组 1 的后面,结果存放在字符数组 1 中。例如:

```
char s1[18]="China ",s2[]="Bei jing";
printf("%s", strcat(s1,s2));
```

输出结果如下。

```
China Bei jing
```

字符串连接前后的存储情况如图 5-13 所示。

s1	C	h	i	n	a		\0	\0	\0	\0	\0	\0	\0	\0	\0	\0	\0
s2	B	e	i		j	i	n	g	\0								
s1	C	h	i	n	a		B	e	i		j	i	n	g	\0	\0	\0	\0

图 5-13　字符串连接前后的存储情况

注意:
- 字符数组 1 定义的长度要大于或等于连接后字符串的长度。

● 后面字符串与前面字符串连接时，要去掉前面字符串后面的'\0'。

3．字符串复制函数 strcpy()

strcpy()调用的一般格式如下。

```
strcpy(字符数组1,字符串2);
```

功能：将字符串 2 复制到字符数组 1 中。例如：

```
char c1[10],c2[10]="Student";
strcpy(c1,c2));
```

将 c2 字符串复制到 c1 字符数组中，则 c1 字符数组中的内容为 Student。执行后，c1 字符数组在内存中的存储情况如图 5-14 所示。

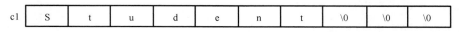

图 5-14　c1 字符数组在内存中的存储情况

注意：

● 字符数组 1 必须写成数组名的形式，字符串 2 可以是字符数组名，也可以是字符串常量。

● 字符数组 1 的长度要大于字符串 2 的实际长度，复制时连同'\0'一同复制过去。

● 不能用赋值语句将一个字符串赋值给一个字符数组。例如："c1={"Student"};"与"c1=c2;"，这两种赋值都是不合法的。

4．字符串比较函数 strcmp()

strcmp()调用的一般格式如下。

```
strcmp(字符串1,字符串2);
```

功能：将字符串 1 和字符串 2 按 ASCII 码值的大小从左到右逐个字符进行比较，直到出现不同的字符或遇到'\0'时为止，比较结果由 strcmp()返回。比较结果有以下三种情况。

（1）若字符串 1 等于字符串 2，则函数的返回值为 0。

（2）若字符串 1 大于字符串 2，则函数的返回值为一个正整数。

（3）若字符串 1 小于字符串 2，则函数的返回值为一个负整数。

例如：

```
strcmp("Student","Student");      //返回值为0，每个字符都相同
strcmp("China","Chinese");        //返回值为-1，'a'<'e'
strcmp("34+78","32");             //返回值为1，'4'>'2'
```

注意：两个字符串比较时，不能直接用关系运算符进行比较，只能用字符串比较函数解决。

例如：

```
if(str1==str2)                    //直接用 "==" 运算符进行比较，该方式是错误的
```

```
    printf("Y");
```

应写成如下格式

```
if(strcmp(str1,str2)==0)          //正确
    printf("Y");
```

5. 字符串小写函数 strlwr()

strlwr()调用的一般格式如下。

```
strlwr(字符串);
```

功能：将字符串中的大写英文字母转换为小写英文字母。例如：

```
char s[10]="Student";
    printf("%s\n",strlwr(s));    //将 Student 转换为 student
```

输出结果如下。

```
student
```

6. 字符串大写函数 strupr()

strupr()调用的一般格式如下。

```
strupr(字符串);
```

功能：将字符串中的小写英文字母转换为大写英文字母。例如：

```
char s[10]="Student";
    printf("%s\n",strupr(s));          //将 Student 转换为 STUDENT
```

输出结果如下。

```
STUDENT
```

5.3.5 字符数组的应用

【例 5.17】 输入一行字符，统计该字符串的长度及英文字母 s 出现的次数。

```
1   #include <stdio.h>
2   #include <string.h>
3   int main()
4   {   int i=0,n=0;          //i用于统计字符的长度，n用于统计英文字母 s 的个数
5       char s[100];
6       printf("请输入一行字符: \n");
7       gets(s);
8       while(s[i]!= '\0')
9       {
10          if(s[i]=='s')
11              n++;
12          i++;
13      }
```

```
14      printf("字符串的长度=%d\n",i);
15      printf("s 出现的次数=%d\n",n);
16      return 0;
17 }
```

程序运行结果如下。

```
请输入一行字符:
This is a test string✓
字符串的长度=21
s 出现的次数=4
```

【例 5.18】 在不使用函数 strcat()的情况如下，将两个字符串连接起来。

```
1  #include <stdio.h>
2  #include <string.h>
3  int main()
4  {
5      char s1[80],s2[40];
6      int i=0,j=0;
7      printf("请输入第一个字符串: \n");
8      gets(s1);                    //输入第一个字符串
9      printf("请输入第二个字符串: \n");
10     gets(s2);                    //输入第二个字符串
11     while(s1[i]!= '\0')
12         i++;                     //将前字符串下标定位到字符串尾部'\0'的位置
13     while(s2[j]!= '\0')
14         s1[i++]=s2[j++];         //将后字符串中的字符依次赋给前字符串尾部
15     s1[i]= '\0';                 //注意，需要加字符串结束标记
16     printf("连接后的字符串: \n");
17     puts(s1);                    //输出连接后的字符串
18     return 0;
19 }
```

程序运行结果如下。

```
请输入第一个字符串:
Computer✓
请输入第二个字符串:
Science✓
连接后的字符串:
ComputerScience
```

【例 5.19】 从键盘任意输入 5 名学生的姓名，查找并输出按字典顺序排在最前面的学生姓名。

分析：由于一名学生的姓名就是一个字符串，因此定义字符数组来存放学生姓名，按字典顺序就是将字符串按由小到大的顺序排列，即找出最小的字符串。

```
1  #include <stdio.h>
```

```
2  #include <string.h>
3  #define N 20                              //字符串的最大长度
4  int main()
5  {
6      char s[N],min[N];
7      int i;
8      printf("请输入 5 名学生的姓名: \n");
9      gets(s);                              //输入一个字符串
10     strcpy(min,s);                        //将其作为最小字符串保存
11     for(i=1;i<5;i++)
12     {
13         gets(s);                          //每次输入一个字符串
14         if(strcmp(s,min)<0)               //比较两个字符串的大小
15         {
16             strcpy(min,s);                //若 s 较小,则将字符串 s 复制到 min 中
17         }
18     }
19     printf("排在最前面的学生姓名: \n");
20     puts(min);
21     return  0;
22 }
```

程序运行结果如下。

```
请输入 5 名学生的姓名:
Li Ping✓
Wang XiaoLi✓
Zhang Peng✓
Deng MeiLi✓
Huang QingRu✓
排在最前面的学生姓名:
Deng MeiLi
```

【例 5.20】　从键盘输入三个字符串,计算三个字符串的长度并输出。

分析:可以定义一个 3 行的二维字符数组来存放三个字符串,每行存放一个字符串。每行字符串'\0'前面的字符数就是该字符串的长度。

```
1  #include <stdio.h>
2  int main()
3  {
4      char s[3][80];
5      int i,j;
6      printf("请输入三个字符串:\n");
7      for(i=0;i<3;i++)
8          gets(s[i]);                       //s[i]代表第 i 行的起始地址
9      for(i=0;i<3;i++)
10     {
11         j=0;
```

```
12          while (s[i][j]!='\0')          //统计字符串长度
13              j++;
14          printf("%s 的长度=%d\n",s[i],j);
15      }
16      return 0;
17 }
```

程序运行结果如下。

请输入三个字符串：
My name is LiPing.
西安外事学院！
How are you?
My name is liPing.的长度=18
西安外事学院！的长度=14
How are you?的长度=12

注意：一个汉字占 2 字节，一个字符占 1 字节。

习　题　5

一、选择题

1．以下关于数组的描述正确的是（　　　）

　　A．数组的大小是固定的，但可以有不同类型的数组元素

　　B．数组的大小是可变的，但所有数组元素的类型必须相同

　　C．数组的大小是固定的，且所有数组元素的类型必须相同

　　D．数组的大小是可变的，且可以有不同类型的数组元素

2．以下能定义长度为 6 的一维数组 a 且能正确进行初始化的语句是（　　　）

　　A．int a[6]=(0,0,0,0,0);　　　　　　　B．int a[6]={ };

　　C．int a[]={0};　　　　　　　　　　　D．int a[6]={10*1};

3．若用数组名作为函数调用时的实参，则实际上传递给形参的是（　　　）

　　A．数组中全部元素的值　　　　　　　B．数组的首地址

　　C．数组的第一个元素的值　　　　　　D．数组元素的个数

4．若有定义 float a[]={1,2,3,4};，则下列叙述正确的是（　　　）

　　A．将 4 个初值依次赋给 a[1]～a[4]

　　B．将 4 个初值依次赋给 a[0]～a[3]

　　C．将 4 个初值依次赋给 a[6]～a[9]

　　D．因为数组长度与初值个数不相同，所以此语句错误

5．以下选项中正确的二维数组定义及初始化的语句是（　　　）

　　A．int a[][]={1,2,3,4,5};　　　　　　B．int a[2][]={1,2,3,4,5,6};

　　C．int a[][3]={1,2,3,4,5,6};　　　　D．int a[2,3]={1,2,3,4,5,6};

6. 以下对二维数组 a 的正确说明是（　　　）

  A．int a[3][];   B．float a(3,4); C．double a[1][4]; D．float a(3)(4);

7. 若有说明 int [3][4];，则对 a 数组元素的正确引用是（　　　）

  A．a[2][4]   B．a[1,3]   C．a[1+1][0]   D．a(2)(1)

8. 若有说明 int [3][4];，则对 a 数组元素的非法引用是（　　　）

  A．a[0][2*1]   B．a[1][3]   C．a[4−2][0]   D．a[0][4]

9. 以下程序运行后，输出的结果是（　　　）

```
#include <stdio. h>
int main()
{ int a[4][4]={{1,3,5},{2,4,6},{3,5,7}};
  printf("%d,%d,%d,%d\n",a[0][3],a[1][2],a[2][1],a[3][0]);
}
```

  A．0,6,5,0;   B．1,4,7,0   C．5,4,3,0   D．输出值不确定

10. 字符数组 s 不能作为字符串使用的是（　　　）

  A．char s[]="happy";   B．char s[4]={ 'h', 'a', 'p', 'p', 'y'};

  C．char s[6]={ 'h', 'a', 'p', 'p', 'y'};   D．char s[]={"happy"};

11. 若要判断字符串 s1 是否大于字符串 s2，则应当使用（　　　）

  A．if(s1>s2)   B．if(strcmp(s1,s2))

  C．if(strcmp(s2,s1)>0)   D．if(strcmp(s1,s2)>0)

12. 若定义 int b[][3]={1,2,3,4,5,6,7};，则 b 数组的行数是（　　　）

  A．2   B．3   C．4   D．无确定值

13. 若数组 a 有 m 列，则在 a[i][j]之前的元素个数为（　　　）

  A．j*m+i   B．i*m+j   C．i*m+j   D．i*m+j+1

14. 以下说法正确的是（　　　）

  A．在 C 语言中，不带下标的数组名代表数组的首地址，即第一个元素在内存中的地址

  B．在 C 语言中，数组的下标都是从 1 开始的

  C．C 语言中的二维数组在内存中是按列存储的

  D．在定义完数组后，在程序运行过程中也可以改变数组的大小

15. 以下说法正确的是（　　　）

  A．用数组名作为函数参数时，修改参数数组元素值会导致实参数组元素值的修改

  B．在声明函数的二维数组形参时，通常不指定数组的大小，而用另外的形参来指定数组的大小

  C．在声明函数的二维数组形参时，可省略数组第二维的长度，但不能省略数组第一维的长度

  D．用数组名作为函数参数时，是将数组中所有元素的值全部赋值给形参

二、填空题

1. 在定义数组时，对数组的每个元素赋值称为数组的_____。若对一维数组的全部元素赋值，则可以不指定数组的_____。

2. 数组在内存中占_____的存储区，用_____代表其首地址。

3. "int a[10];"表示数组 a 有_____个元素，最后一个元素是_____。

4. 存储字符串"happy"时，结束符是_____。

三、程序分析题

1. 下面程序的输出结果是_____。

```c
#include <stdio.h>
int main()
{
  int i,x[3][3]={0,1,2,3,4,5,6,7,8 };
  for(i=0;i<3;i++)
  printf("%d", x[i][2-i]);
  return 0;
}
```

2. 下面程序的输出结果是_____。

```c
#include <stdio.h>
int main()
{ int i,a[10];
  for(i=9;i>=0;i--)
   a[i]=10-i;
   printf("%d%d%d",a[2],a[5],a[8]);
}
```

3. 下面程序的功能是以每行 4 个数据的形式输出数组 a，请填空。

```c
#include <stdio.h>
#define N 20
int main()
{ int a[N],i;
  for(i=0;i<N;i++)
   scanf("%d",_____);
  for(i=0;i<N;i++)
  {
    if (_____)
       _____;
    printf("%3d",a[i]);
  }
  printf("\n");
}
```

4. 下面程序的功能是求矩阵 a 的主对角线上的元素之和，请填空。

```c
#include <stdio.h>
int main()
{ int a[3][3]={1,3,5,7,9,11,13,15,17},sum=0,i,j;
  for(i=0;i<3;i++)
    for(j=0;j<3;j++)
```

```
  if(_____)
    sum=sum+_____;
  printf("sum=%d\n",sum);
}
```

5. 当从键盘输入 18 并按回车键后，下面程序的运行结果是_____。

```
#include <stdio.h>
int main()
{ int x,y,i,a[8],j,u,v;
  scanf("%d",&x);
  y=x;i=0;
  do
    { u=y/2;
      a[i]=y%2;
      i++;y=u;
    }while(y>=1);
    for(j=i-1;j>=0;j--)
    printf("%d",a[j]);
}
```

6. 下面程序的运行结果_____。

```
#include <stdio.h>
int main()
{ char s[]="ABCCDA";
  int k;char c;
  for(k=1;(c=s[k])!='\0';k++)
  { switch(c)
    { case 'A': putchar('%');continue;
      case 'B': ++k; break;
      default: putchar('*');
      case 'C': putchar('&');continue;
    }
    putchar('#');
  }
}
```

7. 下面程序的运行结果是_____。

```
#include <stdio.h>
void f(char str[])
{ int i,j;
  for(i=j=0;str[i]!= '\0';i++)
    if(str[i]!= 'a')
        str[j++]=str[i];
  str[j]= '\0';
}
int main()
```

```
{ char string[]="goodbady";
  f(string);
  printf("string is:%s",string);
}
```

8．下面程序使用二维数组按以下形式输出数组中的数据。请在横线上填写适当的表达式语句。

```
#include <stdio.h>
int  main ( )
{
        int i, j,_____;
        for (i=0; i<5; i++)
        for (j=0; j<5; j++)
                a[i][j]=_____;
        for(i=0; i<5; i++)
    {   for (j=0; j<5; j++)
                printf ("\t%d", a[i][j]);
            _____;
    }
        return 0;
}
```

```
0  1  2  3  4
1  2  3  4  5
2  3  4  5  6
3  4  5  6  7
4  5  6  7  8
```

实 验 5

一、实验目的
（1）熟练掌握一维数组与二维数组的使用。
（2）掌握基于数组的常用算法。
（3）理解字符串的存储结构特点。
（4）掌握字符串及字符串函数的使用方法。

二、实验内容
（1）使用选择排序对 10 个整数按从大到小的顺序排列。

（2）使用冒泡排序对 10 个整数进行降序排序并存入数组中。然后输入任意一个整数，查找该整数是否在该数组中，若在，则打印出该数在数组中对应的下标值。

（3）求一个 3×3 矩阵对角线元素之和。

（4）输入两个 M 行 N 列的矩阵分别存到二维数组 A 和 B 中，并将两个矩阵相加的结果存放到二维数组 C 后输出。

（5）输出二维数组的所有鞍点。

（6）从键盘输入一个英文字符串，将其中的小写英文字母转换成大写英文字母。

（7）查找一个英文句子中的最长单词。

（8）判断给定字符串是否为回文。

第6章 指针

指针是 C 语言中非常重要的概念，也是 C 语言中最具特色的部分。正确、灵活地运用指针，可以对内存进行动态分配，有效地表示复杂的数据结构，方便地使用数组和字符串，在调用函数时能获得多个结果等，这对系统软件的设计尤为重要。指针的合理使用，可以使程序简洁、紧凑、高效，要学好 C 语言必须对指针进行深入的学习。

指针的概念复杂、使用灵活，初学者不易理解，容易出错，因此在学习和使用指针时，初学者一定要细心、慎重，多思考、多实践，力争彻底吃透指针概念，从而达到灵活运用的目的。本章内容结构如下。

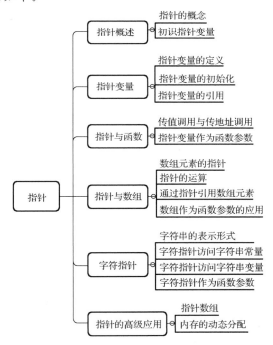

6.1 指 针 概 述

6.1.1 指针的概念

指针是 C 语言提供的一种既特殊又非常重要的数据类型，其本质就是内存地址。若要正确理解指针的概念并正确使用指针，则需要先弄清楚以下几个问题。

1. 变量的地址与变量的值

众所周知，程序是由指令和数据组成的，而指令和数据在执行过程中是存储在计算机内存中的，变量是程序数据中的一种，因此变量在执行过程中也是存储在内存中的。

计算机访问内存的最小单位是字节，为了便于管理，内存中的每个字节都有一个唯一的编号，即内存地址。这就相当于教学楼中的每一间教室号。内存地址的编码方式与操作系统有关，在 32 位计算机上，内存地址的编码是 32 位，最多支持 2^{32} 字节（即 4GB）的内存。任何数据存储到内存中都需要记录以下两种信息。

（1）分配内存空间的首地址。

（2）分配内存空间的大小。

在对程序进行编译时，系统会给程序中的变量分配内存单元，首先根据定义变量的类型确定其所占内存空间的大小，然后返回分配内存空间的首地址，作为该**变量的地址**。而在变量所占存储单元中存放的数据，称为**变量的值**。如果在定义变量时，未对变量进行初始化，那么变量的值是随机的、不确定的，即为乱码。

根据变量类型的不同，将分配不同长度的空间。大多数 C 编译系统为短整型变量分配 2 字节，为整型变量分配 4 字节，为单精度浮点型变量分配 4 字节，为双精度浮点型变量分配 8 字节，为字符型变量分配 1 字节。

2. 直接寻址与间接寻址

CPU 的指令包括操作码和操作数两部分，操作码指示指令的性质，地址码指示运算对象的存储地址。在执行指令时，CPU 根据指令的地址码来读取操作数，相关形式如下。

指令	操作码	操作数

通常 CPU 在访问内存时，有以下两种寻址方式。

（1）直接寻址方式。

（2）间接寻址方式。

直接寻址方式就是直接给出变量的地址来访问变量的值，通过变量名或变量的地址均可直接访问变量的值。例如，如图 6-1 所示的变量 a，执行 "scanf("%d",&a);" 语句时，通过取地址运算符&直接告诉 CPU 变量 a 的内存地址，将通过键盘输入的数据存入以 1000 为开头的地址中，如图 6-2(a)所示。

间接寻址方式是指在指令中不直接给出变量的内存地址，而是通过指针变量间接存取它所指向的变量值的访问方式，即将变量 a 的地址存放在另一个变量中，然后通过该变量来查找变量 a 的地址，从而访问变量 a。

在 C 语言程序中，可以定义整型变量、浮点型变量、字符型变量等，也可以定义一种特殊的变量来存放地址。例如，若定义了一个变量 p 来存放变量 a 的地址，则可以

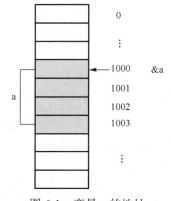

图 6-1　变量 a 的地址

通过如下语句将变量 a 的地址存放到 p 中。

```
p=&a;       //将变量a的地址存放到变量p中
```

若要存取变量 a 的值，则既可以采用直接寻址方式，又可以采用间接寻址方式。首先找到存放"变量 a 的地址"的变量 p，然后从中取出 a 的地址（1000），再到 1000 字节开始的存储单元中取出 a 的值，如图 6-2(b)所示。

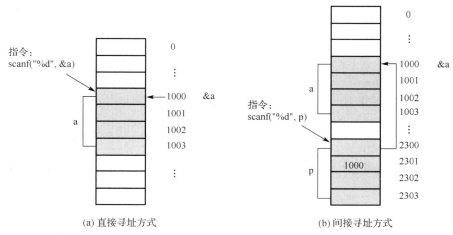

图 6-2　直接寻址方式与间接寻址方式

6.1.2　初识指针变量

一个变量的地址称为该变量的**指针**。例如，地址 1000 是变量 a 的指针。若有一个变量专门用来存放另一个变量的地址（即指针），则该变量称为**指针变量**。

指针变量就是**地址变量**，即专门用来存放地址的变量。上述变量 p 就是一个指针变量，指针变量的值是地址，即指针变量中存放的值是指针。

指针与指针变量这两个概念极易混淆，尤其在使用时，人们经常将指针变量简称为指针，因此，要根据上下文来判断指针指的是指针变量，还是内存地址。

若指针变量 p 保存了变量 a 的地址，则称 **p 指向 a**。指针变量与其指向变量的关系如图 6-3 所示。

指针变量不仅可以保存普通变量的地址，还可以保存数组、结构体等构造类型变量的地址，因此将指针变量指向的变量统称为指针变量指向的对象，简称为**指针指向的对象**。

如上所述，变量的指针就是变量的地址。存放地址的变量就是指针变量，指针变量用来指向另一个变量。为了表示指针变量与它指向变量间的联系，C 语言规定用"*"表示指向的对象。例如，若定义 p 为指针变量，则*p 就是 p 所指向的对象，如图 6-4 所示。

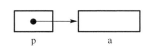

图 6-3　指针变量与其指向变量的关系

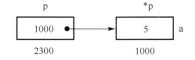

图 6-4　指针指向的对象

*p 也代表一个变量，它与变量 a 是等同的。因此，"a=5;"与"*p=5;"这两个语句的作用是相同的。

语句"*p=5;"的含义是将 5 赋值给指针变量 p 所指向的对象，由于 p 指向 a，因此其作用等同于"a=5;"，即将 5 赋值给变量 a。

6.2 指 针 变 量

6.2.1 指针变量的定义

C 语言规定，所有的变量在使用前都要先定义，同时指定类型，并按其类型分配内存单元。指针变量不同于普通变量，它是专门用来存放地址的，因此，需要将其定义为指针类型。指针变量的类型由该指针变量所指向的对象类型决定，定义时，需要在指针变量名前加"*"。定义指针变量的一般格式如下。

```
类型标识符  *指针变量名;
```

格式说明：

- "*"是指针说明符，表示所定义的是指针变量。
- 类型标识符表示该指针变量所指对象的数据类型，也称为指针变量的**基类型**。

例如，下面是一些合法的指针变量定义语句。

```
int a,*p;
char c,*q;
float *k;     //指向浮点型变量的指针变量 k
```

第 1 行定义了整型变量 a 和指向整型变量的指针变量 p，p 的类型为 **int ***；第 2 行定义了字符型变量 c 和指向字符型变量的指针变量 q，q 的类型为 **char ***。"*"表示指针类型，若没有"*"，则定义的就是基本的整型变量和字符型变量，如变量 a 和变量 c。

指针变量指向对象的数据类型称为指针变量的**基类型**。例如，上述定义的基类型为 int 的指针变量 p 可以用来指向整型变量 a；基类型为 char 的指针变量 q 可以用来指向字符型变量 c。注意：p 不能指向 c，q 也不能指向 a，因为两者数据类型不同。

6.2.2 指针变量的初始化

与普通 auto 型变量一样，未经初始化或赋值的指针变量值是不确定的。在使用指针变量前，应该将其指向一个具体的变量或者将其初始化为**空指针**。

1．指向具体变量

（1）在定义指针变量的同时进行初始化。

例如：

```
int a,*p=&a;          //将整型变量 a 的地址赋值给指针变量 p
```

（2）先定义指针变量，再使用赋值语句为指针变量赋初值。

例如：

```
char c,*q;
q=&c;                    //将变量 c 的地址存入指针变量 q 中
```

但若写成

```
int a;
char *q;
q=&a;                    //数据类型不匹配
```

则由于变量 a 为整型，指针变量 q 为字符型，两者数据类型不匹配，因此该操作非法。

当 p 指向 a 时，"scanf("%d",&a);"与"scanf("%d",p);"的作用相同，都是将从键盘输入的数据存放到变量 a 中。

注意：

- 在语句"q=&c;"中，指针变量 q 之前不能加"*"。
- 一个指针变量可以指向不同的变量，但只能指向同一种数据类型的变量。
- 指针变量中只能存放地址（指针），不能将一个整数赋值给一个指针变量。
- 分析"scanf("%d",p);"与"scanf("%d",&p);"的区别。前者将数据存入 p 指向的变量中；后者将输入的数据存入指针变量 p 中，但指针变量 p 的值不能直接由输入获得，从而会导致系统出错。

可以使用格式控制符%p，以十六进制无符号数的形式输出内存地址或指针变量的值。

例如：当 p 指向 a 时，可以用如下语句输出变量 a 的地址及指针变量 p 的值。

```
printf("&a=%p,p=%p\n",&a,p);
```

【例 6.1】　显示变量的地址及指针变量的值。

```
1   #include <stdio.h>
2   int main()
3   {
4       int a,*p=&a;                            //p 初始化指向 a
5       char c,*q;
6       q=&c;                                   //q 指向 c
7       printf("&a=%p, p=%p, &p=%p\n", &a, p, &p);
8       printf("&c=%p, q=%p, &q=%p\n", &c, q, &q);
9       printf("sizeof(p)=%d\n",sizeof(int *)); //输出整型指针变量所占字节数
10      printf("sizeof(q)=%d\n",sizeof(q));      //输出字符型指针变量所占字节数
11      return 0;
12  }
```

程序运行结果如下。

```
&a=0022FF1C,p=0022FF1C,&p=0022FF18
&c=0022FF17,q=0022FF17,&q=0022FF10
sizeof(p)=4
sizeof(q)=4
```

由程序的运行结果可知，&a 与 p、&c 与 q 的值都是相同的，说明在指针变量 p 和 q 中分别存放变量 a 和 c 的地址，且 p 和 q 所占字节数相同，说明不同基类型的指针变量所占的字节数是相同的，都为 4 字节。指针变量在内存中的分布情况如图 6-5 所示。

注意：变量地址是由操作系统自动分配的，该地址根据计算机的不同而略有差异，因此读者的运行结果可能与本例的运行结果不同。

2．初始化为空指针

空指针是指不指向任何对象的指针，空指针的值为 NULL。NULL 是在头文件 stdio.h 中定义的一个宏常量，它的值与任何有效指针的值都不同，NULL 是一个纯粹的 0，指针的值不能是整型，但空指针除外。

例如：

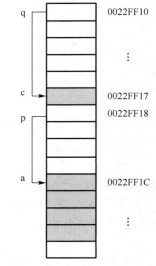

图 6-5　指针变量在内存中的分布情况

```
#define NULL 0        //定义宏常量
```

使用 NULL 可以初始化未指向任何有效变量的指针变量。通过 NULL 可以区分经过初始化指向有效变量的指针变量和未经初始化的指针变量。

例如：

```
int *p=NULL;         //指针变量 p 未指向有效变量
```

随后，可以通过"if(p!=NULL)"来判断指针变量 p 是否指向了有效变量，以确定能否访问 p 指向的对象。

注意：除 NULL 外，不能直接将整数赋值给指针变量。例如："int *p=1000;"或"int *q; q=1000;"均是不合法的。因为内存地址为 1000 的存储单元未经系统分配，会导致指针变量 p 的非法访问错误。

6.2.3　指针变量的引用

1．指针运算符

C 语言中，有以下两个与指针有关的运算符。

（1）取地址运算符"&"。取地址运算符"&"是单目运算符，具有右结合性，功能是取出变量的地址。

C 语言中，变量的地址是由编译系统分配的。若想知道变量的具体存储地址，则需要通过取地址运算符"&"来获得变量的内存地址，其一般形式如下。

```
&变量名
```

例如，&a 表示变量 a 的地址；&p 表示变量 p 的地址。

（2）指针运算符"*"，也称为**间接访问运算符**。它是单目运算符，具有右结合性，在"*"后紧跟指针变量名，其一般形式如下。

> *指针变量名

例如，*p 表示指针变量 p 所指向的对象（"*"与变量名之间不能有空格）。

注意：指针运算符"*"与指针变量定义中的指针说明符"*"是不同的。在指针变量定义中，"*"是指针类型说明符，表示其变量为指针类型；而表达式中的"*"则是间接访问运算符，表示指针变量所指向的对象。

另外，"&"与"*"均为单目运算符，它们的优先级相同，且都具有右结合性。

若已执行"int a,*p=&a,*k;"，则"&*p"与"&a"等价。"&*p"可理解为"&(*p)"，即先进行"*"运算，得到变量 a，再进行"&"运算（取 a 的地址）。因此，"k=&a;""k=&*p;"及"k=p;"这三个语句均使得指针变量 p 指向变量 a。

"*&a"与"a"等价。"*&a"可理解为"*(&a)"，即先进行"&"运算，得到变量 a 的地址，再进行"*"运算，得到变量 a。因此，"a=10;""*p=10;"及"*&a=10;"这三个语句均使得变量 a 的值为 10。

通过以下例子加深对本知识点的理解。

【例 6.2】 指针运算符示例。

```
1  #include <stdio.h>
2  int main()
3  {
4      int a=10,b=20;
5      int *p,*q;                 //定义两个int*型变量
6      p=&a;                      //p指向a
7      q=&b;                      //q指向b
8      printf("a=%d, b=%d\n", a,b);
9      printf("*p=%d, *q=%d\n", *p,*q);
10     printf("*&a=%d,a=%d\n", *&a,a);
11     printf("&*q=%p,&b=%p\n", &*q,&b);
12     return 0;
13 }
```

程序运行结果如下。

```
a=10, b=20
*p=10, *q=20
*&a=10, a=10
&*q=0022FF10, &b=0022FF10
```

在程序中，定义了两个整型变量 a 和 b，以及两个指向整型变量的指针变量 p 和 q，通过赋值使指针变量 p 指向了变量 a，指针变量 q 指向了变量 b。因此，p 的值为变量 a 的地

址（&a），如图 6-6(a)所示；q 的值为变量 b 的地址（&b），如图 6-6(b)所示。第 8 行与第 9 行的 printf()输出语句的作用相同。第 8 行用变量名直接输出变量的值；第 9 行用间接访问运算符*间接输出两个指针变量所指对象的值。

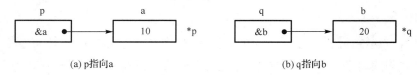

(a) p指向a   (b) q指向b

图 6-6　指针运算符示意图

另外，在本程序中出现两次*p 和*q，请注意区分。

2．引用指针变量

在引用指针变量时，有如下三种情况。

（1）给指针变量赋值。若已执行"int a,*p;"，则"p=&a;"的作用是指针变量 p 指向变量 a，即指针变量 p 的值为变量 a 的地址。

（2）引用指针变量的值。若已执行"int a,*p;"，则"printf("%p",p);"的作用是以十六进制无符号数的形式输出指针变量 p 的值。若 p 指向了 a，则输出的就是变量 a 的地址，即&a。

（3）引用指针变量指向的对象。若已执行"p=&a;"（指针变量 p 指向变量 a），则"printf("%d",*p);"的作用是以十进制数的形式输出指针变量 p 所指变量的值，即变量 a 的值。若再执行语句"*p=10;"，则其作用是将整数 10 赋值给指针变量 p 所指向的变量，即相当于把 10 赋值给 a（a=10;）。

【例 6.3】　输入 *a* 和 *b* 两个整数，按由大到小的顺序输出 *a* 和 *b* 的值，要求用指针方法实现。

```c
1   #include <stdio.h>
2   int main()
3   {
4       int a,b,*p1,*p2,*t;
5       p1=&a;                    //p1 指向a
6        p2=&b;                   //p2 指向b
7       printf("请输入两个整数（用逗号分隔）: ");
8       scanf("%d,%d",&a,&b);
9       if(a<b)
10      {
11          t=p1; p1=p2; p2=t;    //p1 与 p2 的值互换
12      }
13      printf("a=%d, b=%d\n", a,b);
14      printf("max=%d, min=%d\n", *p1,*p2);
15      return 0;
16  }
```

程序运行结果如下。

```
请输入两个整数（用逗号分隔）：5,10
a=5,b=10
max=10,min=5
```

当输入 a=5,b=10 时，由于 a<b，因此 p1 和 p2 的值进行交换。交换前的情况如图 6-7(a) 所示，交换后的情况如图 6-7(b)所示。

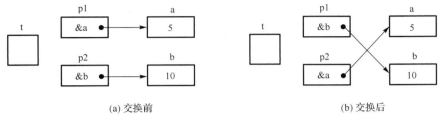

(a) 交换前   (b) 交换后

图 6-7 指针交换前后情况

本程序中，变量 a 与变量 b 的值并未交换，仍然保持原值，真正交换的是指针变量 p1 的值与指针变量 p2 的值。p1 原来指向变量 a，后来指向变量 b；p2 原来指向变量 b，后来指向变量 a。第 14 行输出*p1 和*p2 时，实际上输出的是变量 b 和变量 a 的值。第 11 行采用的是以前介绍过的方法，即利用第 3 个变量交换两个变量的值，第 11 行也可以直接对 p1 和 p2 赋新值，例如：

```
{p1=&b; p2=&a;}
```

本例的算法是不交换变量的值，而是交换两个指针变量的值。

6.3 指针与函数

6.3.1 传值调用与传地址调用

在例 4.5 中，change()实现了从实参到形参的**单向值传递**。由运算结果可知，形参变量值的改变不会影响实参变量的值，即 main()中的调用语句 "change(x);" 为**传值调用**，在 change()中对形参变量 a 的操作，不会影响 main()中变量 x 的值，其值依旧保持不变。

函数的参数不仅可以是基本数据类型，如整型、浮点型、字符型等，还可以是指针类型。函数参数的作用是将一个变量的地址传递到被调函数中。下面通过一个例子来进行说明。

【例 6.4】 编写 change()，要求该函数按地址调用。

```
1  #include <stdio.h>
2  void change(int *p)
3  {
4      printf("*p=%d\n",*p);
5      *p=5;          //为指针变量p指向的变量赋值
6      printf("*p=%d\n",*p);
7  }
8  int main()
9  {
```

```
10      int x=10;
11      printf("x=%d\n",x);
12      change(&x);      //调用 change()，参数为 x 的地址
13      printf("x=%d\n",x);
14      return 0;
15  }
```

程序运行结果如下。

```
x=10
*p=10
*p=5
x=5
```

可以看出，main()中变量 x 在 change()调用后发生了变化，由原来的 10 变为了 5，这是为什么呢？

change()的形参为指针变量 int *p，因此可接收 int 型变量的地址作为实参。在 main()中，第 12 行将变量 x 的地址值作为实参传递给形参变量 p，所以指针变量 p 指向 x，如图 6-8(a)所示。

第 4 行输出的是 p 指向对象的值，即为 main()中 x 的值，输出结果为*p=10。

第 5 行将 p 指向的变量重新赋值为 5，则 main()中变量 x 的值被修改为 5，因此第 6 行的输出结果为*p=5；第 13 行的输出结果为 x=5。如图 6-8(b)所示。

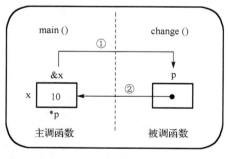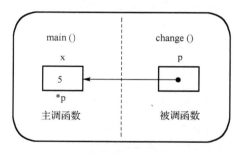

(a) 将&x传递给p   (b) 将p指向的变量赋值为5

图 6-8 函数按地址调用

综上所述，函数按地址调用的一般做法如下。

（1）主调函数通过取地址运算符"&"将变量的地址作为函数的实参。

（2）被调函数的形参为指针变量，在函数中通过间接访问运算符"*"访问其指向的变量。

6.3.2 指针变量作为函数参数

用指针变量作为函数参数，下面通过一个例子进行说明。

【例 6.5】 用指针变量作为函数参数，实现例 6.3 中按由大到小的顺序输出 a 和 b 的值。

方法 1：例 6.3 直接在 main()中交换指针变量的值，本题需要定义函数 swap()，将指向

两个整型数据的指针变量作为实参传递给 swap() 的形参指针变量。在函数中，通过指针实现两个变量值的交换。程序编写如下。

```
1   #include <stdio.h>
2   void swap(int *k1,int *k2)
3   {
4       int temp;
5       temp=*k1;
6       *k1=*k2;
7       *k2=temp;                //*k1 与 *k2 交换
8   }
9   int main()
10  {
11      int a,b,*p1,*p2;
12      p1=&a;                   //p1 指向 a
13      p2=&b;                   //p2 指向 b
14      printf("请输入两个整数（用逗号分隔）: ");
15      scanf("%d,%d",&a,&b);
16      printf("交换前: a=%d, b=%d\n", a,b);
17      if(a<b)  swap(p1,p2);  //若 a<b，则调用 swap()，实现 a 值与 b 值的交换
18      printf("交换后: a=%d, b=%d\n", a,b);
19      printf("max=%d, min=%d\n", *p1,*p2);
20      return 0;
21  }
```

程序运行结果如下。

```
请输入两个整数（用逗号分隔）:  10, 20 ↙
交换前: a=10, b=20
交换后: a=20, b=10
max=20, min=10
```

程序运行时，先执行 main()，定义 4 个 int 型变量，第 12 行和第 13 行将变量 a 和变量 b 的地址赋值给指针变量 p1 和 p2，使得 p1 指向 a，p2 指向 b，如图 6-9(a) 所示；再输入变量 a 和变量 b 的值，如 10 与 20。第 17 行执行 if 语句，判断 a 与 b 的大小，因为 10<20，所以调用 swap()。

swap() 是用户自定义函数，它的作用是交换 a 与 b 的值。swap() 的两个形参 k1 和 k2 是指针变量，接收主调函数实参指针变量 p1 和 p2 的值，即变量 a 和 b 的地址值（&a 和 &b），如图 6-9(b) 所示。

执行 swap() 函数体，通过 temp 变量交换指针变量 k1 和指针变量 k2 所指对象的值，即交换变量 a 和 b 的值，如图 6-9(c) 所示。

函数调用结束后，形参变量 k1 和形参变量 k2 被释放，最后在 main() 中输出变量 a 和 b 的值，它们是已经被交换后的值，如图 6-9(d) 所示。

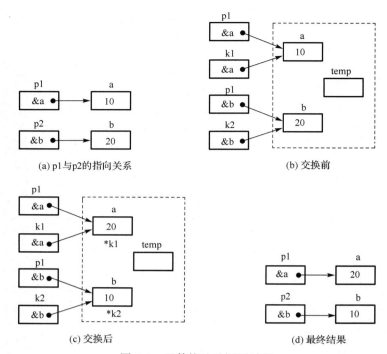

图 6-9　函数按地址调用过程

方法 2：不在 main()中定义指针变量，而是直接使用取地址运算符&a 和&b 向 swap()的形参传递变量地址信息，从而实现两个变量值的交换。程序编写如下。

```
1   #include <stdio.h>
2   void swap(int *k1,int *k2)
3   {
4       int temp;
5       temp=*k1;
6       *k1=*k2;
7       *k2=temp;    //*k1 与*k2 交换
8   }
9   int main()
10  {
11      int a,b;
12      printf("请输入两个整数（用逗号分隔）: ");
13      scanf("%d,%d",&a,&b);
14      printf("交换前: a=%d, b=%d\n", a,b);
15      if(a<b)  swap(&a,&b);  //若 a<b，则调用 swap()实现 a 值与 b 值的交换
16      printf("交换后: a=%d, b=%d\n", a,b);
17      return 0;
18  }
```

程序运行结果如下。

```
请输入两个整数（用逗号分隔）: 10, 20 ↙
交换前: a=10, b=20
交换后: a=20, b=10
```

在 main()函数中，通过调用 swap()将变量 a 和 b 的地址值传递给 swap()的两个形参 k1 和 k2，使 k1 指向 a，k2 指向 b，如图 6-10(a)所示。再执行 swap()函数体，实现变量 a 和 变量 b 的值交换，调用结束，释放变量 k1、k2 和 temp 所占空间，如图 6-10(b)所示。

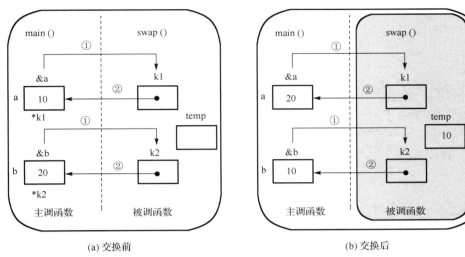

(a) 交换前　　　　　　　　　　　　　(b) 交换后

图 6-10　函数按地址调用过程

思考： 在方法 1 中，能对 swap()做如下两种修改吗？修改后将会得到什么结果？

（1）

```
void swap(int *k1,int *k2)
{
    int *temp;
    *temp=*k1;
    *k1=*k2;
    *k2=*temp;
}
```

（2）

```
void swap(int *k1,int *k2)
{
    int *temp;
    temp=k1;
    k1=k2;
    k2=temp;
}
```

在执行第（1）种修改后，会出现如图 6-11 所示的情况。这是因为 temp 指针变量未经赋值，其值是不确定的，所以对*temp 赋值就是向一个未知的存储单元赋值，而这个未知的存储单元中可能存放有用的数据，从而会破坏系统正常工作，导致程序异常终止。

在使用指针变量时，一定要注意区分指针变量本身占用的内存单元与它所指向的内存单元。

在执行第（2）种修改后，被调函数 swap()交换的是指针变量 k1 和 k2 的值，如图 6-12 所示。因为 C 语言中实参变量与形参变量之间是单向的值传递，指针变量也要遵循该规则，所以不能通过 swap()来改变实参指针变量 p1 和 p2 的值，即 p1 和 p2 的指向未发生变化。

可以看出，变量 a 和变量 b 的值未发生交换。

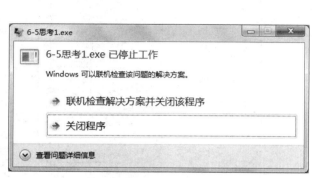

图 6-11　程序异常终止

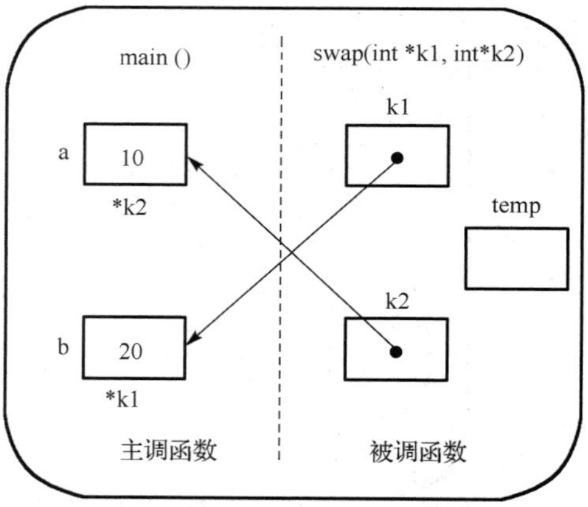

图 6-12　指针变量交换

最终输出结果如下。

```
请输入两个整数（用逗号分隔）：10，20 ↙
交换前：a=10, b=20
交换后：a=10, b=20
max=10, min=20
```

虽然不能通过被调函数来改变实参指针变量的值，但可以改变实参指针变量所指向变量的值。

【例 6.6】　输入 3 个整数，按由小到大的顺序输出，要求用函数和指针来实现。

分析：采用例 6.5 中的 swap()可以交换两个变量的值，用 change()改变 3 个变量的值。在 main()中完成数据基本输入/输出操作。程序编写如下。

```
1  #include <stdio.h>
2  void swap(int *k1,int *k2)
3  {
4      int temp;
5      temp=*k1;
6      *k1=*k2;
7      *k2=temp;    //*k1 与*k2 交换
8  }
9  void change(int *p1,int *p2,int *p3)
10 {
11     if(*p1>*p2)  swap(p1,p2);      //*p1 与*p2 交换
12     if(*p1>*p3)  swap(p1,p3);      //*p1 与*p3 交换
13     if(*p2>*p3)  swap(p2,p3);      //*p2 与*p3 交换
14 }
```

```
15  int main()
16  {
17      int a,b,c;
18      printf("请输入 3 个整数（用逗号分隔）: ");
19      scanf("%d,%d,%d",&a,&b,&c);
20      printf("排序前: a=%d, b=%d, c=%d\n", a,b,c);
21      change(&a,&b,&c);            //调用 change()改变 a、b、c 的值
22      printf("排序后: a=%d, b=%d, c=%d\n", a,b,c);
23      return 0;
24  }
```

程序的运行结果。

```
请输入 3 个整数（用逗号分隔）: 5, -10,9 ↙
排序前: a=5, b=-10, c=9
排序后: a=-10, b=5, c=9
```

该程序中 change()的作用是对 3 个整数按由小到大的顺序排列,在执行 change()的过程中嵌套调用 swap(),swap()的作用是交换两个变量的值,通过反复调用 swap()(最多 3 次),实现 3 个整数按由小到大的顺序排列。

思考: 在 main()中调用语句能否使用指针变量作为实参? 它们的指向（指针变量的值）会不会发生变化?

6.4　指针与数组

在 C 语言中, 指针与数组有着非常密切的关系。对数组元素的存取既可以采用**下标法**（如 a[5]）, 又可以采用**指针法**。

6.4.1　数组元素的指针

变量具有存储地址, 数组中的每个元素也有相应的地址。指针变量既可以指向变量, 又可以指向数组元素。可以用一个指针变量指向某一个数组元素。例如:

```
int a[10];
int *p;
p=&a[0];        //把 a[0]元素的地址赋值给指针变量 p
```

也就是令 p 指向数组 a 的第 0 个元素, 如图 6-13 所示。

对数组元素的引用既可以采用**下标法**, 又可以采用**指针法**（通过指向数组元素的指针变量引用所需元素）, 使用指针方式处理数组占用的内存少, 且运行速度快。

在 C 语言中, 数组名代表数组的首地址, 也就是第 0 个元素（a[0]）的地址, 它是一个指针常量。人们也将数组的首地址称为**数组的指针**, 数组元素的地址称为**数组元素的指针**。因此 "p=&a[0];" 与 "p=a;" 这两个语句是等价的。

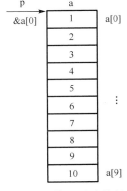

图 6-13　数组元素指针

注意：数组名 a 不代表整个数组，"p=a;"的作用是将数组 a 的首元素地址赋值给指针变量 p，而不是将数组 a 的所有元素值赋值给 p。

在定义指针变量时，可以给指针变量赋初值，即

```
int *p=&a[0];      //等价于 int *p=a;
```

该语句等同于如下两个语句。

```
int *p;
p=&a[0];           //不要写成 "*p=&a[0];"
```

由于数组名 a 代表数组的首地址，因此"int *p=&a[0];"也可以写成"int *p=a;"。它的作用是将数组 a 的首元素地址赋值给指针变量 p。

6.4.2　指针的运算

由于指针代表内存单元的一个地址，它除了可以对指向的对象进行运算，其本身也可以进行运算。指针作为一种特殊的数据类型，当它指向数组时，可以进行算术运算和关系运算。其中算术运算仅限于加法和减法运算。指针运算有别于普通数据类型，它是以其**基类型**为单位，而不是以字节为单位进行运算的。

1. 指针的加/减法

若指针 p 指向数组中的元素，且 n 为正整数，则

- p+n：指针 p 指向当前元素之后的第 n 个元素。
- p-n：指针 p 指向当前元素之前的第 n 个元素。
- p++：指针加 1，指向数组中的下一个元素。
- p--：指针减 1，指向数组中的前一个元素。

已知"int a[7],*p,*q,*k;"，由于整型数据占 4 字节，因此每个数组元素均占 4 字节。当指针在数组元素间移动时，将以整型数据的 4 字节为基本单位。

当"p=&a[2];"时，指针赋值运算如图 6-14 所示。

图 6-14　指针赋值运算

（1）"q=p+3;"使指针 p 向后移动 3 个元素的值，然后赋值给指针变量 q，如图 6-15 所示。

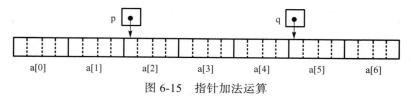

图 6-15　指针加法运算

（2）"k=p–2;"使指针 p 向前移动 2 个元素的值，然后赋值给指针变量 k，如图 6-16 所示。

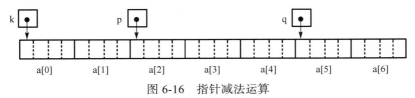

图 6-16　指针减法运算

（3）"p++;"使指针 p 向后移动 1 个元素，即 p 指向 a[3]，如图 6-17 所示。

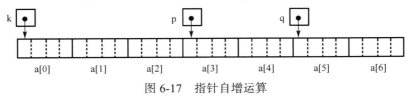

图 6-17　指针自增运算

（4）"q--;"使指针 q 向前移动 1 个元素，即 q 指向 a[4]，如图 6-18 所示。

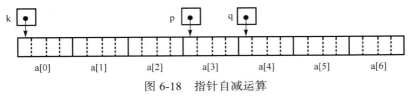

图 6-18　指针自减运算

【例 6.7】　指针运算示例，分析程序的运行结果。

```
1   #include <stdio.h>
2   int main()
3   {
4       int a[]={1,2,3,4,5};
5       int *p=a;
6       printf("%d\n",*p);
7       printf("%d\n",*(++p));
8       printf("%d\n",*++p);
9       printf("%d\n",*(p--));
10      printf("%d\n",*(a+2));
11      return 0;
12  }
```

程序运行结果如下。

```
1
2
3
3
3
```

由程序运行结果可知：

（1）"p=a;"等价于"p=&a[0];"，表示将数组 a 的首地址赋值给指针变量 p。

（2）*(++p)：表示将指针 p 向后移动一个数组元素，再取该数组元素的值。

（3）*++p：因为"++"运算符的优先级高于"*"，所以该语句等同于"*(++p)"。

（4）*(p−−)：表示先取 p 指针所指数组元素的值，再将指针 p 向前移动一个数组元素。

（5）*(a+2)：表示数组 a 中首元素之后的第 2 个元素的值，即数组元素 a[2]。

小知识：数组名是一个指针常量，它代表数组在内存中的起始地址，即&a[0]。根据指针的算术运算原理可知，a+i 表示从 a 开始向后的第 i 个单元地址，即 a[i]的地址（&a[i]）。因此，*(a+i)等价于 a[i]。当指针变量指向数组下标为 0 的元素时，指针变量值与数组名都表示数组的起始地址，这时可借助指针来访问数组元素。两者的差别如下。

- 数组名是常量，其值不能修改。
- 指针变量的值可以修改。

2．两个指针相减

只有当两个指针指向同一个数组时，才能进行两个指针的减法运算，否则是没有意义的。

指向同一个数组的两个指针相减，将得到两个指针所指对象之间相差的元素个数。例如，在图 6-18 中，p−k 的值为 3；q−p 的值为 1；k−q 的值为−4。

基于以上计算，在字符串中用结束符'\0'所在的地址减去字符串首地址，即可得到该字符串的长度。

注意：两个指针只能进行相减运算，相加、相乘和相除运算都是没有任何意义的。

3．指针的关系运算

指针的关系运算用于比较两个指针指向单元地址的大小关系，只有当两个指针指向同一个数组时，才能进行关系运算，否则没有任何实际意义。

若指针 p 与指针 q 指向同一个数组，则有

- p<q：若指针 p 所指元素在指针 q 所指元素之前，则表达式值为 1；否则为 0。
- p>q：若指针 p 所指元素在指针 q 所指元素之后，则表达式值为 1；否则为 0。
- p==q：若指针 p 与指针 q 指向同一个数组元素，则表达式值为 1；否则为 0。
- p!=q：若指针 p 与指针 q 不指向同一个数组元素，则表达式值为 1；否则为 0。

另外，任何指针都可以与 NULL 进行"等于"或"不等于"运算。例如：

- p==NULL：表示当指针 p 为空时成立。
- p!=NULL：表示当指针 p 不为空时成立。

6.4.3 通过指针引用数组元素

上述引用数组 a 中的元素，可以使用以下两种方法。

（1）**下标法**。如 a[i]。

（2）**指针法**。如*(a+i)或*(p+i)，其中 a 为数组名，p 为指向数组 a 的指针变量，当初值为 p=a 时，则可以用*(a+i)或*(p+i)来表示 a[i]。如图 6-19 所示。

若 p=a，则 p+i 与 a+i 是数组元素 a[i] 的地址，或者说，是指向数组 a 的第 i 个元素。a 代表数组的首地址，故 a+i 也为地址，其计算方法与 p+i 相同。

*(p+i) 与 *(a+i) 是 p+i 与 a+i 所指向的数组元素，即 a[i]。因此，*(p+i)、*(a+i) 和 a[i] 三者是等价的。

【例 6.8】已知一个具有 10 个元素的整型数组 a，要求从键盘输入 10 个数组元素，并按其逆序输出。

分析：引用数组中各元素的值共有 3 种方法：① 下标法；② 指针法（数组名）；③ 指针法（指针变量），下面分别写出利用这 3 种方法，引用数组中各元素的值并进行比较。

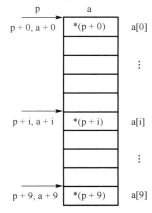

图 6-19　利用指针法引用数组元素

（1）下标法

```
1  #include <stdio.h>
2  int main()
3  {
4      int a[10],i;
5      printf("请输入 10 个整数(用空格分隔): ");
6      for(i=0;i<10;i++)
7      scanf("%d",&a[i]);
8      printf("逆序结果为: ");
9      for(i=9;i>=0;i--)
10     printf("%5d",a[i]); //用下标法引用数组元素
11     printf("\n");
12     return 0;
13 }
```

程序运行结果如下。

```
请输入 10 个整数(用空格分隔): 1 2 3 4 5 6 7 8 9 10 ↙
逆序结果为: 10 9 8 7 6 5 4 3 2 1
```

（2）指针法（数组名）

```
1  #include <stdio.h>
2  int main()
3  {
4      int a[10],i;
5      printf("请输入 10 个整数(用空格分隔): ");
6      for(i=0;i<10;i++)
7          scanf("%d",a+i);          //数组 a 中下标为 i 的元素地址
8      printf("逆序结果为: ");
9      for(i=9;i>=0;i--)
10         printf("%5d",*(a+i));      //通过数组 a 中下标为 i 的元素地址访问该元素
11     printf("\n");
12     return 0;
```

```
13 }
```

程序运行结果如下。

请输入 10 个整数(用空格分隔)：1 2 3 4 5 6 7 8 9 10 ↙
逆序结果为：10 9 8 7 6 5 4 3 2 1

（3）指针法（指针变量）

```
1  #include <stdio.h>
2  int main()
3  {
4      int a[10],*p;
5      printf("请输入 10 个整数(用空格分隔)：");
6      for(p=a;p<a+10;p++)          //p 指向 a[0]，然后 p 值自增
7          scanf("%d",p);           //用指针变量表示当前元素的地址
8      printf("逆序结果为：");
9      for(p=a+9;p>=a;p--)          //p 指向 a[9]，然后 p 值自减
10         printf("%5d",*p);        //通过改变 p 的指向，逐个输出数组 a 中的元素
11     printf("\n");
12     return 0;
13 }
```

程序运行结果如下。

请输入 10 个整数(用空格分隔)：1 2 3 4 5 6 7 8 9 10 ↙
逆序结果为：10 9 8 7 6 5 4 3 2 1

以上 3 种方法的执行结果相同。使用下标法比较直观，能直接知道是第几个数组元素。使用第（3）种方法时，需要仔细分析指针变量当前的指向位置，否则极易出错，但第（3）种方法执行效率高。因为指针变量直接指向元素，不必每次都重新计算地址，所以执行速度较快，而第（1）、（2）种方法要先计算元素地址，耗时较多。

注意：

● 在第（3）种方法中通过改变指针变量 p 的值来指向不同的数组元素，从而进行访问。那么，能否使用数组名 a 的变化（如 a++）来访问不同的数组元素？答案是不能。因为数组名表示数组的首地址，它是一个**指针常量**，在程序运行期间，其值是保持不变的。

● 注意指针变量的当前值，确保指向数组中的有效元素。例如：程序中引用数组元素 a[10]，虽然数组 a 中并不存在这个元素（a[0]到 a[9]），但 C 编译程序并不认为其非法，这将导致操作有误，得不到预期的结果。

● 指向数组的指针变量也可以带下标，如 p[i]。若要将 p[i]处理成*(p+i)，则需要确定 p 的当前值，例如：若 p 指向 a[0]，则 p[i]代表 a[i]；若 p 指向 a[5]，则 p[3]不代表 a[3]，而是 a[5+3]，即 a[8]。这种方法容易出错，建议少用。

6.4.4　数组作为函数参数的应用

使用一维数组名作为实参，当函数调用时，形参数组或形参指针变量将获得实参数组的首地址。函数形参中的一维数组在本质上相当于指针变量。即

```
void  fun(int p[],int n)
```

等价于

```
void  fun(int *p,int n)
```

下面通过一个例子来深入理解一维数组作为函数参数的本质。

【例 6.9】 使用选择排序对 8 个整数按由小到大的顺序排列，要求在调用函数时，用指针变量作为形参。

分析：在第 5 章已经介绍过选择排序，本题使用 sort() 来实现选择排序，在主函数中定义数组 num，用数组名 num 作为实参，用指针变量 p 作为形参，接收数组 num 的首地址。

```
1   #include<stdio.h>
2   /*用指针实现选择排序*/
3   void sort(int *p,int n)              //n 为数组 num 的元素个数
4   {   int i,j,k,temp;
5       for(i=0;i<n-1;i++)               //进行(n-1)次选择过程
6       {
7           k=i;                         //找出第 i 小的数所在的位置
8           for(j=i+1;j<n; j++)          //在 num[i]～num[n-1]中查找最小数
9             if(*(p+j)<*(p+k))
10                k=j;
11          if( i!=k)                    //若最小数不在第 i 个位置，则交换位置
12          {
13              temp=*(p+i);
14              *(p+i)=*(p+k);
15              *(p+k)=temp;
16          }
17      }
18  }
19  int  main()
20  {
21      int i,num[8];
22      printf("请输入 8 个整数(用空格分隔): ");
23      for(i=0;i<8;i++)
24          scanf("%d",&num[i]);
25      sort(num,8);                     //调用选择排序函数
26      for(i=0;i<8;i++)                 //输出排序后的数组
27          printf("%5d", num[i]);
28      printf("\n");
29      return 0;
30  }
```

程序运行结果如下。

```
请输入 8 个整数(用空格分隔): 12 51 78 39 6 11 23 4 ↙
4    6    11    12    23    39    51    78
```

本例中形参除了采用指针变量，还可以采用数组名，这时 sort() 的首部可以改为：void sort(int p[],int n)，其余代码不变，程序运行结果不变，并且仍然可以使用 p+i 和 p+k 来表示指向数组的位置。

为了便于理解，本题还可以采用下标法引用形参数组元素，这种写法更加简单、易懂。改写 sort() 如下。

```
void sort(int p[],int n)          //n 为数组 num 的元素个数
{   int i,j,k,temp;
    for(i=0;i<n-1;i++)            //进行(n-1)次选择过程
    {
        k=i;                      //找出第 i 小的数所在的位置
        for(j=i+1;j<n; j++)       //在 num[i]～num[n-1]中查找最小数
            if(p[j]<p[k])
                k=j;
        if( i!=k)                 //若最小数不在第 i 个位置，则交换位置
        {
            temp=p[i];
            p[i]=p[k];
            p[k]=temp;
        }
    }
}
```

以上 3 种方法的执行结果相同，均可以实现由小到大的选择排序。

6.5 字 符 指 针

在 C 语言中，既可以用字符数组又可以用字符指针表示一个字符串。引用一个字符串时，既可以逐个字符引用，又可以整体引用。

6.5.1 字符串的表示形式

在 C 语言中，可以使用字符数组和字符指针两种方法来访问一个字符串。

1. 字符数组

利用字符数组存放一个字符串，然后输出该字符串。

【例 6.10】 利用字符数组表示字符串的示例。

分析：定义一个字符数组 str，存放若干个字符，最后以'\0'结束。可以使用格式控制符 "%s"（s 为输出字符串）输出'\0'之前的所有字符，即整个字符串。

```
1  #include <stdio.h>
2  int main()
3  {
4      char str[]="Hello C!";
5      int i;
```

```
6      printf("%s\n",str);          //整体引用
7      for(i=0;str[i]!='\0';i++)    //逐个引用
8          printf("%c",str[i]);
9      printf("\n");
10     return 0;
11 }
```

程序运行结果如下。

```
Hello C!
Hello C!
```

str 是数组名，它代表字符数组的首地址，如图 6-20 所示。用格式控制符"%c"可以输出一个字符，例如："printf("%c",str[3]);"可以输出 str 数组中下标为 3 的元素（字母 l）。用格式控制符"%s"可以从指定地址开始输出一系列字符，直到遇上字符串结束符'\0'为止。第 6 行输出语句指定从 str（字符数组首地址）开始输出。若将其改写为"printf("%s\n",str+6);"，则从 str[6]开始输出字符串"C!"。

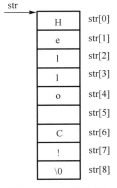

图 6-20　字符数组

2．字符指针

利用字符指针变量指向一个字符串，通过字符指针变量访问字符串。可以不定义字符数组，而只定义一个字符型指针变量，并使其指向字符串。

【例 6.11】　利用字符指针变量指向一个字符串的示例。

分析：将字符串的首地址赋给字符指针变量，用格式控制符"%s"输出该字符指针变量，即可输出整个字符串。

```
1  #include <stdio.h>
2  int main()
3  {
4      char *str="Hello C!";
5      int i;
6      printf("%s\n",str);          //整体引用
7      for(;*str!='\0';str++)       //逐个引用
8      printf("%c",*str);
9      printf("\n");
10     return 0;
11 }
```

程序运行结果如下。

```
Hello C!
Hello C!
```

本程序没有定义字符数组，只定义了一个字符指针变量 str，用字符串常量"Hello C!"

对 str 进行初始化。C 语言将字符串常量按字符数组处理，在内存中开辟了一个字符数组用来存放该字符串常量。由于这个数组没有名称，因此只能通过字符指针变量来引用。

注意：

● 字符指针变量 str 指向一个字符串常量，而字符串常量是不能改变的，即不能对该字符串常量重新赋值。因此，对字符指针变量 str 初始化，就是将字符串中第 1 个字符的地址赋给 str，即将存放字符串的字符数组首地址赋给 str，其字符指针如图 6-21 所示。

```
char *str="Hello C!";
相当于：
char *str;              //定义字符指针变量 str
str="Hello C!";         //将字符串首字符的地址赋给字符指针变量 str
```

● 在"printf("%s\n",str);"语句中，由于用格式控制符"%s"输出，因此输出的并不是 str 表示的地址，而是先输出 str 所指向的第一个字符数据，再依次向后，直到字符串结束符'\0'为止，从而输出整个字符串的内容。

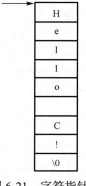

由上可知，对字符串中字符的存取，既可以使用下标法，又可以使用指针法。

6.5.2　字符指针访问字符串常量

字符指针可以保存字符串常量的首地址。例如：

```
ps= "I am a student.";
```

图 6-21　字符指针

此时，将字符串常量在内存的首地址赋值给字符指针变量 ps，而不是将整个字符串赋值给字符指针变量 ps。字符指针变量 ps 占用 4 字节，而其指向的字符串共有 16 字节，如图 6-22 所示。

图 6-22　字符指针

当字符指针变量指向某字符串后，可以把该指针变量作为函数实参传递给字符串处理函数进行调用。例如，可用 strlen(ps)来获得 ps 所指向的字符串的长度。

对字符指针变量 ps 再次赋值，将改变 ps 的指向。例如：执行 "ps= "Hello C!";" 将使 ps 指向新的字符串，如图 6-23 所示。

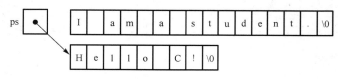

图 6-23　对字符指针变量赋值

【例 6.12】　字符指针访问字符串常量的示例。

分析：使用字符函数 strlen()获得字符指针变量 ps 所指向的字符串的长度。本例程序如下。

```
1   #include <stdio.h>
2   #include <string.h>
3   int main()
4   {
5       char *ps="I am a student.";
6       printf("字符串为:%s\n",ps);
7       printf("字符串长度=%d\n",strlen(ps));
8       ps="Hello C!";
9       printf("新字符串为:%s\n",ps);
10      printf("新字符串长度=%d\n",strlen(ps));
11      return 0;
12  }
```

程序运行结果如下。

```
字符串为: I am a student.
字符串长度=15
新字符串为: Hello C!
新字符串长度=8
```

从本例中可以看出，字符指针变量 ps 初始化后，再对其重新赋值，ps 将指向新的字符串。

6.5.3　字符指针访问字符串变量

在 C 语言中，利用字符指针不仅可以访问字符串常量，还可以访问字符串变量，即存储在字符数组中的字符串。

【例 6.13】　字符指针访问字符串变量的示例。

分析：通过使用字符指针变量 p，对比两种输出字符串与计算字符串长度的方法。本例程序如下。

```
1   #include <stdio.h>
2   #include <string.h>
3   int main()
4   {
5       char str[]="How are you?";
6       char *p;
7       p=str;
8       printf("字符串为:%s\n",p);              //整体输出
9       printf("strlen(p)=%d\n",strlen(p));     //通过函数计算字符串长度
10      while(*p!='\0')                         //逐个输出
11          putchar(*p++);
12      putchar('\n');
13      printf("字符串长度=%d\n",p-str);         //输出字符串长度
14      return 0;
15  }
```

程序运行结果如下。

```
字符串为: How are you?
strlen(p)=12
新字符串为: How are you?
字符串长度=12
```

利用字符指针变量 p，从前向后依次输出字符串的内容，直到遇到'\0'为止。由于 p 指向'\0'，数组名 str 表示数组的首地址，因此 p-str 的差即为该字符串的长度。

6.5.4　字符指针作为函数参数

在 C 语言的字符串传地址调用中，除了使用字符数组名作为函数参数，还可以使用字符指针作为函数参数，从而将字符串的内容传递给被调函数，并做相应处理，在主调函数中可得到改变后的字符串。

【例 6.14】　编写函数 mycopy()，实现字符串复制功能，并编写主函数进行测试。

分析：通过字符指针变量 t 和 s，使函数 mycopy()实现字符串的复制功能，将字符串 s 中的内容逐个复制到字符串 t 中，直到遇到'\0'为止，本例程序如下。

```
1   #include <stdio.h>
2   //函数 mycopy()的功能是复制字符串
3   void mycopy(char *t, char *s)
4   {
5       while (*s!='\0')           //将字符串 s 复制到字符串 t 中
6           *t++=*s++;
7       *t='\0';                   //设置字符串结束标志
8   }
9   int main()
10  {
11      char str1[20]="I am a student.";
12      char str2[20]="Hello C!";
13      puts(str1);
14      puts(str2);
15      mycopy(str1,str2);
16      printf("复制后，str1 为: \n");
17      puts(str1);
18      return 0;
19  }
```

程序运行结果如下。

```
I am a student.
Hello C!
复制后，str1 为:
Hello C!
```

思考：函数 mycopy()是否能简化为如下形式？

```
void mycopy(char *t, char *s)
{
    while (*t++=*s++);   //将字符串 s 复制到字符串 t 中
}
```

若可以简化，则"while (*t++=*s++);"语句是如何实现字符串复制的？

6.6　指针的高级应用

6.6.1　指针数组

1. 指针数组的定义

在一个数组中，若其元素均为指针类型数据，则称之为**指针数组**。指针数组中的每个元素都存放一个地址，相当于一个指针变量。当需要定义多个同类型的指针变量时，就可将其定义成指针数组。一维指针数组定义的一般格式如下。

```
类型标识符   *数组名[数组长度];
```

格式说明：

- 类型标识符中应包含"*"，如"int *"表示指向整型数据的指针类型。
- "[]"的优先级比"*"的优先级高，注意语句中运算符的结合性。例如：

```
int *p[5];
```

因为"[]"的优先级比"*"的优先级高，所以 p 先与[5]结合，形成 p[5]，表示数组中有 5 个元素，再与前面的"*"结合，"*"表示该数组为指针类型，因此每个数组元素均可指向一个整型变量。注意：千万不能写成

```
int (*p)[5];     //指向一维数组的指针变量
```

例如：

```
char *str[3]={"Computer", "Science", " Programming " }
```

str 被定义成大小为 3 的 char*类型的指针数组，str[0]~str[2]被 3 个字符串初始化，每个数组元素均保存了对应字符串的起始地址，如图 6-24 所示。

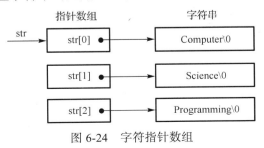

图 6-24　字符指针数组

2．指针数组的应用

当需要定义多个同类型的指针变量时，可以使用指针数组，并通过循环来访问所有指针变量。

【例6.15】 使用指针数组输出选课界面。

分析：使用指针数组，通过循环来输出所有指针变量。本例程序如下。

```
1  #include <stdio.h>
2  #include <string.h>
3  int main()
4  {   char *str[]={"[1]C语言程序设计",
5                   "[2]数据库原理",
6                   "[3]网页设计",
7                   "[4]计算机原理",
8                   "[5]操作系统"};
9      int len,i;
10     len=sizeof(str)/sizeof(char *);    //求数组大小
11     for (i=0;i<len;i++)
12         puts(str[i]);
13     return 0;
14 }
```

程序运行结果如下。

```
[1]C语言程序设计
[2]数据库原理
[3]网页设计
[4]计算机原理
[5]操作系统
```

【例6.16】 将若干个字符串按英文字母由小到大的顺序排列并输出。

分析：使用指针数组存储每个字符串的首地址，通过移动字符串的索引地址实现字符串的排序。本例程序如下。

```
1  #include <stdio.h>
2  #include <string.h>
3  #define N 5
4  int main()
5  {
6      int i,j;
7      char *temp;
8      char *str[]={"Computer",
9                   "Science",
10                  "Programming",
11                  "Operating system",
12                  "Data structure"};
13     printf("排序前: \n");
14     for(i=0;i<N;i++)
```

```
15        puts(str[i]);
16    for(i=0;i<N-1;i++)
17    {
18        for(j=i+1;j<N;j++)
19        {
20            if (strcmp(str[j],str[i])<0)
21            {
22                temp=str[i];
23                str[i]=str[j];
24                str[j]=temp;
25            }
26        }
27    }
28    printf("排序后: \n");
29    for(i=0;i<N;i++)
30        puts(str[i]);
31    return 0;
32 }
```

程序运行结果如下。

```
排序前:
Computer
Science
Programming
Operating system
Data structure
排序后:
Computer
Data structure
Operating system
Programming
Science
```

使用指针数组存储每个字符串的首地址时，各个字符串在内存中不占用连续的存储单元，如图 6-25 所示。而且各字符串所占存储空间的大小也可以不同，由字符串的实际长度来决定，因此，使用字符指针数组会更节省内存空间。

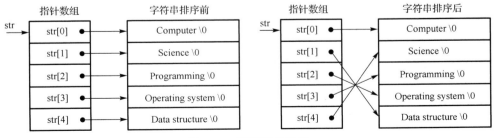

图 6-25　字符指针数组

使用指针数组存储每个字符串的首地址时，不需要改变字符串在内存中的存放位置，只要改变指针数组中各元素的指向即可。移动指针的指向比移动字符串要快很多。这种通过移动字符串的索引地址而不是字符串的实际存储位置实现的排序，称为**索引排序**。执行程序时，这种用指针数组处理字符串的索引排序，其执行效率更高，速度更快。

6.6.2　内存的动态分配

1．内存分配函数定义

在前面的章节中介绍过两种内存分配方式。为全局变量和静态变量分配的内存空间，在整个程序结束后才会被回收，这种方式称为**静态分配**。auto 型局部变量在进入该语句块的作用域时为变量分配内存空间，退出该语句块时存储空间自动回收，这种方式称为**自动分配**。

C 语言中还提供了第三种分配方式，在需要时显式地申请空间，不需要时随时释放，这种方式称为**动态分配**。通过使用动态分配，程序在执行期间可以根据需要申请内部空间，但由于该分配未在声明部分定义，因此只能通过指针来引用。

2．建立内存动态分配

对内存的动态分配是通过系统提供的库函数<stdlib.h>来实现的，其中包括 malloc()、calloc()、free()和 realloc()等函数。

（1）malloc()。malloc()用于在内存的动态存储区中分配一个长度为 size 的连续空间，其函数原型如下。

```
void *malloc(unsigned int size);
```

格式说明：

- 形参 size 的类型为无符号整型（不允许为负数），表示向系统申请空间的大小。
- 若函数调用成功，则将返回一个指向 void 类型的指针。
- 函数返回的指针指向该分配区域的开头位置，即此函数的值是所分配区域的第一个字节的地址。
- "void *"表示任何指针类型的通用指针，用来说明其基类型未知的指针，即定义一个指针变量，但不明确该指针指向哪一种基类型的数据。

例如：

```
void * malloc(200);
```

该语句开辟 200 字节的临时存储区域，其函数值为第一个字节的地址。由于指针的基类型为 void，因此它不指向任何数据类型，只是提供一个地址。若函数未能成功执行，则返回空指针（NULL）。例如：

```
int *p=NULL;
p=(int *)malloc(2);
```

该语句在内存中分配 2 字节的存储单元，并将其地址赋值给整型指针变量 p。例如：

```
int *a,n=5;
a=(int *)malloc(n*sizeof(int));
```

该语句在内存中分配 5 个连续的整型存储单元,并将其地址赋值给整型指针变量 a。使用 sizeof()确定所需申请内存空间的大小,进而提高程序的可移植性。

(2) calloc()。calloc()用于在内存的动态存储区中分配 n 个长度为 size 的连续空间。此空间很大,足以保存数组。该函数原型如下。

```
void *calloc(unsigned int n, unsigned int size);
```

例如:

```
int *a,n=5;
a=(int *)calloc(n,sizeof(int));
```

该语句在内存中分配 5 个连续的整型存储单元,并将其地址赋值给整型指针变量 a。它与 malloc()的区别在于该函数在分配完内存后,会将所有的内存单元初始化为 0。

(3) free()。free()用于释放指针变量 p 所指向的动态空间,使该空间重新被其他变量使用。该函数原型如下。

```
void free(void *p);
```

free()无返回值。"p"为最近一次调用 malloc()或 calloc()得到的函数返回值。例如:

```
free(p);
```

该语句释放指针变量 p 所指向的已分配的动态空间(不是释放 p 指针变量本身),p 指针不会被初始化为 NULL,但也不能再引用其指向的原空间,否则将会导致非法访问内存的错误。

(4) realloc()。realloc()用于改变原来分配存储空间的大小。该函数原型如下。

```
void *realloc(void *p, unsigned int size);
```

若已经通过 malloc()或 calloc()获得了动态存储空间,需要改变其大小,则可以使用 realloc()重新分配存储空间,调整存储空间的大小。size 表示内存空间的新尺寸。

【例 6.17】 动态内存分配的示例。

```
1  #include <stdio.h>
2  #include <stdlib.h>
3  #include <string.h>
4  int main()
5  { char *p;
6      p=(char *) malloc(10*sizeof(char));
7      if (p!=NULL)
8      {
9           strcpy(p,"Computer");
10          puts(p);
11      }
12      p=(char *)realloc(p, 2*strlen(p));     //将原空间扩大 2 倍
```

```
13        if (p)
14        {
15              puts(p);
16              strcat(p, "Science");
17              puts(p);
18        }
19    free(p);                                        //释放动态空间
20    return 0;
21  }
```

程序运行结果如下。

```
Computer
Computer
Computer Science
```

语句"p=(char *)realloc(p, 2*strlen(p));"将原空间扩大 2 倍。若原空间之后的内存可用，则系统会在其后进行扩展；若其后空间被占用，则系统会重新分配新空间，并将原空间的内容复制到新空间中，函数的返回值（地址）也重新赋值给指针变量 p 。

习　题　6

一、简答题

1. 什么是指针？什么是指针变量？两者有何区别？

2. 指针作为一种特殊的数据类型可以进行计算吗？如果可以，请具体说明。

二、选择题

1. int *p 的含义是（　　　）。

   A．p 是一个指针，用来存放一个整型数据

   B．p 是一个指针，用来存放一个整型数据在内存中的地址

   C．p 是一个整型变量

   D．以上都不对

2. 若 p1 与 p2 都是整型指针，p1 已经指向变量 x，要使 p2 也指向 x，则以下正确的是（　　　）。

   A．p2 = p1;　　　　　B．p2 = **p1;　　　　　C．p2 = &p1;　　　　　D．p2 = *p1;

3. 若有定义"int *p,m=5,n;"，则下列选项中正确的是（　　　）。

   A．p=&n;   B．p=&n;

   　scanf（"%d"，&p）;   scanf("%d",*p);

   C．scanf("%d",&n);   D．p=&n;

   　*p=n;   *p=m;

4. 下列关于指针概念的描述，错误的是（　　　）。

   A．指针中存放的是某个变量或对象的地址值

   B．指针的类型是其所存放的数值的类型

C．指针是变量，它也具有一个内存地址值

D．指针的值是可以改变的

5．若有定义"int *p,a;"，且 p=&a，则语句"scanf("%d",*p)"一定是错误的，其错误原因是(　　)。

A．*p 表示的是指针变量 p 的地址

B．*p 只能用来说明 p 是一个指针变量

C．*p 表示的是指针变量 p 的值

D．*p 表示的是目标变量 a 的值，而不是目标变量 a 的地址

6．若有定义"int a[10]={1,2,3,4,5,6,7,8,9,10},*p;"，则下列语句正确的是（　　）。

A．for(p=a;a<(p+10);a++)　　　　　　B．for(p=a;p<(a+10);p++)

C．for(p=a,a=a+10;p<a;p++)　　　　　D．for(p=a;p<(a+10);++a)

7．以下选项中正确的是（　　）。

A．int a=200,*p=NULL；　　　　　　　B．int *a=200,*b=a；

C．int a; char *p=&a；　　　　　　　　D．double x,y,*p=&x,*q=y；

8．设"int b[]={1,2,3,4},y,*p=b;"，则执行语句"y=*p++;"后，变量 y 的值为（　　）。

A．1　　　　　　　B．2　　　　　　　C．3　　　　　　　D．4

9．设有定义"int x[]={1,2,3,4,5}, *p=x;"，则值为 3 的表达式是(　　)。

A．p+=2, p++　　B．p+=2, ++p　　C．p+=2, *p++　　　D．p+=2, ++*p

10．若变量已正确定义，且指针 p 指向变量 x，则(*p)++相当于（　　）。

A．p++　　　　　B．x++　　　　　C．*(p++)　　　　　D．&x++

11．若有说明语句"int a[10],*p=a;"，则对数组元素的正确引用是（　　）。

A．a[10]　　　　　B．p[a]　　　　　C．*(p+2)　　　　　D．p+2

12．设有定义"int a = 3, b, *p = &a;"，则下列语句中使 b 不为 3 的语句是（　　）。

A．b=*&a　　　　B．b=*p　　　　　C．b=a　　　　　　D．b=*&p

13．若定义 p 为指向 float 型变量 f 的指针，则下列语句正确的是（　　）。

A．float f,*p=f;　　B．float f,*p=&f;　　C．float *p=&f,f;　　D．float f,*p=0.0;

14．下列语句与"p[i]"等价的是（　　）。

A．*p+i　　　　　B．(*p)+i　　　　C．*(p+i)　　　　　D．(*p+i)

15．若有说明"int i, j=7, *p=&I;"，则与"i = j;"等价的语句是(　　)。

A．i=p　　　　　　B．*p=*&j　　　　C．i=&j　　　　　　D．i=**p

三、填空题

1．若有一个变量专门用来存放另一个变量的地址，则称它为_____。

2．使用指针变量访问目标变量，也称对目标变量的_____访问。

3．若有定义"int a=5,*b=&a;"则"printf("%d\n",*b);"的输出结果是_____。

4．若有定义"int a[10],*p=a;"，则 p+5 表示 a[5]的_____。

5．若有定义"int a[10],*p;"，则将数组元素 a[3]的地址赋值给指针变量 p 的赋值语句是_____。

6．若有定义"char s[3]="AB",*p;"，在执行"p=s;"和"printf("%d",*(p+1));"语句后，则输出结果是_____。

四、程序分析题

1. 执行下面程序段，a 的值为_____。

```c
#include <stdio.h>
int main()
{
    int *p,a=10,b=1;
    p=&a;
    a=*p+b;
    printf("%d\n",a);
    return 0;
}
```

2. 下面程序的输出结果是_____。

```c
#include<stdio.h>
int main()
{   int a[ ]={1,3,5,7,9};
    int y=1,i,*p;
    p=&a[1];
    for (i=0;i<3;i++)
        y+=*(p+i);
    printf("y=%d\n",y);
    return 0;
}
```

3. 下面程序的输出结果是_____。

```c
#include<stdio.h>
void fun (int *x, int *y)
{
  printf("%d%d ", *x,*y);
  *x=3;
  *y=4;
}
int main()
{
  int x=1,y=2;
  fun(&x,&y);
  printf("%d%d\n", x, y);
  return 0;
}
```

4. 下面程序的输出结果是_____。

```c
#include<stdio.h>
void fun(char *c,int d)
{
    *c= *c+1;
```

```
    d=d+1;
    printf("%c,%c,",*c,d);
}
int main()
{
    char a='A',b='a';
    fun(&b,a);
    printf("%c,%c\n",a,b);
    return 0;
}
```

5. 下面程序的输出结果是_____。

```
#include <stdio.h>
main()
{   int a[ ]={1,3,5,7,9,11,13},*p=a+1,*q=NULL;
    q=p+3;
    printf("%d,%d\n",*p,*q);
}
```

6. 下面程序的输出结果是_____。

```
include <stdio.h>
int main()
{
    int x[ ]={0,1,2,3,4,5,6,7,8,9};
    int s, i,*p;
    s=0;
    p=&x[0];
    for(i=1;i<6;i++)
        s+=*(p+i);
    printf ("sum=%d",s);
}
```

7. 下面程序的输出结果是_____。

```
#include <stdio.h>
int main()
{
    int b[10]={5,4,3,2},*p;
    for(p=b;p<b+4;p++)
        printf("%d",*p);
    printf("\n");
}
```

8. 下面程序实现 strlen()的功能，即计算指针 p 所指向的字符串中实际字符的个数。请在横线上填上适当的表达式或语句。

```
int MyStrlen(char s[])
{   char *p=s;
```

```
    while( *p !=   (1)   )
        p++;
    return    (2)   ;
}
```

实　验　6

一、实验目的

（1）掌握指针的定义与引用。

（2）掌握使用指针访问数组元素的方法。

（3）掌握指针作为函数参数的方法。

（4）掌握字符串的使用方法。

二、实验内容

（1）输入 3 个整数，使用指针法编写程序，按由小到大的顺序输出结果。

（2）使用指针编写程序，从键盘输入 0～100 之间的 10 个数，求其最大值与最小值的差，并显示结果。

（3）已知学生的成绩存储在一维数组中，编写函数采用指针法统计优秀、及格与不及格的学生人数。

（4）采用指针法编写程序，要求输入 n 个整数（20 个数以内），按其输入顺序的逆序排列后输出。

（5）采用指针法编写程序，当输入月份对应的数字时，输出月份对应的英文单词。例如：若输入"5"，则输出"May"，要求用指针数组处理。

（6）采用指针法编写函数 length()，求一个字符串的长度。在 main()中输入字符串，输出其长度。

（7）输入一个串字符，使用指针法编写程序，统计其中大写英文字母、小写英文字母、空格、数字及其他字符各有多少个。

（8）采用指针法编写函数 strcmp()，实现两个字符串的比较。设有两个字符串 s1 和 s2，若 s1=s2，则返回值为 0；若 s1≠s2，则按第 1 个不相同字符的 ASCII 码值相减。当 s1>s2 时，返回值为正数，当 s1<s2 时，返回值为负数。

第 7 章 自定义数据类型

在前面的章节中学习了 C 语言中的基本数据类型，例如：整型、单精度型、双精度型、字符型等，还学习了由单一数据类型构造而成的特殊数据结构——数组。

在使用 C 语言解决一些实际问题时，我们会发现要表示的某些对象往往是由多种不同类型的数据共同组合而成的。不同类型的数据分别表示了对象的某个特征值，将这些特征值组合在一起才能完整而全面地表示出这个对象。例如：在图书馆中的每本书都由书名、作者、ISBN 号、单价、出版社等不同属性共同表示。这些属性可以用 C 语言中的字符型、整型、浮点型等类型的数据表示。但是，使用基本数据类型单独地描述数据是片面的，不能表示图书的全部信息，或者说难以表现出数据之间的内在联系。因此，C 语言使用了一种特殊的数据类型来解决这类问题，该数据类型为结构体。本章内容结构如下。

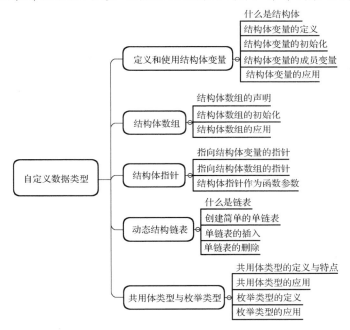

7.1 定义和使用结构体变量

7.1.1 什么是结构体

C 语言中允许用户自己定义由多种不同数据类型组合而成的特殊类型数据，它就是**结**

构体（Structure）。程序中可以使用结构体这种特殊的数据结构来表示教师的完整信息。教师的信息一般包含工号（number）、姓名（name）、院系（dep）、年龄（age）、工资（salary）、工作日期（workdate）和退休日期（retiredate）等，在程序中可以定义一个结构体来表示一位教师的全部信息。教师逻辑信息结构如表 7-1 所示。

表 7-1　教师逻辑信息结构

number	name	dep	age	salary	workdate	retiredate
11001	林大伟	工学院	34	5606.5	2011 年 3 月 11 日	2051 年 3 月 11 日

声明一个结构体的一般形式如下。

```
struct 结构体名称
{
    数据类型 结构体成员 1;
    数据类型 结构体成员 2;
    ...
    数据类型 结构体成员 n;
};                      //此处不能忘记分号
```

在程序中可以使用如下命令行来声明一个表示教师信息的结构体。

```
struct teacher
{
    int number;         //工号
    char name[10];      //姓名
    char dep[6];        //院系
    int age;            //年龄
    float salary;       //工资
};
```

以上程序声明了一个结构体类型的数据 teacher。其中，struct 是结构体类型关键字，teacher 是用户声明的结构体类型的名称。这个结构体变量由 int、char 和 float 共 5 个基本类型数据变量组成。需要说明的是，结构体的命名规则与结构体成员变量的命名规则一致，结构体成员的类型和数量完全由用户根据具体对象的属性来决定。

结构体成员变量也可以是另外一个结构体变量。例如，教师信息中还有工作日期和退休日期这两个重要的属性。而无论工作日期还是退休日期又都是由年、月、日这 3 个基本数据组成的。故声明一个表示日期的结构体 date，其代码段如下。

```
struct date
{
    int year;           //年份
    int month;          //月份
    int day;            //日期
};
```

那么重新声明后的教师结构体的代码段如下。

```
struct teacher
```

```
{
    int number;                    //工号
    char name[10];                 //姓名
    char dep[6];                   //院系
    int age;                       //年龄
    float salary;                  //工资
    struct date workdate;          //工作日期
    struct date retiredate;        //退休日期
};
```

这样就声明了一个相对较为完善的教师逻辑信息结构，如表 7-2 所示。

表 7-2　完善后的教师逻辑信息结构

number	name	dep	age	salary	workdate			retiredate		
					年	月	日	年	月	日
11001	林大伟	工学院	34	5606.5	2011	3	11	2051	3	11

7.1.2　结构体变量的定义

内存是由操作系统分配的公共存储区域，当在程序中定义了一个变量后，操作系统会为该变量划分存储空间，这个过程就是变量的定义。因为结构体变量是用户自定义的特殊变量，所以要先声明再定义。一个结构体变量有以下 3 种定义方法。

第一种方法是在声明结构体类型后，再定义结构体变量。如前面已经定义了结构体 teacher，这时就可以使用该结构体类型来声明一个结构体变量了。代码段如下。

```
struct teacher
{    int number;                   //工号
     char name[10];                //姓名
     char dep[6];                  //院系
     int   age;                    //年龄
     float salary;                 //工资
     struct date workdate;         //工作日期
     struct date retiredate;       //退休日期
};
struct teacher tea1,tea2;
```

这段代码中要注意的是，先前只是声明了一个结构体类型，但是没有定义一个属于这种类型的变量。经过这段代码后不仅有了用户定义的特殊类型的结构 teacher，还有了两个属于这种结构的变量 tea1 和 tea2。最后一行代码是定义结构体变量，其余代码声明一个结构体类型。

正如语句"int i=9;"，int 仅用于说明定义的这个变量是什么结构，占用多少内存空间，i 说明这种结构的变量名称是什么（也可以理解成变量地址的符号化表示），同时为该变量所占用的内存空间中存入数字 9（这是变量的初始化，后面章节会单独介绍结构体的初始化）。

第二种方法是在声明结构体类型的同时定义结构体变量。代码段如下。

```
struct teacher
{    int number;              //工号
     char name[10];           //姓名
     char dep[6];             //院系
     int   age;               //年龄
     float salary;            //工资
     struct date workdate;    //工作日期
     struct date retiredate;  //退休日期
}tea1,tea2;
```

该方法中结构体变量 tea1 和 tea2 在定义结构体类型的语句后，它们之间没有分号间隔。与第一种方法相比，该方法少了一行代码。

第三种方法也是在声明结构体的同时直接定义结构体变量。代码段如下。

```
struct
{    int number;              //工号
     char name[10];           //姓名
     char dep[6];             //院系
     int   age;               //年龄
     float salary;            //工资
     struct date workdate;    //工作日期
     struct date retiredate;  //退休日期
}tea1,tea2;
```

使用这种方法定义时需要注意，关键字 struct 后没有结构体类型的名称。

注意：需要明确下面几个问题。变量和类型是两个不同的概念，类型规定了数据在内存中分配的空间的大小、数据书写的方法与运算方法不同，而变量只是这种类型数据的一个实例。就如同可以这样定义一个单精度变量"float i=80.45;"，也可以这样定义"float k=80.45;"。对于结构体类型来说，一般是先声明，对系统说明有这样一种特殊结构的全新的用户自定义的数据类型，定义时系统会对结构体变量进行内存空间的分配，最后初始化（初始化详见第7.1.3 节的内容）并向这段空间中存入正确的值。此外，结构体变量中的成员变量也可以单独使用。结构体成员变量也可以与结构体以外的变量同名，而不影响它们的使用。例如，结构体 teacher 之外还可以再定义一个单精度的变量，并命名为 salary。该变量与结构体成员变量 salary 并不冲突，因为它们各自保存的位置、表示的方法均不相同。

7.1.3 结构体变量的初始化

接下来了解变量在计算机内存中是如何保存的。任何一个变量在源程序中的地址均称为逻辑地址，当调入内存运行时，变量会获得一个在内存中的真实的地址，称为物理地址。该物理地址具有两个重要属性，即地址码和存储内容。地址码就是存储这个变量用的内存空间在整个内存空间中占用的第一个存储单元的编号，程序中用变量名表示。所以，变量名可以理解成内存地址的符号化表示。该变量占用的全部空间数就是常说的变量长度，即内存中存储这个变量所使用的字节数。例如：int 型数据在内存中占用了连续的 4 个存储单元。这 4 个连续的存储单元中的第一个存储单元的地址码就是变量 i 的地址码。另一个属性是存储内容，也就是这个内存空间中所存储的数据。

　　结构体类型占用的字节数就是这个结构体变量所有成员变量的字节数之和。需要特别提醒的是，目前流行的操作系统有 32 位和 64 位。同时，使用较为广泛的编译环境也是由不同公司开发的。所以，结构体变量的实际长度有时与用户按字节数累加起来的不一致，需要读者在程序开发时了解自己使用的开发环境。前面介绍的教师结构体变量占用的字节数是 52，将成员变量 name[10]更改为 name[12]，若按字节数的累加结构体的长度就是 54字节，但是实际却是 56 字节。一个结构体变量在内存中能占用多少字节，可以使用 sizeof运算符来计算。

　　定义一个结构体类型后，只是为它分配了存储数据的内存空间，而这个空间中此刻存储的内容还不属于该结构体变量。所以在定义完结构体变量后，还要立即向该结构体变量的储存空间中存入正确的内容，该过程就是结构体变量的初始化。初始化一个结构体变量的方法有以下两种。

　　方法 1：在定义结构体类型变量的同时，对结构体变量进行初始化，代码段如下。

```
struct teacher
{       int number;                   //工号
        char name[10];                //姓名
        char dep[6];                  //院系
        int age;                      //年龄
        float salary;                 //工资
        struct date workdate;         //工作日期
        struct date retiredate;       //退休日期
}tea1={11001, "林大伟","工学院",34,5606.50,2011,03,11,2051,03,11};
```

　　方法 2：在定义结构体类型后，立即对结构体变量进行初始化，代码段如下。

```
struct teacher
{       int number;                   //工号
        char name[10];                //姓名
        char dep[6];                  //院系
        int    age;                   //年龄
        float salary;                 //工资
        struct date workdate;         //工作日期
    struct date retiredate;           //退休日期
};
tea1={11001, "林大伟","工学院",34,5606.50,2011,03,11,2051,03,11};
```

　　在对结构体变量初始化时，若只对一部分成员变量赋初值，则应该在代码中说明为哪部分成员变量赋初值。代码段如下。

```
struct teacher
{       int number;                   //工号
        char name[10];                //姓名
        char dep[6];                  //院系
        int    age;                   //年龄
```

```
     float salary;                    //工资
     struct date workdate;            //工作日期
     struct date retiredate;          //退休日期
}tea1={.number=11001,.name="林大伟",.dep="工学院",.salary=5606.50};
```

以上代码段中只对结构体变量 tea1 的部分成员变量进行了初始化，其他成员变量并没有被初始化。该代码段中的最后一行不可以写成"tea1.number=11001"这种形式，因为此刻结构体变量 tea1 尚未声明完毕。这种初始化方法只在 C99 标准中允许使用。

7.1.4 结构体变量的成员变量

结构体类型是由多个基本数据类型共同构成的一种新的类型，在使用该类型的变量时应该遵循如下规则，即不能把一个结构体变量进行整体的输入和输出，所以语句"printf("%d%s%s%d%f\n",tea1);"是错误的。结构体成员变量应该一个一个地单独输出。正确地引用结构体成员变量的格式如下。

结构体变量名.成员变量名

例如：正确的输入语句如下。

```
printf("%d%s%s%d%f\n",tea1.number,tea1.name,tea1.dep,tea1.age,tea1.salary);
```

成员变量是结构体类型的引用方式如下。

结构体变量名.结构体变量名.成员变量

输出结构体变量 teacher 中的退休日期的语句如下。

```
printf("%d年%d月%d日。\n",tea1.workdate.year,tea1.workdate.month,tea1.workdate.day);
```

输入语句中对结构体成员变量的引用也是一样的。"."是 C 语言中运算优先级最高的结构体成员运算符。

结构体成员变量也可以当作基本类型变量使用。例如：

```
tea1.retiredate.year=tea1.workdate.year+40;
tea1.retiredate.month=tea1.workdate.month;
tea1.retiredate.day=tea1.workdate.day;
```

7.1.5 结构体变量的应用

【例 7.1】 某学校规定：教师工龄每增加 5 年工资上涨 1000 元，假设结构体变量 tea 已经初始化，相关代码段如下。

```
1  #include <stdio.h>
2  struct date
3  {
4      int year;                    //年份
5      int month;                   //月份
6      int day;                     //日期
7  };
8  struct teacher
```

```
9  {
10     int number;                    //工号
11     char name[10];                 //姓名
12     char dep[6];                   //院系
13     int age;                       //年龄
14     float salary;                  //工资
15     struct date workdate;          //工作日期
16     struct date retiredate;        //退休日期
17 }tea1={11001,"林大伟","工学院",34,5606.50,2011,03,11,2051,03,11};
18 int main()
19 {
20     printf("入职时的工资%7.2lf元。\n",tea1.salary);
21     printf("今年工资是%7.2lf元。\n",(2020-tea1.workdate.year)/5*1000+
               tea1.salary);
22 }
```

注意：在这段代码中，第 21 行中的表达式"(2020-tea1.workdate.year)/5*1000+tea1.salary"用于计算教师从参加工作到 2020 年总共经过了几个 5 年。因为 year 是整型数据，常量 5 也是整型数据，所以该表达式的结果也是整型的。再乘以 1000 就是自参加工作以来，每 5 年工资上涨的总额，加上 float 型的工资时系统会自动将结果调整到占用字节数较大的类型后再进行计算。

7.2　结构体数组

7.2.1　结构体数组的声明

结构体数组与基本数据类型的数组一样，也是一组有序数据的集合。数组中的每个成员均由它在数组中的序号（即下标）表示，且数组中每个元素的数据类型都是一致的。结构体数组的声明、表示方法和初始化与基本数据类型数组的声明、表示方法和初始化都相同。

结构体数组的定义与结构体变量的定义相同，也有以下 3 种方法。

方法 1：先定义结构体类型，再定义结构体数组。代码段如下。

```
struct teacher
{   int    number;             //工号
    char name[10];             //姓名
    char dep[6];               //院系
    int age;                   //年龄
    float salary;              //工资
    struct date workdate;      //工作日期
    struct date retiredate;    //退休日期
};
struct teacher tea[1000];
```

方法 2：定义结构体类型的同时定义结构体数组。代码段如下。

```
struct teacher
{    int number;              //工号
     char name[10];           //姓名
     char dep[6];             //院系
     int   age;               //年龄
     float salary;            //工资
     struct date workdate;    //工作日期
     struct date retiredate;  //退休日期
}tea[1000];
```

方法 3：定义结构体类型的同时定义结构体数组，与方法 2 的结构体命名方式不同。代码段如下。

```
struct
{    int number;              //工号
     char name[10];           //姓名
     char dep[6];             //院系
     int   age;               //年龄
     float salary;            //工资
     struct date workdate;    //工作日期
     struct date retiredate;  //退休日期
}tea[1000];
```

第 3 种方法在关键字"struct"后没有定义结构体名称，并在结构体定义语句后直接定义结构体数组。

7.2.2 结构体数组的初始化

与结构体变量一样，结构体数组也是要进行初始化的。但是结构体数组中的每个元素都是通过下标来区分的，所以结构体数组在初始化时要为每个元素的每个成员变量赋值，才能完成对结构体数组的初始化。在一对花括号中按顺序写出每个结构体数组元素成员变量的值，这样就完成了对结构体数组的初始化。teacher 类型数组如表 7-3 所示。

表 7-3　teacher 类型数组

	number	name	dep	age	salary	workdate			retiredate		
						年	月	日	年	月	日
tea[0]	11001	林大伟	工学院	34	5606.50	2011	3	11	2051	3	11
tea[1]	11002	宋大海	工学院	30	5775.00	2015	5	8	2055	5	8

先定义结构体数组，再初始化结构体数组。代码段如下。

```
struct teacher
{    int number;              //工号
     char name[10];           //姓名
     char dep[6];             //院系
```

```
    int   age;                    //年龄
    float salary;                 //工资
};
struct teacher tea[2]={{11001,"林大伟","工学院",34,5606.50},
                       {11002,"宋大海","工学院",30,5775.00}};
```

在定义结构体数组的同时，对结构体数组进行初始化。代码段如下。

```
struct teacher
{   int number;                   //工号
    char name[10];                //姓名
    char dep[6];                  //院系
    int   age;                    //年龄
    float salary;                 //工资
}tea[2]={{11001,"林大伟","工学院",34,5606.50},
         {11002,"宋大海","工学院",30,5775.00}};
```

还有一种初始化的方法，就是在定义结构体数组时不指出元素个数，由初始化时的值来确定元素个数。代码段如下。

```
struct teacher
{   int number;                   //工号
    char name[10];                //姓名
    char dep[6];                  //院系
    int   age;                    //年龄
    float salary;                 //工资
}tea[ ]= {{11001,"林大伟","工学院",34,5606.50},
         {11002,"宋大海","工学院",30,5775.00}};
```

7.2.3 结构体数组的应用

下面使用结构体数组来解决实际问题。输入教师所在院系名称，计算并输出该院系全体教师的姓名、工资总额与平均工资。

【例 7.2】 输入院系名称，输出该院系全体教师姓名、工资总额及平均工资，代码段如下。

```
1  #include <stdio.h>
2  #include <string.h>
3  structdate
4  {
5      int year;                 //年份
6      int month;                //月份
7      int day;                  //日期
8  };
9  struct  teacher
10 {
11     int number;               //工号
12     char name[10];            //姓名
```

```
13      char dep[7];                  //院系
14      int age;                      //年龄
15      float salary;                 //工资
16      struct date workdate;         //工作日期
17      struct date retiredate;       //退休日期
18  }tea[1000]={{11001,"林大伟","工学院",34,5606.50,2011,03,11,2051,03,11},
                {11002,"宋大海","工学院",30,5775.00,2015,05,08,2055,05,08},
                ......};
19  int main()
20  {
21      char dep[7]={""};
22      int i,j;
23      float sum=0;
24      printf("请输入院系名称: ");
25      scanf("%s",dep);
26      printf("该院系教师姓名如下\n");
27      for(i=0;i<1000;i++)
28          if(strcmp(tea[i].dep,dep)==0)
29          {
30              j++;
31              printf("%s\n",tea[i].name);
32              sum=sum+tea[i].salary;
33          }
34      printf("%s 教师工资总额是%lf. \n",dep,sum);
35      printf("%s 教师平均工资是%7.2lf. \n",dep,sum/j);
36  }
```

注意：在这段代码中，先定义了一个具有 1000 个元素的结构体类型数组变量 tea，并为其赋初值。if 语句中使用 strcmp 函数对输入的院系名称和数组当前元素中的院系名称进行比较，若两者相同，则计数并输出当前元素中的院系名称，并计算工资总额及平均工资，最后一个 printf 语句中 sum 为 float 型，j 是 int 型。那么它们的商会是什么类型呢？在 C 语言中，系统会自动把不同类型的数据进行类型转换。一般规则是将占用字节数较少的数据类型向占用字节数较多的数据类型转换，所以 sum/j 的计算结果是 float 型。故输出平均工资的输出控制符是 "lf"。若在编程时不确定自动转换后的类型，也可以写成 "(float)sum/j" 这种形式，对计算结果进行强制类型转换。

7.3　结构体指针

指针就是指向数据在内存中存储位置的特殊数据。前面的章节介绍了什么是指针、指针变量和指针的应用。本节介绍指向结构体变量的指针。一个结构体变量由多个成员变量组成，第一个成员变量的地址就是结构体变量的地址。若将一个结构体变量的起始地址存放在一个指针变量中，则这个指针变量就指向结构体变量。

7.3.1　指向结构体变量的指针

通过下面的例子来说明指向结构体变量的指针是如何对结构体进行初始化的。

【例 7.3】　从键盘输入教师信息实现对结构体变量的初始化，并统一输出结果。代码段如下。

```
1  #include <stdio.h>
2  int main()
3  {
4      struct  date
5      {
6          int year;                       //年份
7          int month;                      //月份
8          int day;                        //日期
9      };
10     struct teacher
11     {
12         int number;                     //工号
13         char name[10];                  //姓名
14         char dep[7];                    //院系
15         int age;                        //年龄
16         float salary;                   //工资
17         struct date workdate;           //工作日期
18         struct date retiredate;         //退休日期
19     };
20     struct teacher tea;
21     struct teacher *teap=&tea;
22     printf("请输入教师的信息\n");
23     printf("工号: ");
24     scanf("%d",&teap->number);
25     printf("姓名: ");
26     scanf("%s",&teap->name);
27     printf("院系: ");
28     scanf("%s",&teap->dep);
29     printf("教师%s的工号是%d,工作于我校%s。\n",(*teap).name,(*teap).
               number,(*teap).dep);
30     return 0;
31 }
```

注意：上述代码中，首先定义了结构体类型 teacher，随后定义了结构体变量 tea 和指向结构体变量的指针 teap，同时将结构体指针指向结构体变量 tea。在后面的代码中用结构体指针变量对结构体成员变量进行引用。第一种通过结构体指针引用结构体成员变量的方法是"结构体指针->成员变量"，其中箭头由减号和大于号组成。第二种通过结构体指针引用结构体成员变量的方法是"(*结构体指针).成员变量"。但无论怎么变化对结构体成员的引用方法永远都是"结构体变量.成员名"，只是表示结构体变量的方法发生了改变而已。

7.3.2 指向结构体数组的指针

接着使用指向结构体数组的指针对例 7.3 进行进一步完善。

【例 7.4】 要求：能够完成对多位教师信息的录入，录入结束时向用户统一展示录入信息。代码段如下。

```
1   #include <stdio.h>
2   int main()
3   {
4       struct  date
5       {
6           int year;              //年份
6           int month;             //月份
7           int day;               //日期
8       };
9       struct  teacher
10      {
11          int number;            //工号
11          char name[10];         //姓名
12          char dep[7];           //院系
13          int  age;              //年龄
14          float salary;          //工资
15          struct date workdate;   //工作日期
16          struct date retiredate;  //退休日期
17      };
18      struct teacher tea[500];
19      struct teacher *p=tea;
20      int j=1;
21      for(;j<=500;j++,p++)
22          {
23          printf("请输入第%d位老师的信息\n",j);
24          printf("工号: ");
25          scanf("%d",&p->number);
26          printf("姓名: ");
27          scanf("%s",&p->name);
28          printf("院系: ");
29          scanf("%s",&p->dep);
30          printf("年龄: ");
31          scanf("%d",&p->age);
32          }
33      printf("总共输入%d位教师信息。\n",--j);
34      p=tea;
35      for(j=1;j<=500;j++,p++)
36          printf("%s,工号%d,是我校%s教师。\n",(*p).name,(*p).number,(*p).dep);
37      return 0;
38  }
```

注意：上述代码中，首先定义了结构体类型 teacher，随后定义了结构体数组 tea[500] 和指向结构体变量的指针 p，同时将结构体指针指向结构体数组 tea 的首地址。第一个 for 循环的控制条件 "(;j<=500;j++,p++)" 中的变量 j 控制循环次数，指针变量 p 用于指向数组中下一个元素的首地址。也就是说，变量 j 并没有像以往那样除控制循环次数外，还控制结构体数组的下标。将控制结构体数组元素下标的工作交给结构体指针 p 完成。每循环一次就执行一次 "p++"，这样指向结构体数组的指针就会以 sizeof(teacher) 为单位进行跳转，也就是每次移动一个结构体数组元素长度的字节数，从而达到指向下一个结构体数组元素的目的。当第一个 for 循环结束时，指针 p 已经指向了数组变量最后一个元素的后面，是一个无意义的地址，所以在第二个 for 循环开始前要把指针 p 重新指向数组的首地址。第二个 for 循环的控制条件与第一个 for 循环的控制条件完全相同。数组在内存中的存储位置与数组指针之间的关系如图 7-1 所示。

7.3.3　结构体指针作为函数参数

若要将一个结构体变量当作函数参数进行传递，则需要考虑是用结构体成员变量作为参数，还是用结构体变量作为参数，同时还要考虑参数返回的问题。无论使用结构体成员变量还是结构体变量进行参数传递，都属于值传递方式。这种方式会有一定的局限性，即形参与实参各自使用各自的存储空间，在函数运行完毕后数据不能自动更新。只有使用地址传递方式（也就是采用结构体变量指针作为参数进行传递）时，才能很好地解决形参数据与实参数据不能进行自动更新的问题。这样做的好处就是函数运行完毕后，参数地址中的值会被修改，从而实现数据的自动更新。

下面将对例 7.4 再次完善，要求用函数实现对教师信息的输入和输出，从而降低主函数的复杂度。

【例 7.5】使用结构体指针作为参数完成对教师信息的输入，完成输入后再逐一显示全部信息，结构体数组结构请参阅例 7.4。本例部分代码如下。

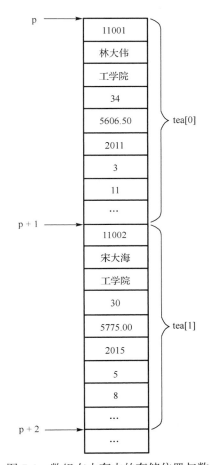

图 7-1　数组在内存中的存储位置与数组指针之间的关系

```
1    void inputteachers(struct teacher
*input,int k)
    //第一个参数是结构体指针，第二个参数是要初始化的结构体数组中的元素个数
2    {
3        int i;
4        for(i=1;i<=k;i++,input++)
5        {
6            printf("请输入第%d位教师的信息\n",i);
```

```
7          printf("工号: ");
8          scanf("%d",&input->number);
9          printf("姓名: ");
10         scanf("%s",&input->name);
11         printf("院系: ");
12         scanf("%s",&input->dep);
13         printf("年龄: ");
14         scanf("%d",&input->age);
15  }
16
17  void printteachers(struct teacher *output,int k)
        //第一个参数是结构体指针，第二个参数是输出的元素个数
18  {
19      int i;
20      for(i=1;i<=k;i++,output++)
21      printf("教师%s 年龄%d, 工号是%d 在我校%s 工作。\n",(*output).name,
            (*output).age,(*output).number,(*output).dep);
22  }
23  int main()
24  {
25      struct teacher tea[20];
26      struct teacher *p=tea;
27      inputteachers(p,20);            //调用函数对结构体数组进行初始化
28      printteachers(p,20);            //调用函数对结构体数组输出显示
29      return 0;
30  }
```

注意：上述代码中，首先定义了结构体类型 teacher，随后定义了结构体数组 tea[20] 和指向结构体变量的指针 p，同时将结构体指针指向结构体数组 tea 的首地址。在函数 inputteachers()中，由循环条件 for(i=1;i<=k;i++,input++)控制变量 i 的循环次数，input++用于指向数组中下一个元素的首地址。函数 printteachers()的 for 循环也使用了相同的循环控制方法。关于两个 for 循环的说明请参阅例 7.4 的注意部分。

7.4　动态结构链表

7.4.1　什么是链表

数据在内存中存储时有两种常用的存储方法，即线性存储和非线性存储。线性存储又分为顺序存储结构和链式存储结构两种。顺序存储结构的线性表称为顺序表，顺序表中存储元素的内存单元是连续的。即在一段物理地址连续的存储单元中，存储逻辑上也是相邻的数据元素，或把逻辑上相邻的元素存储在物理地址也相邻的存储单元中。节点之间的逻辑关系由存储单元的相邻关系来体现。在顺序存储结构中，当插入或删除元素时，都需要从存储的首地址开始，找到要操作的节点后，将被操作节点后面的全部数据移动一个位置。

这样就会带来巨大的计算工作，既降低了工作效率，又降低了内存的使用率。

　　链式存储的线性表称为链表，链表中的存储节点的存储单元不一定是连续的，每个节点中不仅要存储数据元素，还要存储相邻元素的地址信息。链表存储，将每个存储数据的节点都分为两部分，即数据域和指针域。数据域中存放数据元素，指针域中存放该节点在逻辑上相邻的下一个数据节点的地址。链表中的第一个节点称为头节点，头节点的数据域中不存放数据元素，指针域中存放第一个数据元素的地址。最后一个节点称为尾节点，尾节点的数据域中存放最后一个数据元素，指针域置为空（NULL）表示链表到此结束。中间的每个节点的数据域都存放数据元素，指针域存放逻辑上相邻的下一个节点的地址。这样就形成了一个类似"链条"的存储结构。链表结构中逻辑上相邻节点在存储位置上不一定相邻。所以，链表结构不仅解决了顺序结构在插入和删除元素时的不便，还极大地提高了内存的利用率（不要求内存提供相邻且大小合适的存储空间）。

　　在 C 语言中实现链表时，必须要有一个指针变量，用于指向下一个节点的地址。也就是说，在定义一个数据节点时，除数据元素外，还要定义一个指针变量。那么，回顾以前介绍的各种数据类型中，只有结构体类型可以完成这项工作。因为结构体类型是由多种不同数据类型组成的，当然这种数据类型也包括指针类型。例如：

```c
struct teacher
{
    int number;              //工号
    char name[10];           //姓名
    char dep[6];             //院系
    int age;                 //年龄
    float salary;            //工资
    ......
    struct teacher *next;    //结构体指针类型的成员变量是必不可少的
};
```

　　该代码段创建的结构体类型 teacher，其成员变量表示了一位教师的基本信息，其中的最后一个成员变量是 teacher 类型的指针，这一点是非常重要的。这个指针就是用来指向下一个节点的存储地址，并且下一个节点存储的数据还要与当前节点存储的数据类型相同。这样就形成一个类似"链条"的数据存储结构。单链表如图 7-2 所示。

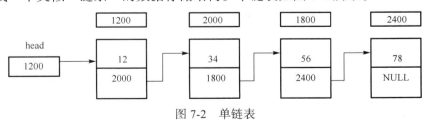

图 7-2　单链表

　　由前面章节的内容可知，用户在使用结构体类型变量时，需要先声明再定义，最后初始化。C 语言中，使用结构体变量实现链表时，也需要先声明结构体，再定义链表中的节点（分配存储空间），最后初始化（存入数据元素）。C 语言中使用系统函数为链表节点分配存储空间和收回存储空间。

void　*malloc(unsigned size)：函数功能是在内存中划分由 size 指定字节数的存储空间。若划分成功，则返回该地址区域的首地址；若划分失败，则返回 0。

void　*calloc(unsigned n,unsigned size)：函数功能是在内存中划分 n 个大小为 size 字节的连续存储空间。若划分成功，则返回该地址区域的首地址；若划分失败，则返回 0。

void *realloc(void *p,unsigned size)：函数功能是将 p 指定的已分配的存储空间的大小更改为 size 指定的大小。size 可以比原来分配的空间大，也可以比原来分配的空间小。若划分成功，则返回新地址区域的首地址；若划分失败，则返回 0。

void free(void *p)：函数功能是将指针 p 指向的内存空间释放，该函数没有返回值。

上述 4 个函数在使用时务必要引用"stdlib.h"头函数。

7.4.2　创建简单的单链表

单链表只有一个头节点"head"，指向链表在内存中的首地址。链表中的每个节点的数据类型均为结构体类型，每个节点均有两个成员，即数据域和指针域。数据域存储节点的数据值，指针域存储下一个节点的地址。链表对各节点的访问需从链表的头节点开始查找，后续节点的地址由当前节点的指针域给出。所以，访问表中任意一个节点时，都需要从链表的头节点开始，然后顺序向后查找。由于链表的尾节点无后续节点，因此其指针域为空，写为 NULL。

图 7-2 还显示出这样一层含义，链表中的各节点在内存的存储地址不是连续的，其各节点的地址是在需要时向系统申请分配的。系统根据内存的当前情况，申请到的地址可能是连续的地址空间，也可能是不连续的地址空间。

单链表节点的数据结构声明如下。

```
struct teacher
{
    int number;              //工号
    char name[10];           //姓名
    char dep[6];             //院系
    int age;                 //年龄
    float salary;            //工资
    ……
    struct teacher *next;    //结构体指针类型的成员变量
};
```

在链表节点的声明中，除必须声明的每个结构体成员外，还需要在结构体成员变量中增加一个指针成员。这个指针成员是指向与节点类型完全相同的结构体指针。在链表节点的数据结构中，非常特殊的一点就是结构体内的指针域的数据类型使用了未定义成功的数据类型。这是在 C 语言中唯一规定可以"先使用后定义"的数据结构。

单链表的创建过程分为以下步骤。

（1）定义链表的数据结构。

（2）创建一个空表。

（3）利用 malloc()向系统申请分配一个节点。

（4）将新节点的指针域赋值为空。若是空表，则将新节点连接到表头；若是非空表，则将新节点接到表尾。

（5）判断是否有后续节点要接入链表，若有，则转到（3）；否则结束。

【**例 7.6**】　使用单链表完成结构体 teacher 的信息初始化过程并打印，当输入教师姓名为 0 时，结束链表的创建。创建单链表的流程图如图 7-3 所示。代码段如下。

```c
1   #include <stdlib.h>
2   #include <stdio.h>
3   #include <string.h>
4   struct teacher
5   {
6       int number;                 //工号
7       char name[10];              //姓名
8       char dep[7];                //院系
9       int age;                    //年龄
10      float salary;               //工资
11      struct teacher *next;       //指向下一个节点的指针
12  };
13  int main()
14  {
15      struct teacher *creat();    //创建链表函数声明
16      void print();               //打印链表函数声明
17      struct teacher *head;       //定义头指针
18      head=NULL;                  //头指针置空
19      head=creat(head);           //从头指针开始创建单链表
20      print(head);                //打印单链表
21  }
22  struct teacher * creat(struct teacher *head)
        //函数返回值是与节点相同类型的指针
23  {
24      struct teacher *p1,*p2;
25      p1=p2=(struct teacher*)malloc(sizeof(struct teacher));//申请新节点
26      printf("请输入教师信息\r\n");
27      printf("请输入教师姓名(输入 0 结束): ");
28      scanf("%s",&p1->name);              //输入节点的值
29      if(strcmp(p1->name,"0")==0)
30      {
31       p2->next=NULL;
32       return head;
33      }
34      printf("请输入工号: ");
35      scanf("%d",&p1->number);
36      printf("请输入院系: ");
37      scanf("%s",&p1->dep);
38      printf("请输入年龄: ");
39      scanf("%d",&p1->age);
```

```
40        p1->next=NULL;              //将新节点的后续指针置空
41        while(1)                    //无限循环，直至输入教师姓名为0，跳出循环
42        {
43            if(head==NULL)
44              head=p1;              //空表，接入表头
45            else
46              p2->next=p1;          //非空表，接到表尾
47            p2=p1;
48            p1=(struct teacher *)malloc(sizeof(struct teacher));
                //申请下一个新节点
49            printf("请输入下一位教师的信息\r\n");
50            printf("请输入教师姓名(输入0结束): ");
51            scanf("%s",&p1->name);      //输入节点的值
52            if(strcmp(p1->name,"0")==0)
53            {
54                p2->next=NULL;
55                return head;
56            }
57            printf("请输入工号: ");
58            scanf("%d",&p1->number);
59            printf("请输入院系: ");
60            scanf("%s",&p1->dep);
61            printf("请输入年龄: ");
62            scanf("%d",&p1->age);       //输入节点的值
63        }
64 }
65 void print(struct teacher *head)  //输出以head为头的链表各节点的值
66 {
67        struct teacher *temp;
68        temp=head;                  //取得链表的头指针
69        while(temp!=NULL)           //只要是非空表
70        {
71            printf("教师%s的工号是%d，工作于我校%s. \n",temp->name,temp
                ->number,temp->dep);      //输出链表节点的值
72            temp=temp->next;            //跟踪链表的增长情况
73        }
74 }
```

注意：本例主程序中定义了两个函数，创建链表的*creat()和打印链表内容的 print()，还定义了一个结构体指针*head。在*creat()中，第 25 行向系统申请了一个长度为 sizeof(struct teacher)的内存空间，并将其地址类型强制转换为结构体指针类型，并将该类型赋给结构体指针变量 p1 和 p2。这样就完成了头节点的声明工作，接着就是初始化过程一直到 39 行。接下来的 if 语句用于判断当前链表是空链表还是非空链表，并将节点的指针域指向正确的

地址（第 43～46 行）。第 48 行再次申请一个长度为 sizeof(struct teacher)的内存空间，重复前面的工作。这样就创建了一个链表，直至当输入教师姓名为 0 时为止。打印单链表节点信息的函数 print()结构相对简单。第 69 行的 while 循环控制条件是"temp!=NULL"，这样控制循环是因为链表长度未知，只能用判断是否为空指针来停止循环。第 72 行指明了下一个要打印的数据元素的地址就是当前指针域所指向的那个地址，直至尾节点的指针域为 NULL 为止。

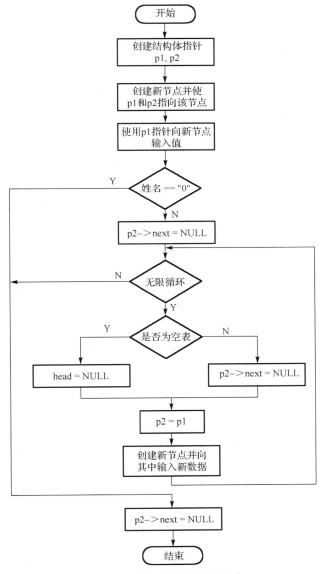

图 7-3　创建单链表的流程图

创建单链表函数中，创建了两个结构体指针变量 p1 和 p2，这两个变量主要用来完成指针交换的工作。在输入节点信息过程中，通过判断教师姓名是否为 0 来结束函数语句。

最重要的是循环部分，第一个 if 语句是判断当前链表是否为空链表，若是空链表，则将头指针指向刚创建的节点；若不是空链表，则将前一个节点的 next 变量指向当前节点地址。令指针 p2 指向指针 p1 所指向的地址，然后再创建下一个节点并令指针 p1 指向新节点的地址。接着输入下一个节点的值，并进入下一个循环，再次通过 head 指针的值判断当前链表是否为空链表，并重复前面的过程，直至当输入教师姓名为 0 时，结束循环。

打印单链表节点信息的函数 print() 中也定义了一个结构体指针，并指向当前链表的头指针。再以是否为空指针为条件进行循环，每循环一次将 temp 更改成下一个节点的地址，直至最后一个节点（最后一个节点的 next 指针为 NULL）。

7.4.3　单链表的插入

在链表这种特殊的数据结构中，链表的长度需要根据具体情况来设定，当需要保存数据时，向系统申请存储空间，并将数据接入链表中。对链表而言，数据可以插入到链表头或链表尾，也可以视情况插入链表的中间部分。这就是下面将介绍的链表的插入操作。无论哪种链表操作，需要注意指针交换的顺序。

（1）将新节点插入到链表头。

【例 7.7】　定义函数 struct teacher *inputnode(struct teacher *head)，假设此时链表已经建立完毕。代码段如下。

```
1  struct teacher *inputnode(struct teacher *head)    //将节点插入到链表头
2  {
3      struct teacher *p;
4      p=(struct teacher*)malloc(sizeof(struct teacher));
5      printf("请输入姓名: ");
6      scanf("%s",&p->name);
7      printf("请输入工号: ");
8      scanf("%d",&p->number);
9      printf("请输入院系: ");
10     scanf("%s",&p->dep);
11     printf("请输入年龄: ");
12     scanf("%d",&p->age);
13     p->next=head;
14     head=p;
15     return head;
16 }
```

注意：第 4 行向系统申请了一个长度为 sizeof(struct teacher) 的内存空间，并将其地址类型强制转换为结构体指针类型，即创建一个节点。第 5～12 行是节点的初始化过程。第 13 行是将新节点的 next 指向头节点。第 14 行是将 head 指针指向新创建的节点，这样新节点就插入到原链表的头部。为了避免链表断开，第 13 行与第 14 行的顺序不可以改变。插入链表头节点的过程如图 7-4 所示。

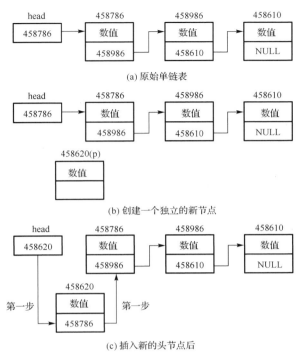

(a) 原始单链表

(b) 创建一个独立的新节点

第一步　　第一步

(c) 插入新的头节点后

图 7-4　插入链表头节点的过程

（2）将新节点插入到链表尾。

【例 7.8】　定义函数 struct teacher *inputendnode(struct teacher *head)，假设此时链表已经建立完毕。代码段如下。

```
1   struct teacher *inputendnode(struct teacher *head)    //将节点插入到链表尾
2   {
3       struct teacher *temp,*p2,*p1;
4       temp=head;                                        //取得链表的头指针
5       while(temp!=NULL)                                 //定位到链表尾节点
6       {
7           p2=temp;
8           temp=temp->next;
9       }
10      p1=(struct teacher*)malloc(sizeof(struct teacher));
11      printf("请输入姓名: ");
12      scanf("%s",&p1->name);
13      printf("请输入工号: ");
14      scanf("%d",&p1->number);
15      printf("请输入院系: ");
16      scanf("%s",&p1->dep);
17      printf("请输入年龄: ");
18      scanf("%d",&p1->age);
19      p2->next=p1;
20      p1->next=NULL;
21      return head;
22  }
```

注意：第 5 行 while 循环的功能是找到链表尾节点的地址，并将其保存在 p2 中，然后创建一个新节点并将该节点对应的地址存于 p1 中，之后为新节点输入值。最后，将原链表尾节点的 next 指针指向新创建的节点地址 p1，再把新节点的 next 置为空（NULL）。插入链表尾节点的过程如图 7-5 所示。

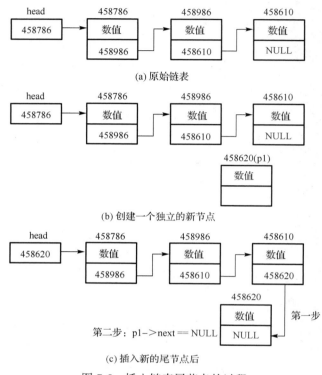

图 7-5　插入链表尾节点的过程

（3）将新节点插入链表的中间。

【例 7.9】　定义函数 struct teacher *inputmiddlenode(struct teacher *head,int k)，其中参数 k 是一个小于链表长度的数，表示新节点插入的位置。假设此时链表已经建立完毕，代码段如下。

```
1   struct teacher *inputmiddlenode(struct teacher *head,int k)
//新节点插入到链表中的第 k 个节点处
2   {
3       struct teacher *p,*p1,*p2,*temp;
4       int i;
5       temp=head;
6       for(i=1;i<k;i++)
7           temp=temp->next;
8       p1=temp;
9       p2=temp->next;
10      p=(struct teacher*)malloc(sizeof(struct teacher));
11      printf("请输入姓名: ");
```

```
12      scanf("%s",&p->name);
13      printf("请输入工号: ");
14      scanf("%d",&p->number);
15      printf("请输入院系: ");
16      scanf("%s",&p->dep);
17      printf("请输入年龄: ");
18      scanf("%d",&p->age);
19      p1->next=p;
20      p->next=p2;
21      return head;
22  }
```

注意: for 循环是先定位到链表中的第 k 个节点处, 指针 p1 指向该节点的地址, 指针 p2 指向该节点的下一个节点的地址。然后创建新节点并把地址存在指针 p 中。最后将指针 p1 指向节点的 next 指向新节点地址 p, 新节点的 next 指向 p2 节点的地址。这样就在链表的第 k 个节点处插入了一个新节点。插入链表中间节点的过程如图 7-6 所示。

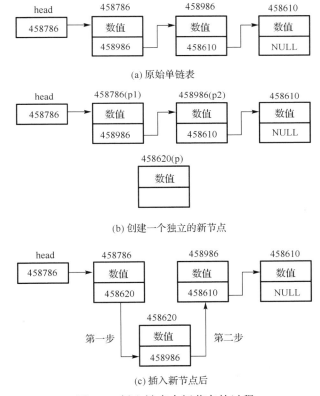

图 7-6　插入链表中间节点的过程

7.4.4　单链表的删除

对于不再需要的数据, 将其从单链表中删除并释放其所占空间, 但不能破坏链表的结构。下面将介绍链表的删除操作。无论采用哪种链表操作, 务必注意指针交换的顺序。

（1）删除链表头节点。

【例 7.10】 定义函数 struct teacher *deleteheadnode(struct teacher *head)，假设此时链表已经建立完毕。代码段如下。

```
1  struct teacher * deleteheadnode(struct teacher *head)
2  {
3    struct teacher *temp;
4    temp=head;
5    head=temp->next;
6    temp->next=NULL;
7    free(temp);
8    return head;
9  }
```

注意：这段代码中，先令 temp 指向头节点，然后令 head 指向头节点的下一个节点的地址，再断开头节点的 next，最后用 free()函数释放头节点所占用的空间。删除链表头节点的过程如图 7-7 所示。

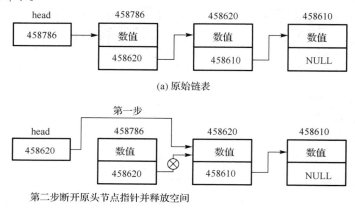

图 7-7　删除链表头节点的过程

（2）删除链表尾节点。

【例 7.11】 定义函数 struct teacher *deleteendnode(struct teacher *head)，假设此时链表已经建立完毕。代码段如下。

```
1  struct teacher * deleteendnode(struct teacher *head)
2  {
3    struct teacher *temp,*p;
4    temp=head;
5    while(1)              //取得链表最后一个节点的指针
6    {
7      p=temp;
8      temp=temp->next;
9      if(temp->next==NULL)
```

```
10          break;
11      }
12   p->next=NULL;
13   free(temp);
14   return head;
15 }
```

注意：这段代码中的 while 循环的控制条件是"1"，这是因为事先无法确定链表的长度，给出一个特定的循环结束判断，只能在循环中通过 if 语句来判断是否到达链表尾节点。即第 9 行用于判断是否到达链表尾节点，并结束循环。然后将当前节点的前一个节点的 next 置为空（NULL），然后使用 free()释放最后一个节点占用的空间。删除链表尾节点的过程如图 7-8 所示。

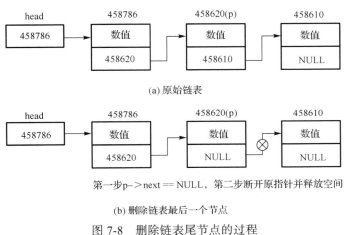

(a) 原始链表

第一步 p->next == NULL，第二步断开原指针并释放空间

(b) 删除链表最后一个节点

图 7-8　删除链表尾节点的过程

（3）删除链表中间节点。

【例 7.12】　定义函数 struct teacher *deletemiddlenode(struct teacher *head,int k)，其中参数 k 是一个小于链表长度的数，表示要删除的第 k 个节点。假设此时链表已经建立完毕，代码段如下。

```
1  struct teacher * deletemiddlenode(struct teacher *head,int k)
2  {
3      struct teacher *p,*temp;
4      int i;
5      temp=head;
6      for(i=1;i<=k;i++)
7      {
8          p=temp;
9          temp=temp->next;
10     }
11     p->next=temp->next;
12     temp->next=NULL;
13     free(temp);
14     return head;
```

```
15 }
```

注意： 第 6 行的 for 循环用于将当前节点定位到链表中的第 k 个节点。然后将当前节点的前一个节点的 next 设置为当前节点的 next 指针，然后使用 free()释放当前节点占用的空间。删除链表中间节点的过程如图 7-9 所示。

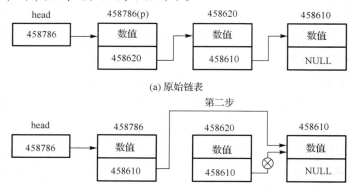

(a) 原始链表

第二步断开原节点指针并释放空间

(b) 删除链表中间的某个节点

图 7-9　删除链表中间节点的过程

（4）根据节点内容删除对应节点。假设此时教师链表已经建立完毕，输入教师工号时，即可完成对链表中对应节点的删除操作（教师工号是唯一的，不会存在相同的工号）。

【例 7.13】 定义函数 struct teacher * searchnode (struct teacher *head,int k)。代码段如下。

```
1  struct teacher *searchnode(struct teacher *head,int k)
2  {
3      struct teacher *temp,*p;
4      printf("要删除教师的工号: ");
5      scanf("%d",&k);
6      if(head==NULL)
7      {
8          printf("这是一个空链表。\n");
9          return head;
10     }
11     temp=head;
12     while(temp->number!=k && temp->next!=NULL)
13     {
14         p=temp;
15         temp=temp->next;
16     }
17     if(temp->number==k)
18     {
19         if(temp==head)
20             head=temp->next;
21         else
22             p->next=temp->next;
```

```
23          temp->next=NULL;
24          free(temp);
25          printf("已经删除该节点。\n");
26      }
27      else
28          printf("找不到该节点。\n");
29 return head;
30 }
```

注意：这段代码中，先输入要删除教师的工号，再判断这个链表是否为空表。若是空表，则使用 return 语句结束函数。第 12 行的 while 循环用于定位到指定工号的节点（循环的判断条件是：既不查找相同的工号，又不是最后一个节点），这时 temp 指向该节点，p 指向该节点的前一个节点。紧接着第 17 行的 if 语句用于判断该节点的 number 变量与要删除的教师工号是否相同。第 19 行的 if 语句用于判断当前节点是否为头节点，若是头节点，则该如何调整当前节点的指针域；若不是头节点，则又该如何调整当前节点的指针域。最后释放当前节点占用的内存空间。

7.5　共用体类型与枚举类型

前面讨论的结构体是由若干个不同数据类型的成员组成的一种构造数据类型，它的每个成员都占用一定的内存空间。在实际使用中，某种构造类型的数据成员在其生命周期内的每个时刻通常只需要一个成员在内存中，因此，C 语言系统从节省内存空间的角度出发，提供了一种称为共用体的构造数据类型。

7.5.1　共用体类型的定义与特点

共用体类型与结构体类型相同，也是 C 语言提供的一种构造数据类型，而共用体中各个成员不占用专门的内存空间，全体成员共用一块内存空间。也就是说，在任何时刻，共用体的存储单元中只能存放多个成员中的某个成员的数据，而不同时刻可以存放不同成员的数据，甚至是不同数据类型的成员。所谓的共用体就是指各成员联合起来共同占用一块内存空间。

共用体变量的定义形式如下。

```
union 共用体名
{
    数据类型成员变量 1;
    数据类型成员变量 2;
    ...
    数据类型成员变量 n;
};//共用体变量名列表
```

共用体变量的声明和定义与结构体变量的声明和定义均相同，但是共用体变量不可以初始化。下面将以学生对象为例，介绍共用体变量的声明及定义。

共用体变量的声明，代码段如下。

```
union students
{
    char name[10];       //姓名
    int number;          //学号
    float score;         //成绩
};
```

先声明共用体类型，再定义共用体变量。代码段如下。

```
union students
{
    char name[10];       //姓名
    int number;          //学号
    float score;         //成绩
};
union students stu1,stu2;
```

也可以声明与定义同时进行，代码段如下。

```
union
{
    char name[10];       //姓名
    int number;          //学号
    float score;         //成绩
}stu1,stu2;
```

需要再次说明的是，结构体变量所占用的内存空间是结构体变量的各个成员变量所占内存空间之和。而共用体变量所占用的内存空间是共用体变量的各个成员变量中最长类型所占用的内存空间。上面定义的 students 类型共用体变量 stu1 和 stu2 的长度均是 12（具体长度需要由不同的操作系统决定，计算长度的函数是 sizeof()）。共用体与结构体占用内存空间的情况如图 7-10 所示。

成员变量1	成员变量1	成员变量3
2字节	4字节	4字节
结构体占用内存空间的情况		

成员n
4字节
共用体占用内存空间的情况

图 7-10　共用体与结构体占用内存空间的情况

只有先定义了共用体变量后，才可以对其成员进行引用。不能直接引用共用体变量自身，只能引用共用体变量中的成员变量。引用方法是"共用体变量.成员名"。例如，输出上述共用体变量的成员时，需要注意各个成员的数据类型。例如："printf("学生姓名是%s。

\n",sut1.name);" 与 "printf("学生学号是%d。\n",sut1.number);"。

在使用共用体变量时，需要注意以下特点。

（1）同一个内存空间可以用来存放几种不同类型的成员，但在某个时刻只能存放其中一种类型的成员，而不能同时存放好几种类型的成员。

（2）共用体变量中起作用的成员是最后一个存入内存中的成员，在存入新成员后原有成员就失去了作用。

（3）共用体变量的地址与它的各个成员变量的地址相同。

（4）不能对共用体变量名赋值，既不能企图引用共用体变量名得到成员变量的值，又不能在定义共用体变量时对其进行初始化。

（5）既不能将共用体变量作为函数参数进行传递，又不能将函数的返回值确定为共用体变量。但可以使用指向共用体变量的指针来完成上述内容。

（6）共用体变量可以成为结构体变量中的成员变量。

7.5.2　共用体类型的应用

某教学管理系统中，构建一个结构体数组，记载学生若干门课程的成绩报告单，结构体成员包括 courseNo（课程号）、courseName（课程名）、credit（学分）、courseType（课程性质）和 measure（百分制成绩/等级制成绩）等。courseType 分为必修课和选修课，对于必修课以整型百分制成绩（score）进行评价，对于选修课则以字符型等级制成绩（grade）进行评价，等级制成绩分为'A'、'B'、'C'、'D'和'E'。也就是说，"measure"成员由 score 和 grade 联合共用一块内存空间，即联合共用体。

【例 7.14】　要求输入课程名后，系统可以自动判断该课程是必修课还是选修课，然后再将百分制成绩或等级制成绩自动存入共用体中，必修课输入百分制成绩，选修课输入等级制成绩。代码段如下。

```
1  #include <stdio.h>
2  struct schoolReport
3  {
4      int courseNo;                 //课程号
5      char courseName[10];          //课程名
6      int credit;                   //学分
7      char courseType;              //课程性质（1为必修课、0为选修课）
8      union
9      {
10         int score;               //百分制成绩，共用体的一个成员
11         char grade[2];           //等级制成绩，共用体的另一个成员
12     }measure;                     //评价，共用体变量，作为结构体的一个成员
13 };
14 struct schoolReport result[20];
15 int main()
16 {
17     int i,k;
18     int select(int no);          //确定课程性质的函数
```

```
    ...
21  for(i=0;i<20;i++)
22  {
23      printf("请输入课程编号:");
24      scanf("%d",&schoolRepore[i].courseNo);
25      k=select(schoolRepore[i].courseNo);
                                //根据函数返回值确定课程性质
26      switch (k)
27      {
28          case 1:                //输入必修课百分制成绩
29              printf("请输入必修课百分制成绩:");
30              scanf("%d",&result[i].measure.score);
31              break;
32          case 0:                //输入选修课等级制成绩
33              printf("请输入选修课等级制成绩:");
34              scanf("%s",&result[i].measure.grade);
35              break;
36          default:
38              printf("你输入的课程名有误。\n");
39              break;
40      }
41  }
42 }
```

注意：在这段代码中，结构体 schoolReport 中含有一个共用体成员变量 measure，这个共用体成员用于存放课程的成绩。若课程是必修课，则其成绩是 int score 百分制成绩；若课程是选修课，其成绩用 char grade[2]表示等级制成绩。所以在输入课程号后，第 25 行中的 select()的返回值 1 和 0 分别表示必修课和选修课。然后第 26 行中的 switch 语句根据课程性质分别输入百分制成绩或等级制成绩。再通过两个 scanf()中格式字符的区别和对结构体变量中共用体成员的引用格式来区别和表示共用体中的数据类型。

7.5.3 枚举类型的定义

在日常生活中经常会遇到这样一类信息，例如：一年有 4 个季节，且可以分别列举出来：Spring、Summer、Autumn、Winter；一周只有 7 天，也可以全部列举出来：Monday、…、Sunday。这类变量都有两个特点：一是每个元素都有固定的名称；二是每个元素都有一定的顺序。

可以使用已经掌握的两种方法来表示这类数据。一种是使用代号表示法，例如：用整数 1 代表星期一（Monday）、1 月份（January）、第一季（Spring）等，用整数 2 代表星期二（Tuesday）、2 月份（February）、第二季（Summer）等，依此类推。然而这种代号表示法没有体现各个量的本身含义，表述不直观。另一种方法是使用字符串表示法，例如，"Sunday"表示星期天，"Spring"表示春季，然而这种字符串表示法虽然表达了变量的含义，但是无法体现变量的顺序。因为，按字符串中字符的 ASCII 码值排列，季节的顺序就变成了 Autumn、Spring、Summer、Winter。

在编写程序时，为了提高程序的可读性，希望这类数据在程序中的描述形式既能表达变量的含义，又能反映变量的顺序特性。为此，C 语言提供了一种称为枚举类型的数据类型来解决这类问题。例如：使用一种不带引号的字符序列 Spring（枚举类型常量）作为春季的名称，它不仅表示春季的含义，还隐含了一个序号，即表现它在 4 个季节中的顺序。

定义枚举类型的格式如下。

```
enum 枚举类型名    {枚举常量1,枚举常量2,…};
```

定义以下一个枚举类型 enum weekday，并由此定义枚举常量。

```
enum weekday{sun,mon,tue,wed,thu,fri,sat};
enum weekday workday;
```

或者

```
enum {sun,mon,tue,wed,thu,fri,sat}workday;
```

此时，workday 被定义为枚举类型常量，那么它的值就只能是 sun～sat 中的其中之一。

关于枚举常量必须明确以下问题。

（1）在 C 编译系统中，对枚举常量按常量处理。由于枚举常量不是变量，所以不能对它们进行赋值。例如："sun=0;"这种表达是错误的。

（2）枚举常量在编译时是有具体值的，上例中 sun 的值是 0，mon 的值是 1，依此类推。当然用户也可以在定义枚举常量时自行设定它们的值。例如：

```
enum weekday{sun=7,mon=1,tue,wed,thu,fri,sat};
```

那么，sat 的值为 6。

（3）枚举常量可以进行判断比较。例如：

```
if(workday==tue)…,
```

其比较值就是其在定义时的顺序号。

（4）不能直接将一个整型数据赋值给枚举型常量，例如："workday=3"这种表达是错误的。正确的赋值方法是对整型数据进行强制类型转换，即"workday=(enum weekday)3"这种表达是正确的。

7.5.4　枚举类型的应用

【例 7.15】　假设 2020 年 1 月 1 日是周三，输入任意天数后，计算这天是周几。

实现上述问题的代码如下。

```
1   #include<stdio.h>
2   #include <math.h>
3   int main()
4   {
5       enum weekday{wed,thu,fri,sat,sun,mon,tue};
6       enum weekday workday;
7       float k;
```

```
 8        printf("请输入天数: ");
 9        scanf("%f",&k);
10        workday=(int)fmod(k,7.0);
11        switch(workday)
12        {
13          case wed:
14              printf("这一天是周三。\n");
15              break;
16          case thu:
17              printf("这一天是周四。\n");
18              break;
19              case fri:
20              printf("这一天是周五。\n");
21              break;
22              case sat:
23              printf("这一天是周六。\n");
24              break;
25              case sun:
26              printf("这一天是周日。\n");
27              break;
28              case mon:
29              printf("这一天是周一。\n");
30              break;
31              case tue:
32              printf("这一天是周二。\n");
33              break;
34        }
35        return 0;
36 }
```

注意：在这段代码中，将题设中的周三设为第一枚举常量，其他日期顺序排列，函数 fmod() 是计算余数的系统函数（需要指明 math.h 头函数）。第 10 行用于将 fmod() 的返回值由浮点型强制转换为整型。最后根据 workday 的值并通过 switch 语句输出这一天是周几。

习 题 7

一、简答题

1. 简述什么是结构体，以及结构体变量初始化的几种方法。

2. 本章中定义的 teacher 变量的长度是多少？

3. 以结构体指针作为函数参数进行传递时，被传递的是什么？这样做的好处是什么？

4. 叙述结构体与共用体之间的异同点。

5. 简述单链表的特点，链表的每个节点中不可或缺的是什么类型的成员变量。

二、选择题

1. 若程序中有以下的说明和定义

```
struct abc
{
    int x;
    char y;
}
struct abc s1,s2;
```

则会发生的情况是（　　　）。

  A．编译时错　　　　　　　　　　　　B．程序将顺利编译、链接、执行

  C．能顺利通过编译、链接，但不能执行　　D．能顺利通过编译，但链接出错

2. 若有以下程序段

```
struct st
{
    int x;
    int *y;
}*pt;
int a[]={1,2},b[]={3,4};
struct st  c[2]={10,a,20,b};
pt=c;
```

则以下选项中表达式的值为 11 的是（　　　）

  A．*pt->y　　　　　　B．pt->x　　　　　　C．++pt->x　　　　　　D．(pt++)->x

3. 若有以下说明和定义语句

```
struct student
{
    int age;
    char num[8];
};
struct student stu[3]={{20,"200401"},{21,"200402"},{19,"200403"}};
struct student *p=stu;
```

则以下选项中引用结构体变量成员的表达式错误的是（　　　）。

  A．(p++)->num　　　B．p->num　　　　　C．(*p).num　　　　　D．stu[3].age

4. 以下对结构体变量 td 的定义中，错误的是（　　　）。

  A．typedef struct aa　　　　　　　B．struct aa

    {　　　　　　　　　　　　　　　　　　{

      int n;　　　　　　　　　　　　　　　int n;

      float m;　　　　　　　　　　　　　　float m;

    }AA;　　　　　　　　　　　　　　　　};

`AA td;`	`struct aa td;`

```
C. struct                          D. struct
   {                                  {
       int n;                             int n;
       float m;                           float m;
   }aa;                               }td;
   struct aa td;
```

5. 根据下面的定义，能打印出字母 M 的语句是（　　）。

```
struct person
{
    char name[9];
    int age;
};
struct person class[10]={"John",17, "Paul",19,"Mary",18, "Adam",16};
```

A. printf("%c\n",class[3].name);　　　　B. printf("%c\n",class[3].name[1]);

C. printf("%c\n",class[2].name[1]);　　D. printf("%c\n",class[2].name[0]);

6. 设有以下语句

```
struct st
{
    int n;
    struct st *next;
};
    static struct st a[3]={5,&a[1],7,&a[2],9,'\0'},*p;
    p=&a[0];
```

则表达式（　　）的值是 6。

A. p++ ->n　　　　B. p->n++　　　　C. (*p).n++　　　　D. ++p->n

7. 对某个单链表进行操作时，指针 f 指向尾节点，指针 p 指向尾节点的前一个节点，指针 s 指向新创建的节点。那么，不能将 s 所指向的节点插入到链表末尾的语句是（　　）。

A. s->next=NULL; p=p->next; p->next=s;

B. p=p->next; s->next=p->next; p->next=s;

C. p=p->next; s->next=p; p->next=s;

D. p=(*p).next; (*s).next=(*p).next; (*p).next=s;

8. 下面程序的运行结果是（　　）。

```
void main()
{
    struct cmplx
    {
        int x;
        int y;
```

```
    }cnum[2]={1,3,2,7};
    printf("%d\n",cnum[0].y /cnum[0].x * cnum[1].x);
}
```

    A．0   B．1   C．3   D．6

9．已知字符 0 的 ASCII 码值为十六进制数 30，下面程序的运行结果是（   ）。

```
void main()
{
    union
    {
        unsigned char c;
        unsigned int i[4];
    }z;
    z.i[0]=0x39;
    z.i[1]=0x36;
    printf("%c\n",z.c);
}
```

    A．6   B．9   C．0   D．3

10．以下定义的变量 x 所占内存空间的字节数为（   ）（设在 16 位计算机的环境下）。

```
union data
{
    int i;
    char ch;
    double f;
}x;
```

    A．7   B．11   C．10   D．8

三、填空题

1．结构体变量的使用必须经过_____、_____和_____三个步骤。

2．结构体变量的长度由各个成员变量的长度和操作系统共同决定，所以求其长度的运算符是_____。

3．当使用结构体数组名作为函数的参数传递时，是_____传递。

4．设结构体数组指针 p 指向第 2 个数组元素，那么 p++将指向_____个数组元素。

5．链表在内存的保存方式有顺序和链式两种，_____内存利用率高。

6．单链表中_____没有后续节点，_____没有前驱节点。

7．使用结构体变量创建单链表时，结构体成员变量中要有一个_____类型的指针变量。

8．链表的操作必须从_____开始。

9．共用体变量的长度是由其成员变量中最_____的一个决定的。

10．若已知枚举类型的变量"enum weekday{sun=7,mon=1,tue,wed,thu,fri,sat};"，则 sat 的值为_____。

四、程序分析题

1. 计算全班学生的总成绩、平均成绩及成绩在 140 分以下的学生人数，请将程序补充完整。

```c
#include <stdio.h>
struct{
        char *name;              //姓名
        int num;                 //学号
        int age;                 //年龄
        char group;              //所在小组
        float score;             //成绩
        }class[] = {{"Li ping",5,18,'C',145.0},
                    {"Zhang ping",4,19,'A',130.5},
                    {"He fang",1,18,'A',148.5},
                    {"Cheng ling",2,17,'F',139.0},
                    {"Wang ming",3,17,'B',144.5}};
    int main()
    {
        int i,num_140 = 0;
        float sum = 0;
        for(i=0;i<5;i++)
        {
            sum+=_____;
            if(class[i].score < 140)
            ____;
        }
        printf("sum=%.2f\naverage=%.2f\nnum_140=%d\n",sum,sum/5,num_140;
        return 0;
    }
```

2. 显示结构体成员变量的值，请将程序补充完整。

```c
#include <stdio.h>
int main()
{
    struct
    {
        char *name;                      //姓名
        int num;                         //学号
        int age;                         //年龄
        char group;                      //所在小组
        float score;                     //成绩
    }stu1={"Tom",12,18,'A',136.5},*pstu=&stu1;   //读取结构体成员的值
    printf("%s 的学号是%d。\n",_____.name,_____->num);
    return 0;
}
```

3. 使用结构体指针显示结构体数组，请将程序补充完整。

```
#include <stdio.h>
struct stu
{
    char *name;             //姓名
    int num;                //学号
    int age;                //年龄
    char group;             //所在小组
    float score;            //成绩
}stus[]={{"Zhou ping",5,18,'C',145.0},
        {"Zhang ping",4,19,'A',130.5},
        {"Liu fang",1,18,'A',148.5},
        {"Cheng ling",2,17,'F',139.0},
        {"Wang ming",3,17,'B',144.5}},*ps;
int main()
{
    int len=_____;       //求数组长度
    printf("Name\t\tNum\tAge\tGroup\tScore\t\n");
    for(ps=stus;_____;ps++)
        printf("%s\t%d\t%d\t%c\t%.1f\n",ps->name,ps->num,ps->age,ps
        ->group,ps->score);
    return 0;
}
```

4. 删除某链表的头节点，请将程序补充完整。

```
struct node * deleteheadnode(struct node *head)
{
    struct node *temp;
    temp=head;
    _____;
    _____;
    free(temp);
    return head;
}
```

实　验　7

一、实验目的
（1）熟悉结构体数组的初始化。
（2）熟悉单链表的创建、插入及删除操作。
二、实验内容

```
struct date
    { int year;             //年份
     int month;             //月份
     int day;               //日期
```

```
        };
struct  teacher
    {  int number;               //工号
     char name[10];              //姓名
     char dep[7];                //院系
     int age;                    //年龄
     float salary;               //工资
     struct date  workdate;      //工作日期
     struct date  retiredate;    //退休日期
     struct  teacher  *next;
    };
```

以程序中的结构体为依据，完成下列操作。

（1）编写 structteacher *create()函数，将教师信息存储在单链表中。

（2）编写 structteacher *retiredate(struct teacher *head)函数，实现根据教师参加工作时间确定教师退休日期的功能。所有教师均自参加工作之日开始，工作满 40 年即可退休。

（3）编写 struct teacher *deletenode(struct teacher *head)函数，将所有年满 50 岁的教师从链表中删除。

第8章 文件

前面章节所学的数据类型都是在程序运行时生效（参见4.6节）的，在程序停止运行时这些数据就会消失，即不能提供数据长期存储。本章将要学习C程序是如何使用文件对数据进行永久存储的。本章内容结构如下。

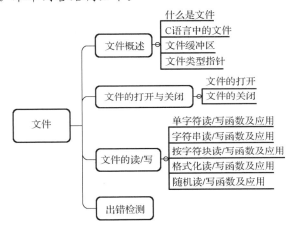

8.1 文 件 概 述

计算机中存储数据的设备分为内部存储器（简称内存）和外部存储器（硬盘或U盘）。由于内存的物理特性是存储于其中的数据会随着计算机关机而消失，因此要长久保存数据，就要使用硬盘、光盘、U盘等外部存储器。为了便于数据的管理和检索，引入了"文件"的概念。一篇文章、一段视频、一个可执行程序等都可以被保存为一个文件，并赋予其一个具有一定规则的名称。Windows操作系统就是以文件为单位管理磁盘中的数据的。如果成千上万个文件不加分类地放在一起，那么用户使用起来非常不方便，因此又引入了目录（也称为文件夹）的机制，即可以把具有一定逻辑关系的文件存放在相同的文件夹中，文件夹中还可以嵌套文件夹，这就便于用户对文件进行管理和使用。

8.1.1 什么是文件

一般来说，文件具有两大属性，即文件名和路径。文件名是由用户按照操作系统的要求定义的字符串，在Windows操作系统中，要求文件名由主文件名和扩展文件名组成，总长度不超过255个字符。在全部可显示字符中仅有9个字符（\、/、:、*、?、'、<、>、|）

是禁止使用的，其他字符均可使用。文件名的字符不区分英文字母大小写，但是要求在同一个文件夹中的文件不可以重名。主文件名是由用户命名的，而扩展名是由创建该文件的软件系统决定的。例如：用 Word 创建的文件扩展名是.docx（旧版本的文件扩展名是.doc）。常说的文件类型就是由文件扩展名决定的，常见的文件扩展名包括：.txt（文本文件）、.mp4（使用 MPEG-4 格式存储的视频文件）、.mp3（使用 MPEG Audio Layer 3 技术压缩的音频文件）、.jpg（图像文件）、.exe（可执行文件）等多种类别。

路径是这个文件在计算机资源管理器中保存的位置，即文件目录之间的包含关系，可以分为相对路径和绝对路径两种。绝对路径是从根目录开始的路径，以"X:\"作为路径的开始，其中 X 为磁盘符号。相对路径是从当前文件目录开始的路径。

从数据存储的角度来说，所有的文件在本质上都是一样的，都是由一个个字节组成的，归根结底都是由 0 和 1 组成的比特串。不同的文件主要是指文件的格式不同（不是由扩展名引起的）。所谓格式是指文件中每个部分的内容代表什么含义的一种约定，以及数据在存储设备上的保存方式。例如，常见的纯文本文件（也称为文本文件，扩展名通常是.txt）是指能够在 Windows 的"记事本"程序中打开，并且能看出是一段有意义的文字的文件。文本文件的格式可以用一句话来描述：文件中的每个字节都是一个可见字符的 ASCII 码值。除文本文件外，还有二进制文件。若二进制文件用"记事本"程序打开，则显示的是乱码。例如：在文本文件中，存储整型数据 123 与在二进制文件中存储整型数据 123 的存储方式完全不同，如表 8-1 所示。

表 8-1　文本文件与二进制文件存储相同内容的内存占用比较

文件类型数据	123			内存占用
文本文件（ASCII 码值）	00110001	00110010	00110011	占用 3 字节
二进制文件（二进制数）	01111011			占用 1 字节

简单来说，文件就是计算机存储设备上的数据集合，为了更好地服务于应用软件，需要为这个数据集合规定集合的名称和存储的位置等限制条件。

8.1.2　C 语言中的文件

计算机系统中的所有文件都要先载入内存后才能处理，所有数据也必须写入文件才不会丢失。将数据在数据源和程序（内存）之间传递的过程称为数据流（Data Stream）。相应地，数据从数据源到程序（内存）的过程称为输入流（Input Stream），从程序（内存）到数据源的过程称为输出流（Output Stream）。输入/输出（Input/Output，I/O）是指程序（内存）与外部设备（键盘、显示器、磁盘及其他计算机等）进行交互的操作。几乎所有程序都有输入与输出操作，例如：从键盘上读取数据，从本地或网络上的文件读取数据或写入数据等。通过输入和输出操作可以从外界接收信息，或者将信息传递给外界。打开文件就是创建一个输入流，文件就是数据流的数据源，内存就是数据流的目的地。除文件可以是数据源外，数据库、网络和键盘等也可以作为数据源。

在操作系统中，为了统一对各种硬件操作简化接口的要求，用户在使用设备时，不必理解与区分各种输入/输出设备之间的区别。操作系统将各种不同的硬件设备都统一成一个文件来处理。从操作系统的角度看，每个与主机相连的输入/输出设备都被当成一个文件，键盘被视为输入文件，显示器被视为输出文件。对文件的操作，等同于对磁盘上普通文件的操作。例如：通常把显示器称为标准输出文件，printf 函数就是向这个文件输出数据；通常把键盘称为标准输入文件，scanf 函数就是从这个文件读取数据。

在使用 C 语言编写程序时，不必探讨硬件设备是如何被映射成文件的，只需要记住：在 C 语言中硬件设备可以看成文件。有些输入/输出函数不需要用户指明到底读/写哪个文件，系统已经为它们设置了默认文件，当然默认文件也可以更改。例如：令 printf 函数向磁盘上的文件输出数据。常用硬件设备对应的文件如表 8-2 所示。

表 8-2　常用硬件设备对应的文件

文 件	硬 件 设 备
stdin	标准输入文件，一般指键盘 scanf()、getchar()等函数默认从 stdin 获取输入
stdout	标准输出文件，一般指显示器 printf()、putchar()等函数默认向 stdout 输出数据
stderr	标准错误文件，一般指显示器 perror()等函数默认向 stderr 输出数据
stdprn	标准打印文件，一般指打印机

C 语言中的文件不仅包含了普通意义上的、用于保存数据而存储于外部存储器上的文件，还包括统一的用于输入和输出的硬件设备，将它们都看成一个抽象的文件是为了便于使用和程序开发。再次强调，读者只需了解并掌握文件是如何使用的即可，不必关心输入硬件和输出硬件是如何被映射成文件的。

8.1.3　文件缓冲区

ANSI C 标准采用"缓冲文件系统"处理数据文件，所谓缓冲文件系统是指系统自动地在内存中为程序中的每个正在使用的文件开辟一个文件缓冲区。从内存向磁盘输出数据必须先将数据送到内存缓冲区中，待缓冲区装满后才将数据一同送到磁盘中。若从磁盘向内存中读入数据，则一次性从磁盘文件将一批数据输入到内存缓冲区中（未充满缓冲区），然后再从缓冲区逐个地将数据送到程序数据区中。数据传输过程如图 8-1 所示。这样做的目的是提高读取效率，减少读取数据花费的时间，至于缓冲区的大小（字节数）由各个不同的 C 语言编译器来确定。

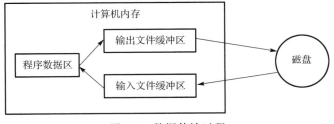

图 8-1　数据传输过程

8.1.4　文件类型指针

缓冲文件系统中，关键的概念是文件指针。每个被使用的文件都在内存中开辟一个区域，用来存放文件的相关信息（如文件名、文件状态及文件位置等信息）。信息保存在一个结构体类型的变量中。这个结构体变量是由系统定义的，取名为 FILE。使用文件指针时需要打开"stdio.h"头文件。某个头文件中的文件指针结构体定义如下。

```
typedef struct
{
    short level;                  //缓冲区满还是空
    unsigned flags;               //文件状态标识
    char fd;                      //文件描述符
    unsigned char hold;           //缓冲区内没有内容
    short bsize;                  //缓冲区大小
    unsigned char *buffer;        //缓冲区位置
    unsigned char *curp;          //文件位置标记指针
    unsigned istemp;              //临时文件
    short token;                  //有效性检查
}FILE;
```

类型定义完毕后，就可以定义该类型的变量了。定义文件指针变量的格式如下。

```
FILE  *fp;
```

因为不同的 C 编译环境中对 FILE 类型包含的内容不一定相同，所以遇到不同的文件指针结构体时不必担心，只需知道其中存放的是与读取文件有关的信息即可。"FILE   file;"定义了一个结构体变量 file，它用来存放一个文件的相关信息。信息在文件中被系统打开时就已经由具体的编译环境根据文件的情况自动地存入该结构体变量中了。在处理文件时，若需要用到结构体成员变量，则会自动修改某些成员变量的值。一般不用定义 FILE 类型的变量，也不会通过这个变量访问文件，而是设置一个指向 FILE 类型变量的指针变量，通过这个指针变量来引用 FILE 中的某个结构体成员变量。

语句"FILE *fp;"，其中，fp 是一个指向 FILE 类型结构体的指针变量。可以使 fp 指向某个文件的结构体变量，从而实现通过结构体成员变量的访问，达到访问文件的目的。也就是说，通过文件指针变量能够找到与它相关的文件。若有 n 个文件，则要定义 n 个指针变量，使指针变量分别指向这 n 个文件，以实现对文件的访问。

通常将这种指向文件信息区的指针变量称为指向文件的指针变量。

8.2　文件的打开与关闭

在 C 语言中，操作文件之前必须先打开文件，使用完毕后也应立即关闭文件。所谓打开文件就是为打开的文件建立相应的信息（FILE 结构体成员变量）和缓冲区，在打开文件的同时，结构体 FILE 变量中的成员变量也获得了该文件的相关信息，即建立起指针变量与文件之间的联系。这样就可以通过该指针变量对文件进行读/写操作了。

打开文件后，程序可以得到文件的相关信息，包括大小、类型、权限等信息。在后续读/写文件的过程中，程序还可以记录当前读/写的位置，下次可以在此基础上继续操作。

同样地，所谓关闭文件是指撤销文件信息区和文件缓冲区，令文件指针变量不再指向该文件，无法再对其进行操作了。建议文件操作完毕后应立即关闭该文件。

8.2.1　文件的打开

使用 stdio.h 头文件中的 fopen()即可打开文件，该函数的用法如下。

```
FILE *fp;
fp=fopen(文件名,文件使用方式);
```

若 fopen()正确打开指定文件，则返回文件指针；否则返回 NULL。通常，使用以下方法打开一个文件。

```
if((fp=fopen("c:\\123.dat","w"))= =NULL)
{
    printf("指定文件未能打开。\n");
    exit(0);
}
```

注意： 文件名中可以包括文件路径信息，若文件和程序存放在同一个文件夹中，则文件名可以不带路径；若不在同一文件夹中，则文件名中必须带文件的绝对路径。其中，"\" 间隔符必须双写，这是为了与 C 语言中的输出控制符区别，例如：上面例子中的 "c:\\123.dat"。exit(0)语句的使用需要添加头函数 "stdlib.h"，该语句的含义是正常运行并退出程序。文件使用方式如表 8-3 所示。

表 8-3　文件使用方式

文件使用方式	含　义	说　明
r	只读，为输入打开一个文本文件	若指定文件不存在，则出错
w	只写，为输出打开一个文本文件	建立指定的文件
a	追加，向文本文件末尾追加数据	若指定文件不存在，则出错
rb	只读，为输入打开一个二进制文件	若指定文件不存在，则出错
wb	只写，为输出打开一个二进制文件	建立指定的文件
ab	追加，向二进制文件末尾追加数据	若指定文件不存在，则出错
r+	读/写，为读/写打开一个文本文件	若指定文件不存在，则出错
w+	读/写，为读/写建立一个新的文本文件	建立指定的文件
a+	读/写，为读/写打开一个文本文件	若指定文件不存在，则出错
rb+	读/写，为读/写打开一个二进制文件	若指定文件不存在，则出错
wb+	读/写，为读/写建立一个新的二进制文件	建立指定的文件
ab+	读/写，为读/写打开一个二进制文件	若指定文件不存在，则出错

对于文件使用方式的进一步说明如下。

（1）使用 "r" 方式打开的文件只能用于向计算机输入数据而不可以向文件输出数据，而且该文件必须是已经存在的，不能打开一个不存在的且用于 "r" 的文件，否则会出错。

（2）使用 "w" 方式打开的文件只能用于向文件写入数据，而不能用来向计算机输入数据。若原来该文件不存在，则在打开时新建一个指定名称的文件；若原来已经存在一个指定名称的文件，则会先删除该文件，然后再次新建一个文件。

（3）若只是向文件末尾追加数据，而不删除原有数据，则应该使用"a"方式打开文件。但此刻该文件必须存在，否则会出错。打开文件时，文件读/写位置标记会自动转移到文件末尾。

（4）使用"r+""w+""a+"方式打开的文件可以用来输入和输出数据。使用"r+"方式时，表明该文件已经存在，一般可以向计算机输入数据。使用"w+"方式则新建一个文件，先向文件中写入数据，然后可以读此文件中的数据。使用"a+"方式打开文件，原文件中的内容不能被删除，只是在数据末尾添加新的数据。

（5）若不能实现"打开"功能，fopen()将返回"NULL"。因此，常用以下方法来打开一个文件。

```
if((fp=fopen("c:\\123.dat","w"))= =NULL)
{
    printf("指定文件未能打开。\n");
    exit(0);
}
```

（6）根据不同的 C 标准和 C 编译环境，有些版本不提供"r+""w+""a+"方式，而是提供"rw""wr""ar"方式，具体情况根据系统的规定而确定。

（7）若读取方式后添加"b"，则表示二进制方式操作；若不添加"b"，则为文本方式操作。其区别在于文本文件中特殊的单字节符号是按 ASCII 码值处理还是按二进制数处理。例如：C 语言中的"\n"表示换行，"\r"表示回车。当以文本方式操作时，若读取到这个字符，则将控制显示的输出和打印方式（换行或回车）。当以二进制方式操作时，若读取到这个字符，则将做二进制数处理，而不会对输出方式进行调整。

（8）在打开文件时，选用文本方式还是二进制方式，完全根据需要而定。若遇见"\r"，需要通过按回车键控制显示或输出，则要按文本方式进行操作，打开文件时就不能使用带有"b"的文件使用方式；若只是处理数据（如复制），则打开文件时可以使用带有"b"的文件使用方式，但这也不是必要的。

8.2.2　文件的关闭

文件使用完毕后，应立即使用 fclose()将文件关闭，以释放相关资源并且避免数据丢失。关闭文件的函数 fclose()的用法如下。

```
fclose(FILE   *fp);
```

其中，fp 为文件指针。若文件正常关闭，则 fclose()的返回值为 0；若返回 EOF（-1），则表示有错误发生。

执行 fclose()时，系统会把文件缓存区内的数据全部输出保存到文件中，然后再撤销文件信息区内的数据。若没有执行关闭文件的函数而直接结束程序，则会造成文件数据丢失或者文件内容没有更新的错误发生。所以，要养成良好的书写代码习惯，一般在书写完 fopen()后，应该多换几行后立即书写 fclose()，以避免忘记使用 fclose()。

8.3　文件的读/写

顺序读取是指对于读取的数据是按其在文件中的前后位置读取的,位置在前的先读取,位置在后的后读取。一般来说，文件内容的写入也是按照数据之间的先后顺序进行的，对文件读/写数据的顺序与数据在文件中的物理顺序是一致的。

8.3.1　单字符读/写函数

单字符读/写是指每次从文件中只读/写一个字符的数据。常用的单字符读/写函数是将一个字符写入指定文件指针变量所指向的文件中。fputc()是将一个字符写入指定的文件中，而 fgetc()是从指定的文件中每次读取当前位置上的一个字符。

fputc()的格式如下。

```
fputc(char ch,FILE *fp);
```

fputc()的功能是向指定的文件中写入一个字符。其中，ch 为要写入的字符，fp 为文件指针。若写入成功，则返回写入的字符数（int 类型）；若写入失败，则返回 EOF（其值为–1）。

例如：

```
fputc('a', fp);
```

或

```
char ch = 'a';
fputc(ch, fp);
```

表示将字符'a'写入 fp 所指向的文件中。使用 fputc()时，被写入的文件可以用"w""r"和"a"方式打开。用"w"或"r"方式打开一个已存在的文件时，将清除原有的文件内容，并将写入的字符存放在文件开头。若需保留原有的文件的内容，并把写入的字符存放在文件末尾，则必须以"a"方式打开文件。不管以何种方式打开文件，若被写入的文件不存在，则创建该文件。在每写入一个字符后，文件内部位置指针自动向后移动 1 字节。

fgetc()的格式如下。

```
fgetc(FILE *fp);
```

该函数的功能是从指定的文件中读取当前位置上的一个字符，其中 fp 为文件指针。若fgetc()读取成功，则返回读取到的字符；若读取到文件末尾或读取失败，则返回 EOF。

在文件内部有一个位置指针，用来指向当前读/写的位置，也就是读/写到第几字节。在文件打开时，该指针总是指向文件的第一个字节。使用 fputc()后，该文件的位置指针会自动后移一个字符的位置，指向刚刚被写入的字符的后面。使用 fgetc()后，该指针也会自动向后移动一个字符的位置，指向刚刚被读取的字符的后面。所以可以连续多次使用上述两个函数从而达到连续读取多个字符的目的。文件内部的位置指针与 C 语言中的指针类型具有以下区别。

特别说明的是，这个文件内部的位置指针与C语言中的指针不同。位置指针仅仅是一个标志，表示文件读/写的位置，也就是读/写到第几字节，它不表示地址。文件每读/写一次，位置指针就会向后移动一次，该指针不需要用户在程序中定义和赋值，而是由系统自动设置的，对用户来说是透明的。

8.3.2　单字符读/写函数应用

【例 8.1】　把从键盘输入的字符存入指定的文件中，以换行符结束程序运行。代码段如下。

```
1   #include<stdio.h>
2   #include<stdlib.h>
3   int main()
4   {
5     FILE *fp;
6     char ch;
7     if((fp=fopen("c:\\demo.txt","w"))==NULL)      //判断文件是否成功打开
8     {
9       printf("文件打开失败!\n");
10      exit(0);
11    }
12    printf("请从键盘输入一个字符:\n");
13    while((ch=getchar())!='\n')                    //以换行符结束输入
14      fputc(ch,fp);
15    fclose(fp);
16    return 0;
17  }
```

注意：第5行的文件指针必须使用大写英文字母；第7～11行用于判断指定文件是否成功打开。第13行while循环的功能是反复地输入字符并存入文件中，直到输入回车键为止，getchar()的功能是从键盘输入一个字符，并将获得的字符存入字符型变量ch中。当用户从键盘输入换行符时，程序结束运行。while循环结束后该程序段的基本功能就结束了，所以在第15行要立即使用fclose()来关闭该文件，达到有效保护文件数据的目的。

【例8.2】　将源文件中的内容复制到目标文件中。代码段如下。

```
1   #include<stdio.h>
2   #include<stdlib.h>
3   int main()
4   {
5     FILE *in,*out;
6     char ch,infile[15],outfile[15];
7     printf("请输入源文件名: ");
8     scanf("%s",infile);
```

```
9        printf("请输入目标文件名: ");
10       scanf("%s",outfile);
11       if((in=fopen(infile,"r"))==NULL)        //判断源文件是否成功打开
12       {
13           printf("源文件打开失败!\n");
14           exit(0);
15       }
16       if((out=fopen(outfile,"w"))==NULL)       //判断目标文件是否成功打开
17       {
18           printf("目标文件打开失败!\n");
19           exit(0);
20       }
21       while(!feof(in))                        //判断源文件是否到达文件末尾
22           fputc(fgetc(in),out);
23       fclose(in);
24       fclose(out);
25       return 0;
26  }
```

注意: 第 11～15 行用于打开源文件, 因为只是读取源文件内容, 所以文件打开方式是 "r", 表示文件以只读方式打开。第 16～20 行用于打开目标文件, 因为目标文件是由程序创建的, 所以打开方式是 "w"。在输入文件名时, 若使用绝对路径, 则路径间隔符 "\" 需要双写。第 21 行的 while 循环条件中的 feof()用于判断源文件的当前位置是否在文件末尾, 其返回值为 int 型, 若当前位置是文件末尾, 则返回值为 0; 若不是文件末尾, 则返回非 0 值, 所以循环的控制条件是 "!feof(in)"。

【例 8.3】 将源文件的内容追加到目标文件的尾部。代码段如下。

```
1   #include <stdio.h>
2   #include<stdlib.h>
3   int main()
4   {
5       FILE *infp,*outfp;
6       char ch,in[15]={"c:\\123.dat"},out[15]={"c:\\456.dat"};
7       if((infp=fopen(in,"a"))==NULL)
8       {
9           printf("源文件打开失败。\n");
10          exit(0);
11      }
12      if((outfp=fopen(out,"r"))==NULL)
13      {
14          printf("目标文件打开失败。\n");
15          exit(0);
16      }
17      while(1){
18        if(!feof(infp))
```

```
19    {
20        while(!feof(outfp))
21            fputc(fgetc(outfp),infp);
22        break;
23    }
24    fclose(infp)};
25    fclose(outfp);
26    return 0;
27 }
```

注意：第 6 行文件名中的分隔符"\"要双写。第 7 行的目标文件是以追加形式打开的，所以使用"a"方式打开文件。第 12 行的源文件以只读方式打开，所以用"r"方式打开文件。第 17 行的 while 循环控制条件是"1"表示无限循环，这是因为不知道源文件中有多少内容，无法判断循环的次数，但每次循环后当前位置会自动后移一位。第 18 行的 if 语句用于判断若源文件的当前位置到了文件末尾，则会进入第 20 行的第二个 while 循环。第二个 while 循环的控制条件是，判断目标文件是否到达文件末尾，若未到达文件末尾，则把目标文件内容追加到源文件末尾。当全部追加完毕后，执行 break 语句结束第一个循环。需要明确第 17～23 行中代码之间的结构，第 17 行的 while 循环只有一个语句，即 if 判断。第 18 行的 if 语句有两个语句，即 while 循环和 break 语句。第 20 行的 while 循环只有一个语句，即 fputc()。因此，第二个 while 循环结束后的 break 语句是用来结束第一个 while 循环的。

采用缩进式的代码书写风格是为了读取代码便利，并且有助于理解代码之间的包含关系。这里再次强调本代码段中两个循环之间的关系。第一个 while 循环中只有 if 一个语句，这个 if 语句包含了 2 个语句，即 while 和 break；第二个 while 循环也只有 fputc()一个语句。所以 break 语句结束的是第一个 while 循环。因为，若执行到 break 语句，则第二个 while 循环已经结束。最后，在该代码段中要保证两个文件中均有内容。

8.3.3　字符串读/写函数

字符串读/写函数就是每次从文件中读/写一个字符串的数据。常用的函数是 fputs()和 fgets()。

fgets()的用法如下。

```
charfgets(char *str,int n,FILE *fp);
```

该函数用来从指定的文件中读取一个字符串，并保存到指定字符数组中。其中 str 为 char 型，用于存储读取出的字符串的地址指针；n 为 int 型，表示每次读取的字符数目，即字符串长度（单位是字节）；fp 为文件指针用于存储将要读取的文件地址信息。若函数正确读取了指定数目的字符串，则返回字符数组首地址；若读取失败，则返回 NULL。若开始读取时文件内部指针已经指向了文件末尾，则将读取不到任何字符，也返回 NULL。

值得说明的是，读取到的字符串会在文件末尾自动添加字符串结束标志'\0'，n 个字符中也包括该结束标志。也就是说，实际只读取了(n−1)个字符，若希望读取 100 个字符，则

n 的值应该为 101。此外，在读取到的这(n-1)个字符中，若有换行符或者读到了文件末尾，则读取结束，不再考虑长度参数。这就意味着无论 n 的值有多大，fgets()最多只能读取一行数据且不能跨行。在 C 语言中没有按行读取文件的函数，若借助 fgets()实现按行读取字符，则需要将 n 值设置足够大，这样每次就可以读取到一行数据了。

fputs()的用法如下。

```
int fputs( char *str, FILE *fp );
```

该函数用来向指定文件中写入一个字符串。其中 str 为 char 型，用于存储要写入的字符串的地址指针；fp 为文件指针，用于存储要写入的文件地址信息。若函数正确地写入指定的字符串，则返回 0；若写入失败，则返回 EOF（非 0 值）。

8.3.4　字符串读/写函数应用

【例 8.4】 按行读取文件内容，readme.txt 文件中的内容与程序运行结果如图 8-2 所示。代码段如下。

```
1   #include <stdio.h>
2   #include <stdlib.h>
3   #define N 100
4   int main()
5   {
6       FILE *fp;
7       char str[N+1];
8       if((fp=fopen("c:\\readme.txt","r"))==NULL)
9       {
10          printf("文件打开失败。\n");
11          exit(0);
12      }
13      while(fgets(str,N,fp)!=NULL)
14          printf("%s", str);
15      fclose(fp);
16      return 0;
17  }
```

(a) readme.txt 文件中的内容　　　　　　(b) 程序执行结果

图 8-2　readme.txt 文件中的内容与程序运行结果

267

注意：第 13 行的 while 循环总共被执行了几次？每次读取 100 个字符，而 readme.txt 文件中有 8 行，每行最多有 7 个字符，故循环总共被执行了 8 次。因为当 fgets()读取过程中读到换行符或文件末尾时，就不会再考虑参数 N 的限制了，从而结束本次执行。那么将 N 设为 10，循环又会被执行几次？执行结果又会是什么？fgets()遇到换行时，会将换行符一同读取到当前字符串中。该示例程序的运行结果之所以与 readme.txt 文件中的内容保持一致，就是因为 fgets()能够读取到换行符。

【例 8.5】 通过 fputs()向 readme.txt 文件中追加内容。代码段如下。

```
1  #include<stdio.h>
2  #include <stdlib.h>
3  int main()
4  {
5    FILE *fp;
6    char str[102]={""},temp[100];
7    if((fp=fopen("c:\\readme.txt","a"))==NULL)
8    {
9      printf("文件打开失败!\n");
10     exit(0);
11   }
12   printf("请输入字符串:");
13 gets(temp);
14 strcat(str,"\n");
15 strcat(str,temp);
16 fputs(str,fp);
17 fclose(fp);
18   return 0;
19 }
```

注意：第 7 行文件打开方式是 "a"，表示对当前文件进行追加数据。第 13 行将要输入的字符串存入字符串数组 temp 中。第 14 行将字符数组中的第一个元素设置为换行符 "\n"。第 15 行将字符串 temp 与字符串 str 连接在一起。这样无论输入什么内容，都是在文件最后一行的下一行开始处存入数据。例如，当输入 "你好，李白！" 后，readme.txt 文件中原来的内容与现在的内容如图 8-3 所示。

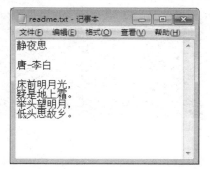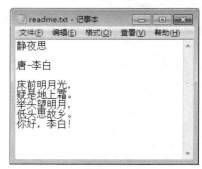

图 8-3　readme.txt 文件中原来的内容与现在的内容

8.3.5　按字符块读/写函数

fgets()具有明显的局限性，即每次最多只能从文件中读取一行内容。这是因为该函数在读取文件内容时，当读到换行符时，结束读取。若希望读取更多内容（不以行为单位），则需要使用 fread()，若相应地写入更多数据，则要使用 fwrite()。对于 Windows 系统，使用 fread()和 fwrite()两个函数时，应该以二进制形式打开文件。

fread()用来从指定文件中读取数据块。所谓数据块是指若干字节的数据，可以是一个字符，一个字符串或是多行数据，数据块在长度上没有什么限制。fread()的格式如下。

```
fread(void *ptr,unsigend int size,unsigend int count,FILE *fp);
```

第 1 个参数*ptr 是地址指针，用于存储读取出的数据块存放的地址。第 2 个参数 size 是无符号整型数据，表示读取的数据块大小（字节数）。第 3 个参数 count 也是无符号整型数据，表示每次都读取几个这样的数据。第 4 个参数*fp 是文件指针，表示要读取文件的位置信息。所以，函数每执行一次都会读取(size×count)字节的数据块。若函数正确执行，则返回值是 count，即正确读取数据块的个数；若函数错误执行，则返回 0。

fwrite()用来向指定文件中写入数据块，其格式如下。

```
fwirte(void *ptr,unsigend int size,unsigend int count,FILE *fp);
```

第 1 个参数*ptr 是要写入数据块的地址指针。第 2 个参数 size 是一个无符号整型数据，表示要一次写入的数据块的大小（字节数）。第 3 个参数 count 也是一个无符号整型数据，它表示一次写入的数据块的个数。第 4 个参数*fp 是文件指针，存储要写入的文件的位置信息。函数每执行一次会写入(size×count)字节的字符块。若函数正确执行，则返回值是 count，即正确写入数据块的个数。

另外，使用这两个函数都要在源文件首部添加头文件 “stdlib.h”。

8.3.6　按字符块读/写函数应用

按字符块读/写函数的最主要应用之一就是将结构体变量存入文件中。

【例 8.6】　将一名学生信息存入指定文件中。代码段如下。

```
1   #include <stdio.h>
2   #include <stdlib.h>
3   int main()
4   {
5     struct student
6     {
7       int number;
8       char name[10];
9       float score;
10    }stu;
11    FILE *fp;
12    if((fp=fopen("c:\\students.txt","ab"))==NULL)
13      {
```

```
14        printf("文件打开失败!\n");
15      exit(0);
16    }
17    printf("请输入学生信息\n");
18    printf("学生学号: ");
19    scanf("%d",&stu.number);
20    printf("学生姓名: ");
21    scanf("%s",&stu.name);
22    printf("学生成绩: ");
23    scanf("%f",&stu.score);
24    fwrite(&stu,sizeof(stu),1,fp);
25    fclose(fp);
26    return 0;
27  }
```

注意：第 12 行的文件打开方式为"ab"，表示不破坏文件原有内容，只是在文件末尾追加数据。第 24 行中 fwrite()的第 2 个参数是每次读取的数据块的大小（字节数）。如何知道结构体变量stu占用的字节数呢？可使用sizeof运算符来计算结构体变量stu的字节数，其运算格式为 sizeof(计算对象); 第 3 个参数是每执行一次 fwrite()就向文件中写入几个这样的数据块，也就是一个结构体变量可将输入的结构体变量 stu 中的值存入指定的 students.txt 文件中。

【例 8.7】 向文件中存入多名学生的信息，代码段如下。

```
1   #include <stdio.h>
2   #include <stdlib.h>
3   #define N 10
4   int main()
5   {
6     struct student
7     {
8       int number;
9       char name[10];
10      float score;
11    }stu;
12    FILE *fp;
13    int i=0;
14    if((fp=fopen("c:\\students.txt","ab"))==NULL)
15    {
16      printf("文件打开失败!\n");
17      exit(0);
18    }
19    printf("请输入学生信息\n");
20    for(i=1;i<=N;i++)
21    {
22      printf("学生学号: ");
```

```
23        scanf("%d",&stu.number);
24        printf("学生姓名: ");
25        scanf("%s",&stu.name);
26        printf("学生成绩: ");
27        scanf("%f",&stu.score);
28        fwrite(&stu,sizeof(stu),1,fp);
29      }
30      fclose(fp);
31      return 0;
32 }
```

注意：这段代码中，每循环一次 for 循环就把当前输入结构体变量 stu 中的值存入指定的文件中。循环共执行 10 次，那么就把 10 名学生的信息都存入了指定的 students.txt 文件中。

接着使用 fread() 将存入 students.txt 文件中的学生信息读取出来。

【例8.8】　将例8.7中的文件中的结构体变量 stu 的信息读取出来。代码段如下。

```
1  #include <stdio.h>
2  #include <stdlib.h>
3  int main()
4  {
5     struct student
6     {
7         int number;
8         char name[10];
9         float score;
10    }stu;
11    FILE *fp;
12    if((fp=fopen("c:\\students.txt","rb"))==NULL)
13    {
14        printf("文件打开失败!\n");
15        exit(0);
16    }
17    printf("学生信息如下: \n");
18    while(fread(&stu,sizeof(stu),1,fp)==1)
19    {
20        printf("学生学号: %d,",stu.number);
21        printf("学生姓名: %s,",stu.name);
22        printf("学生成绩: %5.1lf\n",stu.score);
23    }
24    fclose(fp);
25    return 0;
26 }
```

注意：第 12 行的文件打开方式为"rb"，表示只是读取数据。从第 18 行开始对 students.txt 文件中的内容进行读取，但是无法确定文件中有多少信息。所以，while 循环通过判断 fread()

返回值是否等于 1 来断定文件中的内容是否读取完毕，若数据成功读取，则返回每次读取的数据块个数；若读取失败，则返回 0。在第 18 行中，每执行一次 fread()，则读取一个数据块，所以 while 循环的控制条件是"fread(&stu,sizeof(stu),1,fp)==1"。

8.3.7 格式化读/写函数

fscanf()和 fprintf()的功能与前面使用的 scanf()和 printf()的功能相似，都是格式化读/写函数。两者的区别在于 fscanf()和 fprintf()的读/写对象不是键盘和显示器，而是磁盘文件。这两个函数的使用方式如下。

```
fscanf(FILE *fp,char *format,args,…);
fprintf(FILE *fp,char *format,args,…);
```

第 1 个参数*fp 是一个文件指针，用于存储格式化读/写的文件的位置信息。第 2 个参数*format 为格式控制字符串。第 3 个参数 args 表示格式控制字符串对应的变量列表。与scanf()和 printf()相比，这两个函数仅多了一个参数*fp。

fprintf()的返回值是实际输出的字符数，fscanf()的返回值是实际输入的字符数。

8.3.8 格式化读/写函数应用

【例 8.9】 将结构体变量保存到文件中，再将相关信息输出。代码段如下。

```
1   #include <stdio.h>
2   #include <stdlib.h>
3   int main()
4   {
5       struct student
6       {
7         int number;
8         char name[10];
9         float score;
10      }stu={11001,"林大伟",89.5};
11      int number=0;
12      char name[10]="";
13      float score=0.0;
14      FILE *fp;
15      if((fp=fopen("c:\\students.txt","w+"))==NULL)
16      {
17          printf("文件打开失败!\n");
18          exit(0);
19      }
20      fprintf(fp,"%d%s%f\n",stu.number,stu.name,stu.score);
21      rewind(fp);
22      fscanf(fp,"%d%s%f\n",&number,name,&score);
23      printf("%d%s%4.1f\n",number,name,score);
24      fclose(fp);
25      return 0;
26  }
```

注意：该代码段中先定义了一个结构体变量 stu，并为其赋初值。然后定义了 3 个用于接收结构体成员变量的变量。第 15 行创建并打开一个 students.txt 文件，因为先向该文件中存入数据，然后再读出数据，所以文件的打开方式为 "w+"。第 20 行将结构体成员变量写入 students.txt 中。第 21 行将文件指针调整到文件首部，该函数后面会专门介绍。第 22 行将文件中的内容转存到变量中，其中变量 name 是一个数组名，即存储数据的首地址。所以在 name 前不必带 "&" 运算符，而其他变量需要在其前加上 "&" 运算符。第 23 行将变量逐个输出到显示器上。

上述代码是先把结构体变量存入文件中，然后再把文件中的内容输出到指定的 3 个内存变量中，最后将这 3 个内存变量输出到显示器上。

8.3.9　随机读/写函数

前面介绍的文件读/写函数都是按顺序读/写文件内容的，即读/写文件只能从文件首部开始，依次读/写数据内容。但在实际应用过程中，经常需要读/写文件中间的特定部分，若要解决这个问题，则需要先掌握如何改变文件内部指针的移动问题，然后再进行读/写操作，这种不按照顺序的读/写方式称为随机读/写。被读取的数据可以从文件内部的任何位置开始。实现随机读/写的关键是能够控制文件位置指针的移动与定位问题，该过程称为文件的定位。移动文件内部位置指针的函数主要有两个，分别是 rewind() 和 fseek()。另外，获取文件位置指针的函数为 ftell()。

rewind() 用来将文件位置指针移动到文件开头，其函数格式如下。

```
void rewind(FILE *fp);
```

参数 *fp 为文件类型指针，用于指明被操作的文件。该函数无返回值，使用该函数后系统会自动将 ftell() 的值恢复为 0，所以可以通过判断 ftell() 的返回值来确定文件位置指针是否转移到文件头部。

fseek() 用来将文件位置指针移动到指定的位置，其格式如下。

```
int fseek(FILE *fp,long offset,int origin );
```

第 1 个参数 *fp 是一个文件类型指针，用于指明被操作的文件。第 2 个参数 offset 表示文件位置指针从当前地址开始移动的字节数，是一个长整型的数值，其值为正时，表示文件位置指针向文件尾部移动；其值为负时表示文件位置指针向文件头部移动。第 3 个参数 origin 是 int 型，表示文件位置指针当前的位置，即第 2 个参数的起始位置，其值有 3 种，具体含义如表 8-4 所示。fseek() 一般用于二进制文件的操作，因为文本文件中可能含有中文，而中文是使用双字节编码的。若每次只读出 1 字节，则很有可能会发生读/写混乱。

表 8-4　参数 origin 值的具体含义

起　始　点	常　量　名	origin 值
文件头	SEEK_SET	0
当前位置	SEEK_CUR	1
文件尾	SEEK_END	2

ftell()的作用是获得流式文件中文件位置指针的当前位置，用相对于文件开头的位移量来表示，其格式如下。

```
long ftell(FILE *fp);
```

若返回值为 long 型，则表示文件位置指针的当前位置；若返回−1，则表示出错。

8.3.10　随机读/写函数应用

【例 8.10】　向 students.txt 文件中输入 10 条学生记录，然后输出第 *n* 名学生的记录。代码段如下。

```
1   #include<stdio.h>
2   #define N 10
3   struct students
4   {
5       char name[10];          //学生姓名
6       int num;                //学生学号
7       int age;                //学生年龄
8       float score;            //学生成绩
9       }stus[N],stu,*pstu;
10  int main()
11  {
12      FILE *fp;
13      int i;
14      pstu=stus;
15      if((fp=fopen("c:\\students.txt","wb+"))==NULL)
16      {
17          printf("文件没有打开。\n");
18          exit(0);
19      }
20      for(i=1;i<=N;i++,pstu++)          //将10条学生信息输入文件中
21      {
22          printf("请输入第%d名学生信息\n",i);
23          printf("学生姓名: ");
24          scanf("%s",&pstu->name);
25          printf("学生学号: ");
26          scanf("%d",&pstu->num);
27          printf("学生年龄: ");
28          scanf("%d",&pstu->age);
29          printf("学生成绩: ");
30          scanf("%f",&pstu->score);
31      }
32      fwrite(stus,sizeof(struct students),N,fp);          //写入10条学生信息
33      printf("你要查询第几名学生的信息? \n");
34      scanf("%d",&i);
35      fseek(fp,(i-1)*sizeof(struct students),SEEK_SET);  //移动位置指针
```

```
36      fread(&stu,sizeof(struct students),1,fp);              //读取一条学生信息
37        printf("学生姓名%s, 学号%d, 年龄%d, 成绩%.1f\n",stu.name,stu.num,
    stu.age,stu.score);
38      fclose(fp);
39      return 0;
40  }
```

注意：第 9 行声明并定义了一个结构体类型 students，然后定义了一个 students 类型的数组变量 stus[N]、一个 students 类型的变量 stu 和一个 students 类型指针*pstu，分别用于输入、输出和数组定位。第 20～30 行用于输入 10 名学生的信息，并存入结构体数组变量中。第 32 行将 10 名学生的信息一次性写入指定的文件中。第 35 行函数 fseek() 的第 2 个参数 "(i−1)*sizeof(struct students)" 表示从文件头部开始以结构体 students 的长度为单位移动的字节数；第 3 个参数 SEEK_SET 表示从文件头部开始，也可以使用 0 将其替换。第 36 行表示从文件位置指针的当前位置读取指定这个结构体的内容，并存入结构体变量 stu 中。

8.4　出错检测

C 标准还提供了一些用于检查输入/输出函数调用中错误的函数。其中，ferror() 用来检查文件读取操作是否出错，若 ferror() 返回为真，则表示发生错误。在实际程序中，应该每执行一次文件操作就用 ferror() 检测是否出错。该函数的格式如下。

```
int ferror(FILE *fp);
```

该函数对同一个文件的每次调用均会产生一个新的返回值。因此，在调用一个函数后应立即检查 ferror() 的返回值，否则该返回值就会丢失。在打开文件（即执行 fopen()）后，ferror() 的初始值自动置为 0。

clearerr() 的作用是使文件错误标准与文件结束标志置为 0，其格式如下。

```
void clearerr(FILE *fp);
```

假设在调用一个输入/输出函数时出现了错误，ferror() 的值为一个非零值。在调用 clearerr() 后，ferror() 的值恢复为 0。

习　题　8

一、简答题

1．Windows 系统中的文件是如何进管理的？文件名由哪几部分组成？

2．文件打开方式中的 "r" "rb" 和 "r+" 的含义是什么？

3．fopen() 的返回值是什么类型？

4．fgets() 的第 2 个参数的数据类型和作用分别是什么？该函数的返回值是什么类型？代表什么含义？

5．简述 fseek()的作用和各个参数的数据类型及作用。

二、选择题

1．C 语言系统的标准输入文件是（　　）。

    A．键盘　　　　　　B．显示器　　　　　　C．打印机　　　　　　D．硬盘

2．使用 fopen()打开一个新的二进制文件，如果该文件既能读取数据又能写入数据，那么文件打开方式应是（　）。

    A．ab+　　　　　　B．wb+　　　　　　C．rb+　　　　　　D．ab

3．fgetc()的作用是从指定文件读入一个字符，该文件的打开方式必须是（　　）。

    A．只写　　　　　　B．追加　　　　　　C．读或读/写　　　　　　D．B 和 C

4．fseek()的正确调用形式是（　　）。

    A．fseek(文件指针，起始点，位移量)　　B．fseek(文件指针，位移量，起始点)

    C．fseek(位移量，起始点，文件指针)　　D．fseek(起始点，位移量，文件指针)

5．若调用 fputc()输出字符成功，则其返回值是（　　）。

    A．EOF　　　　　　B．1　　　　　　C．0　　　　　　D．输出的字符

6．函数 fread(A,B,C,D)中参数 A 的含义是（　　）。

    A．一个整型变量，代表要读入的数据项总和　B．一个文件指针，指向要读的文件

    C．一个指针，指向要读入数据的存储地址　D．一个存储区，存放要读的数据

7．对函数 fwrite(buffer,sizeof(students),3,fp)的描述不正确的是（　　）。

    A．将 3 名学生的数据块按二进制形式写入文件

    B．将 buffer 指向的数据缓冲区内的 3*sizeof(students)字节的数据写入指定文件中

    C．返回实际输出数据块的格式，若返回 0，则表示输出结束或发生错误

    D．若有 fp 指向的文件不存在，则返回 0 值

8．rewind 函数的作用是（　　）。

    A．将位置指针重新返回文件开头　　　　B．位置指针指向文件中所要求的特定位置

    C．使位置指针指向文件的末尾　　　　　D．使位置指针自动移至下一个字符的位置

9．文件操作完成后，关闭文件指针应使用（　　）。

    A．fp=fclose()　　B．fp=fclose　　C．fclose　　D．fclose(fp)

10．与函数 fseek(fp,0L,SEEK_SET)作用相同的是（　　）。

    A．feof(fp)　　B．ftell(fp)　　C．fgetc(fp)　　D．rewind(fp)

三、填空题

1．Windows 文件系统中不可以成为文件字符的有_____。

2．Windows 文件系统中路径分为_____和_____。

3．C 语言系统中使用文件前应使用_____打开文件，使用完毕后应使用_____关闭文件。

4．C 语言中文件读/写数据的顺序与数据在文件中的物理顺序是_____。

5．fgetc()的返回值是_____类型。

6．若某程序中将 readme.txt 中的内容存入 abc.dat 中，则 readme.txt 的打开方式是_____，abc.dat

的打开方式是_____。

7. fseek()的 3 个参数中的第 2 个参数是_____功能，第 3 个参数是_____功能。

8. fclose()的返回值是_____类型。

9. fgets()_____(是或否)能读取文件中的换行符。

10. eof()的返回值是_____类型。

四、程序分析题

1. 要求在屏幕上显示 D:\\demo.txt 文件的内容，请将程序补充完整。

```
#include<stdio.h>
#include<stdlib.h>
int main()
{
    FILE *fp;
    char ch;
    if((fp=fopen(_____,"rt"))==NULL)
    {
        puts("文件打开失败!");
    exit(0);
    }
    while(_____)
    {
        putchar(ch);
    }
    putchar('\n');          //输出换行符

    _____
    return 0;
}
```

2. 将文件中的内容一行一行地读取，并将其显示在显示器上，请将程序补充完整。

```
#include <stdio.h>
#include <stdlib.h>
#define N 100
int main()
{
    FILE *fp;
    char str[N+1];
    if((fp=fopen("d:\\demo.txt",_____))==NULL )
    {
        puts("文件打开失败!");
        exit(0);
    }
    while(____!=NULL)
    {
        printf("%s",str);
```

```
    }
    fclose(fp);
    return 0;
}
```

3. 从键盘输入两名学生的信息，写入一个文件中，再读出这两名学生的信息，并显示在屏幕上，请将程序补充完整。

```
#include<stdio.h>
#include<stdlib.h>
#define N 2
struct stu
{
    char name[10];          //姓名
    int num;                //学号
    int age;                //年龄
    float score;            //成绩
}boya[N],boyb[N],*pa,*pb;
int main()
{
    FILE *fp;
    int i;
    pa = boya;
    pb = boyb;
    if((fp=fopen("d:\\demo.txt", "wb+"))== NULL )
    {
        puts("文件打开失败!");
        exit(0);
    }
    printf("请输入数据:\n");
    for(i=0;i<N;i++,pa++)
        scanf("%s %d %d %f",pa->name,&pa->num,&pa->age,&pa->score);
    fwrite(_____);          //将数组 boya 的数据写入文件
    rewind(_____);          //将文件指针重置到文件头部
    fread(_____);           //从文件读取数据并保存到数组 boyb 中
    for(i=0;i<N;i++,pb++)
        printf("%s  %d  %d  %f\n",pb->name,pb->num,pb->age,pb->score);
    fclose(fp);
    return 0;
}
```

4. 从键盘输入三名学生信息，保存到文件中，然后读取第两名学生信息，请将程序补充完整。

```
#include<stdio.h>
#include<stdlib.h>
#define N 3
struct stu
{
    char name[10];          //姓名
    int num;                //学号
    int age;                //年龄
```

```
    float score;              //成绩
}boys[N], boy, *pboys;
int main()
{
    FILE *fp;
    int i;
    pboys=boys;
    if((fp=fopen("d:\\demo.txt","wb+"))==NULL)
    {
        printf("文件打开失败，请按任意键退出!\n");
        getch();
        exit(0);
    }
    printf("请输入数据:\n");
    for(i=0;i<N;i++,pboys++)
    scanf("%s%d%d%f",pboys->name,&pboys->num,&pboys->age,
              &pboys->score);
    fwrite(_____);         //写入三名学生信息
    fseek(_____);          //移动位置指针
    fread(_____);          //读取一名学生信息
    printf("%s %d%d%f\n",boy.name,boy.num,boy.age,boy.score);
    fclose(fp);
    return 0;
}
```

实 验 8

一、实验目的

熟悉并掌握对文件的基本操作，对文件内容的读取、长度计算，以及按文件内容进行查找、替换和删除。

二、实验内容

假设已知文件"c:\test\debug\readme.txt"，其内容为"1234554321"。请完成以下实验内容。

（1）编写函数 int filelong(char filename[20])，完成对文件长度的计算，并返回文件的长度。函数参数为文件名。

（2）编写函数 int search(char fname[20])，完成对文件中指定字符的查找，并返回找到字符的个数。函数参数为文件名。

（3）编写函数 void tihuan(char fname[20],int m)，完成对指定字符的替换。函数参数为文件名和文件长度。

（4）编写函数 void insert(char fname[20],int m)，完成在指定位置插入特定字符。函数参数为文件名和文件长度。

（5）编写函数 void deletechar(char fname[20],int m)，完成对指定字符的删除操作。函数参数为文件名和文件长度。

第 9 章　C 语言系统开发案例

本章将带领读者开发一个小型图书馆管理系统。通过对该系统的开发，了解并掌握系统开发中应该具备的基础知识。本章内容结构如下。

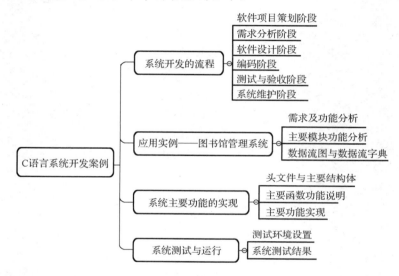

9.1　系统开发的流程

软件工程就是指应用计算机科学、数学及其管理科学等知识，以工程化的原则和方法来解决软件问题的工程，其目的是为了提高软件生产率，提高软件质量，降低软件成本。软件工程中既有面向结构的开发模型，又有面向对象的开发技术。同时还有一批软件开发辅助工具和开发环境。

任何一款软件的开发都要经历 6 个阶段：软件项目策划阶段、需求分析阶段、软件设计阶段、编码阶段、测试与验收阶段和系统维护阶段。因此，一个完备的系统开发不仅需要优秀的开发团队（包括需求获取人员、软件开发人员、软件测试人员、团队管理人员等），还需要团队人员熟悉软件系统的一般开发流程，以及先进的管理手段和管理方法。

本系统的开发过程将采用面向结构的瀑布模型（Waterfall Model）。所谓瀑布模型就是将软件的开发严格地划分成如图 9-1 所示的 6 个阶段，每个阶段的顺序是固定不变的。只有在上一个阶段完成后才能进入下一个阶段，整个过程就像瀑布下泄一样，其顺序不可逆转。

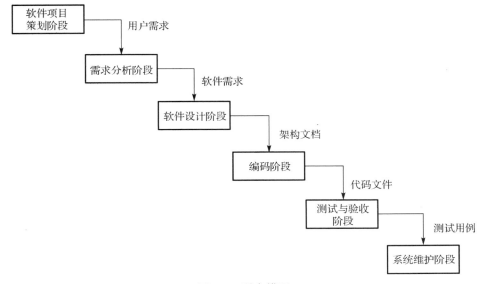

图 9-1　瀑布模型

在每个阶段完成时都会产生相应的文档。这个文档既是对本阶段工作的总结与说明，又是对下一个阶段工作的指导。

使用瀑布模型时必须十分明确并细化软件的需求分析，因为开发过程一旦开始，若发现软件需求前后冲突或者某些功能没有设计，则将会为软件开发带来很大的困难，甚至造成巨大的经济损失。

9.1.1　软件项目策划阶段

软件项目策划阶段的主要工作是完成 4 类可行性报告的编写，包括技术可行性报告、经济可行性报告、社会可行性报告和法律可行性报告，从而解决该软件项目"做还是不做"的问题。

技术可行性报告中要详细说明，目前是否具备完成该软件项目所需要的技术。需要重点考虑的技术问题有如下三个：第一，用什么技术能够保证在给定的时间内实现需求分析中的功能。因为在软件项目开发过程中，若遇到难以克服的技术问题，轻则拖延进度，重则终止项目。第二，用什么技术保障软件的质量，如开发一些性能要求极高的软件系统，如何才能达到设计的精确度。第三，目前的硬件设备能否达到软件系统的要求，如数据存取的速度能否达到设计要求，网络带宽能否达到设计的要求等。

经济可行性报告则是在经济学的角度，分析开发成本和可能取得的收益，确定软件项目是否值得投资开发。经济可行性主要分析成本→ 收益分析和短期→ 长期利益分析社会可行性分析是对软件开发成功并投入使用后对于企业或者行业来说是否能够带来新的生机，提供生产效率和促进就业等社会效益的分析。

法律可行性报告要根据对我国目前实行的相关法律、条例等内容，考察软件系统研发成功后是否会危害国家和社会的利益，是否会侵害其他人的软件著作权的相关权利。

本阶段中必须明确系统目标、功能说明、开发所需的资源和开发所需的时间。若开发的是大型系统，则还必须要有风险分析过程，明确可能会面对的风险，以及风险的应对措施和解决方案。接着，制定开发计划收集项目所需的所有信息，合理分配资源，确定开发进度，以及各个环节之间的依赖关系。此外，还需制定项目验收标准和测试用例。最后，对人员进行配置，将全体人员分成不同性质的小组，如开发小组、测试小组、运行与维护小组等。小组成员可以身兼多职，即可以充当不同小组中的成员。每个小组中的人员组成大多是经验丰富的人员与经验较少的人员的混合。

9.1.2　需求分析阶段

需求分析阶段是整个系统开发过程中最为重要的一个阶段。在该阶段中要解决项目"做什么和不做什么"的问题。所以，该阶段需要开发人员与用户多次接触，解决信息不对称问题，从而形成需求分析报告。开发人员对于技术十分熟悉，但是对于特定行业的事务处理流程并不熟悉，每个流程中会涉及哪些数据也不明确。总之，开发人员熟悉计算机编程技术但不熟悉应用领域的业务，相反用户熟悉应用领域的业务但不熟悉计算机编程技术，因此对于同一个问题开发人员和用户之间可能存在认知上的差异。这就是前面所说的信息不对称问题。

需求获取是开发人员与不同层次用户多次沟通并达成认识上的一致，并对项目需要实现的功能进行详细描述。需求获取是需求分析的基础和前提，其目的在于编写正确的《用户需求说明书》，从而保证撰写正确的《软件需求规格说明书》。需求获取工作做得不好，会导致需求的频繁变更，影响项目的开发周期，甚至可能导致项目的失败。开发人员应该先制订访谈计划，然后准备访谈问题清单，最后和用户单独进行访谈从而获取用户需求。并将每次的访谈内容记录在案，以及对每次访谈内容的修改也要记录在案，需求分析记录的改动需要相关人员签名并写好日期与时间。

需求分析主要是对获取的需求信息进行分析，从中发现不足和双方的理解偏差，确保《用户需求说明书》能正确反映用户真实需求和意图。最终，双方把需求转换为《软件需求规格说明书》。该说明书的内容以多种形式向开发人员进行表述，使得开发人员能够更好地理解用户的业务范围、业务流程和产品需求。

需求分析阶段需要通过开发人员与用户之间的广泛交流不断澄清一些模糊的问题和概念，最终形成一个完整的、清晰的、一致的《软件需求规格说明书》，用以指导后期的软件开发工作，同时也作为双方的软件项目验收标准。

9.1.3　软件设计阶段

软件设计阶段又分为两个阶段，分别是软件概要设计阶段和软件详细设计阶段。在软件概要设计阶段，开发人员将根据上一个阶段《软件需求规格说明书》中的内容，定义软件的总体结构、功能模块、模块调用关系和文件存储等问题，并将上述内容编写成详细的各种报告，如《体系结构设计报告》和《数据库设计报告》等。

本阶段先使用结构化分析方法，将软件系统自顶向下逐层分解成若干个功能独立的模块。最终形成一套分层的数据流图（DFD）、一本数据流字典（DD）及由一组说明和补充材料组成的一套完整的结构化分析结果。接着使用面向数据流的结构化设计方法，将系统设计成由相对独立、功能单一的模块组成的结构。再将数据流图分为变换流和事务流进行处理，从而导出整个系统的结构图。

数据流图（DFD）是结构化分析方法中用于表示系统逻辑模型的一种工具，它以图形的方式描绘数据在系统中流动和处理的过程，由于它只反映系统必须完成的逻辑功能，因此它是一种功能模型。数据流图有以下 4 种基本图形符号。

→：箭头，表示数据流。数据流是数据在系统内部传送的路径，因此由一组成分固定的数据组成。如借阅数据流由用户姓名、院系、借书证号、可借阅最大数、已借阅书数量、借阅书名、借阅日期等数据项组成。由于数据流是流动中的数据，因此必须有流向，除与数据存储之间的数据流不用命名外，数据流应该用名词或名词短语命名。

○：圆或椭圆，表示加工。加工（又称为数据处理）是指对数据流进行某些操作或转换。每个加工也要有名字，通常是动词短语，简明地描述完成什么加工。在分层的数据流图中，加工还应编号。

══：双线，表示数据存储。数据存储（又称为文件）是指暂时保存数据，该数据可以是数据库文件或任何形式的数据组织。

□：方框，表示数据的源点或终点。数据源点或终点是本软件系统外部环境中的实体（包括人员、组织或其他软件系统），统称为外部实体。一般只出现在数据流图的顶层数据流图中。

制作数据流图的步骤如下。

（1）系统的输入/输出，即顶层数据流图。顶层数据流图只包含一个加工，用以表示被开发的系统，需要考虑该系统有哪些输入数据流和输出数据流。顶层数据流图的作用在于表明被开发系统的范围及它和周围环境的数据交换关系。某销售管理系统的顶层数据流图，如图 9-2(a)所示。

（2）系统内部即下层数据流图。不再分解的加工称为基本加工。一般将层号从 0 开始编号，根据自顶向下、由外向内的原则。制作 0 层数据流图时，分解顶层数据流图的系统为若干子系统，确定每个子系统间的数据接口和活动关系。例如，将某销售管理系统的顶层数据流图进一步细化后，其由 5 个加工组成，并为这 5 个加工命名与编号，从而形成 0 层数据流图。该系统的 0 层数据流图如图 9-2(b)所示。

采用相同的方法与步骤可以制作加工 1（订单处理）的 1 层数据流图、加工 2（供货处理）的 1 层数据流图，依此类推，乃至全部 5 个加工的数据流图。循环该方法再次加工 1.1 到 1.3 的数据流图，加工 2.1 和 2.2 的数据流图，依此类推，直至所有的加工都是不可再分的最小加工项为止，这样就可以分层做出该系统的数据流图。该系统加工 1 的 1 层数据流图，如图 9-2(c)图所示。

（3）注意事项。① 命名。不论数据流、数据存储还是加工，合适的命名使人们易于理解其含义。② 数据流不是控制流。数据流反映系统"做什么"，而不反映"如何做"，因此箭头上的数据流名称只能是名词或名词短语，整个数据流图中不反映加工的执行顺序。③ 一般不需要体现控制流。数据流反映能用计算机处理的数据，并不是实物，因此目标系统的数据流图一般不体现控制流。④ 每个加工至少有一个输入数据流和一个输出数据流，反映加工数据的来源与加工的结果。⑤ 编号。若一张数据流图中的某个加工分解成另一张数据流图，则上层图为父图，直接下层图为子图。子图及其所有的加工都应编号。⑥ 父图与子图的平衡。子图的输入/输出数据流与父图相应加工的输入/输出数据流必须一致，即父图与子图的平衡。⑦ 局部数据存储。若某层数据流图中的数据存储不是父图中相应加工的外部接口，而只是本图中某些加工之间的数据接口，则称数据存储为局部数据存储。⑧ 提高数据流图的易读性。需要合理地将一个加工分解成几个功能相对独立的子加工，这样可以减少加工之间输入/输出数据流的数量，提高数据流图的可读性。

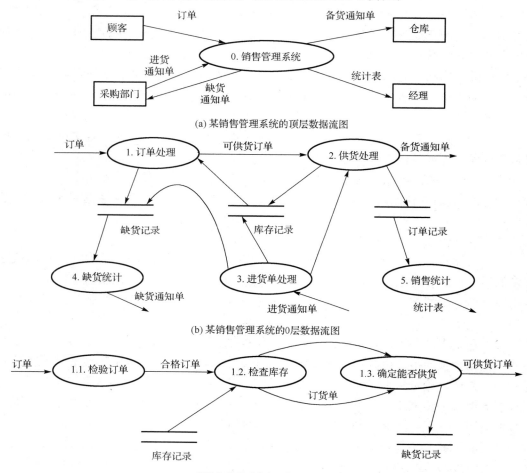

(a) 某销售管理系统的顶层数据流图

(b) 某销售管理系统的0层数据流图

(c) 某销售管理系统加工1的1层数据流图

图 9-2　某销售管理系统的数据流图

数据流字典是指对数据的数据项、数据结构、数据流、数据存储、处理逻辑等进行定义和描述，其目的是对数据流图中的各个元素做出详细说明，使用数据流字典是简单的建模项目。简而言之，数据流字典是描述数据的信息集合，是对系统中使用的所有数据元素的定义的集合。上述例子中的顶层数据流图中的数据流字典内容如表 9-1～表 9-4所示。

表 9-1　订单数据流字典

字　段　名	订　单　号	顾　客　ID	货　号	数　　量	单　　价	订单日期
数据类型	字符型	字符型	字符型	整型	浮点型	日期型
宽度/字节	20	10	20	3		

表 9-2　进货通知单数据流字典

字　段　名	订　单　号	货　号	数　　量	供　应　商	订单日期
数据类型	字符型	字符型	整型	字符型	
宽度/字节	20	20	3	10	

表 9-3　缺货通知单数据流字典

字　段　名	订　单　号	货　号	数　　量	供　应　商	单　　价	订单日期
数据类型	字符型	字符型	整型	字符型	浮点型	日期型
宽度/字节	20	20	3	10		

表 9-4　备货通知单数据流字典

字　段　名	订　单　号	顾　客　ID	货　　号	数　　量	单　　价	订单日期	仓　库　号
数据类型	字符型	字符型	字符型	整型	浮点型	日期型	字符型
宽度/字节	20	10	20	3			8

　　软件详细设计阶段则是利用上述设计报告，以及数据流图、数据流字典等设计辅助手段逐个将功能的具体流程和各个模块之间传递的数据展示给开发人员，并对每步的具体要求及细节进行完整说明。最终形成《软件详细设计说明书》，对后期的开发做出指导。

9.1.4　编码阶段

　　编码阶段是对软件详细设计阶段的具体实现，该过程主要解决的问题有：具体开发语言的选择，使用该开发语言对系统功能逐一实现。当编码阶段完成后，还要组织开发人员立即对功能模块进行测试。

9.1.5　测试与验收阶段

　　测试前一定要先设计好测试用例和测试数据，使用的测试数据一定要具有代表性，同时还要写出预期的测试结果。当测试完成后，要对测试的真实结果和事先预期的结果进行对比，若两者之间存在差异，则要由此差异值推断出引起差异的原因，即是由代码设计错误引起的差异还是由模块结构设计错误引起的差异。

　　当一个功能模块测试通过后，还需要把所有的模块全部放在一起进行总体测试。当总体测试通过后，还有最后一个测试环节，即将具体的软件系统放置在真实的生产环境中，再次检查软件的输入/输出与实际生产活动之间是否存在不同或矛盾的地方，该过程就是系统测试。系统测试也需要预先制定测试计划、测试方案，预期测试结果和评价真实测试结果，最后还要对测试活动和结果进行评估。

　　系统的验收主要是与客户确认软件的输出与项目需求之间是否吻合，确定项目是否完结、项目下一步计划等问题，最后形成《项目验收报告书》。

9.1.6 系统维护阶段

任何一个软件项目在投入生产过程中或多或少都会存在一些这样那样的问题，在系统维护阶段根据软件运行的情况对软件进行适当的修改，以适应新的要求，并纠正运行中发现的错误等。同时，还要编写《软件问题报告》与《软件修改报告》。

9.2 应用实例——图书馆管理系统

图书馆是每所学校中重要的学习场所，图书馆每天都会应对大量的用户信息和图书信息，以及不断变化的图书借阅信息。图书馆管理信息化是必然趋势，也是衡量一所学校现代化的重要指标。因此，非常有必要使用结构化系统分析与设计方法，建立一套有效的图书馆管理系统，可以减少工作量，并使工作科学化、规范化，进而提高对师生的服务质量。

接下来将使用C语言来开发一个功能较完善的图书馆管理系统。

9.2.1 需求及功能分析

本阶段是软件开发的重要环节，在这个阶段主要就是分析和规划软件需要解决什么问题，并对该问题进行详细的分析。只有进行详细分析后，才能使后续工作有条不紊地进行，而不至于出现设计与现实不符的严重错误。

一个图书馆管理系统一般包括如下几种主要功能。

（1）人员登录：使用该系统的人员分成系统管理者、图书管理员和普通用户。他们有不同的权限和不同的登录界面。

（2）图书管理：定期更新馆藏图书。包括新书入库和旧书出库两种功能。

（3）图书查找：不管是哪类人员都需要用到该功能，按书名或书号对图书进行查找。

（4）人员管理：系统管理员可以对使用该系统的人员进行添加或删除，以及对他们权限进行划分。

（5）借阅管理：实现对图书借阅手续的信息化过程。

（6）还书管理：实现对图书归还手续的信息化过程。

（7）数据存储：对人员信息、图书信息、借阅信息等内容以文件的形式长久保存。

图书馆管理系统功能模块结构图如图9-3所示。

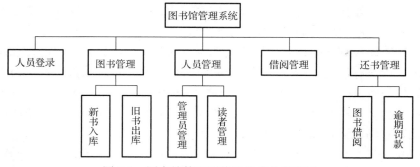

图9-3 图书馆管理系统功能模块结构图

9.2.2　主要模块功能分析

图书馆管理系统功能模块的功能分析如下。

1．人员登录功能

人员登录功能将系统使用者分别存储到不同的文件中，人员登录时系统会根据其用户名和密码对其身份进行验证，每次登录有 3 次身份验证机会。若 3 次均验证失败，则退出系统；若登录成功，则系统将自动根据其身份特征值打开对应的功能管理菜单。

2．人员管理功能

人员管理功能由系统管理员执行，如向系统中添加一个新用户，同时为新用户分配角色，并使其成为系统管理员或普通用户。若添加一个用户，则在对应的角色文件中增加一个新条目，并完善其信息（如姓名、性别、院系等）；若删除一个用户，则首先判断该用户目前是否有借阅未还的图书和逾期未交的罚款，只有在上述两项均结清的情况下方可对其执行删除操作，并将文件中对应的条目删除。

3．借阅管理功能

借阅管理功能使用户先通过图书查询功能找到这本书，然后再判断该用户的借阅数量是否达到最大值，若达到最大值，则不能再借阅任何图书并退出借阅管理功能；若未达到最大值，则进入下一步，即判断该书的可借阅数量是否为 0。若可借阅数量不为 0，则可借阅该书；否则不能借阅该书并退出系统。任何角色的用户都可以使用该功能，同时修改相关文件中的对应条目。

4．还书管理功能

还书管理功能首先应该判断当前日期和系统预设的归还日期之间的关系。若逾期，则按照规定缴纳一定的罚款后方可执行还书操作；若没有逾期，则按正常流程归还图书。无论哪种情况均需对文件中的条目进行相应的修改。

9.2.3　数据流图与数据流字典

根据前面章节对系统的功能划分，并按照面向数据流的结构化分析方法对图书管理系统进行自顶向下、逐层地分解，将其分解成不同层次的数据流图。系统开始运行的第一步是对合法用户进行身份判别，对于合法用户允许其进入系统，而非法用户不得进入系统。所以，图书馆管理系统顶层数据流图如图 9-4 所示。

图 9-4　图书馆管理系统顶层数据流图

登录数据流字典如表 9-5 所示。

表 9-5　登录数据流字典

字 段 名	用 户 名	密 码
数据类型	字符型	字符型
宽度/字节	8	10

在加工"登录系统"过程中，先对用户身份是否合法进行判别，若身份合法，则根据其角色码进入不同的功能菜单；若身份不合法，则立即退出系统。在该环节需要令存储合法用户信息的文件参与该过程，该系统 0 层数据流图如图 9-5 所示。

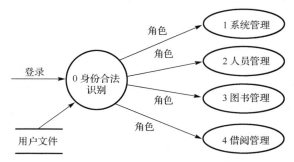

图 9-5　图书馆管理系统 0 层数据流图

角色数据流字典如表 9-6 所示。

表 9-6　角色数据流字典

字 段 名	用 户 名	角 色 码
数据类型	字符型	字符型
宽度/字节	8	1

再根据需求分析阶段对用户登录功能进行分析，可以对"0 身份合法识别"再次细分，从而形成该系统加工 0 的 1 层数据流图，如图 9-6 所示。

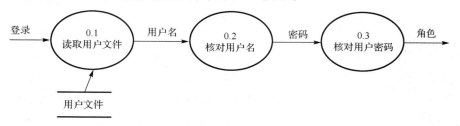

图 9-6　图书馆管理系统加工 0 的 1 层数据流图

在该系统加工 0 的 1 层数据流图中，用户名数据流字典与密码数据流字典分别如表 9-7 和表 9-8 所示。

表 9-7　用户名数据流字典

字 段 名	用 户 名
数据类型	字符型
宽度/字节	8

表 9-8　密码数据流字典

字 段 名	密 码
数据类型	字符型
宽度/字节	10

在需求分析中，对于图书管理的功能要求是进行图书入库和出库的管理。故对加工 3 还可以进行功能细分，从而形成该系统加工 3 的 1 层数据流图，如图 9-7 所示。

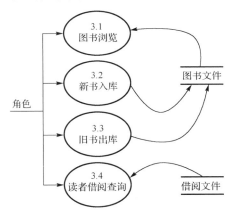

图 9-7　图书管理系统加工 3 的 1 层数据流图

由于篇幅限制，其他加工的 1 层数据流图和更加细致的 2 层数据流图就不在逐一绘制。读者可以根据需求分析阶段产生的功能分析文档，并根据模块划分时的"高内聚，低耦合"的要求，自行绘制剩余工的数据流图，并由文件结构和程序的需求罗列出每个加工所需的数据流字典。

除处理数据流字典外，还需要用户设计表示各种对象的结构体，以及存储结构体内容的文件结构。本系统中主要的文件结构如表 9-9～表 9-11 所示。

表 9-9　图书文件结构

字 段 名	书　　名	作　　者	ISBN	出 版 社	单　　价	馆藏总数	可借阅数量	能 否 借 阅
数据类型	字符型	字符型	字符型	字符型	浮点型	整型	整型	逻辑型
长度/字节	20	10	13	20				

表 9-10　用户文件结构

字 段 名	工　　号	姓　　名	角 色 值	院　　系	可 借 阅 数	已 借 阅 数
数据类型	字符型	字符型	整型	字符型	整型	整型
长度/字节	10	10		6		

表 9-11　借阅文件结构

字 段 名	借阅者工号	借 阅 时 间	归 还 时 间	是 否 续 借
数据类型	字符型	日期型	日期型	逻辑型
长度/字节	10			

9.3　系统主要功能的实现

本节中主要介绍系统主要功能的实现和部分代码，以及 C 语言编写程序时常用的技巧和算法。

9.3.1 头文件与主要结构体

基于 C 语言是以函数为主要执行对象的特点，且很多系统函数都要在程序开头使用"include"命令将需要使用的系统函数打开，并且结合本系统中使用的各种系统函数，总结出在程序中用到如下头函数。

```
#include <stdio.h>
#include <stdlib.h>
#include <time.h>
#include <string.h>
```

在程序中为了表示更多的对象，也为了从不同角度体现各个对象的特点，系统设计时采用了用户自定义类型——结构体来表示不同的对象。本系统中使用的实体对象包括人员、图书、借阅、日期共 4 种。为了更加全面地表示实体对象，在程序中为这 4 种实体对象设计了以下不同的结构体。

人员结构体如下。

```
struct usernode
{
    char userId[10];                    //编号
    char name[9];                       //姓名
    int  role;                          //角色码
    char password[6];                   //密码
    int  count;                         //当前借书数量
    int  total;                         //借书总数
};
typedef struct usernode user;
```

图书结构体如下。

```
struct booknode
{
    int bookId;                         //图书编号
    char name[30];                      //图书名称
    float price;                        //图书单价
    int status;                         //图书状态
};
typedef struct booknode book;
```

借阅结构体如下。

```
struct borrownode
{
    int bookId;                         //图书编号
    char userId[10];                    //用户编号
    date borrowDay;                     //借阅日期
    date returnDay;                     //应还日期
    date realReturnDay;                 //实际归还日期
```

```
    int status;                        //图书状态
};
typedef struct borrownode borrowBook;
```

日期结构体如下。

```
struct datenode
{
    short year;                        //年
    short month;                       //月
    short day;                         //日
};
typedef struct datenode date;
```

9.3.2　主要函数功能说明

1．登录系统函数

登录系统函数的一般格式如下。

```
int mainMenu();
```

该函数是系统调用的第一个函数，主要功能是向用户展示登录选项信息。其返回值是 int 型的角色代码。

2．用户身份验证函数

用户身份验证函数的一般格式如下。

```
int login(char currentUserID[],char fname[]);
```

该函数是对用户身份进行核实的函数，并返回 int 型的角色码。第 1 个参数是字符数组类型，是从用户文件中获取到的用户 ID 信息；第 2 个参数也是字符数组类型，是需要读取的用户文件名。

3．借书功能函数

借书功能函数的一般格式如下。

```
void userBorrowBook(user userArray[],book bookArray[],int bookTotal);
```

该函数完成用户借书功能。第 1 个参数是用户结构体数组，用于存放借书读者的信息；第 2 个参数是图书结构体数组，用于存放全部图书的信息；第 3 个参数是整型数据，用于存储图书总数目。

4．还书功能函数

还书功能函数的一般格式如下。

```
void userReturnBook(user userArray[], book bookArray[], int bookTotal);
```

该函数完成用户还书功能。第 1 个参数是用户结构体数组，用于存放借书用户的信息；

第 2 个参数是图书结构体数组，用于存放归还图书的信息；第 3 个参数是整型数据，用于存储图书总数目。

5. 借阅查询函数

借阅查询函数的一般格式如下。

```
Void showStudentBorrowBook(user userArray[], book bookArray[],int bookTotal);
```

该函数的功能是显示全部已借阅的图书信息。第 1 个参数是用户结构体数组，用于存放全体已经借阅过的用户信息；第 2 个参数是图书结构体数组，用于存储所有被借阅图书信息；第 3 个参数是整型数据，用于存储图书总数目。

6. 查找指定用户函数

查找指定用户函数的一般格式如下。

```
int userSearch(user userArray[], char id[]);
```

该函数用于查找指定 ID 的用户，其返回值是整型。若没有找到该用户，则返回 "–1"；若找到该用户，则返回该用户在用户结构体数组中的位置。第 1 个参数是用户结构体数组，用于存放全体用户信息；第 2 个参数是字符数组，用于存放被查找的用户 ID。

7. 图书查找函数

图书查找函数的一般格式如下。

```
void showBookByName(book bookArray[], int bookTotal);
```

该函数用于查找指定的图书。第 1 个参数是图书结构体数组，用于存放全部图书信息；第 2 个参数是整型数据，用于存放图书总数。

9.3.3　主要功能实现

1. 系统登录功能实现

系统登录功能是系统调用的第 1 个函数，主要功能是向用户展示登录选项信息。其返回值是整型的用户选择项代码。代码段如下。

```
1   int mainMenu()
2   {
3       int c;
4       printf("\t\t\t          图书馆管理系统\n");
5       printf("\t\t\t===============================\n");
6       printf("\t\t\t*     1 系统管理员登录\t*\n");
7       printf("\t\t\t*     2 图书管理员登录\t*\n");
8       printf("\t\t\t*     3 教师登录\t\t*\n");
9       printf("\t\t\t*     4 学生登录\t\t*\n");
10      printf("\t\t\t*     0 退出系统\t\t*\n");
```

```
11      printf("\t\t\t===============================\n");
12      printf("\t\t\t 请输入选项 [ ]\b\b");
13      scanf("%d",&c);
14      return c;
15  }
```

小技巧：在上面的代码中，如何将输出内容对齐是十分重要的。printf()的输出控制符在本书中是以换行（回车）符"\n"显示的，那么，输出对齐时使用空格进行位置的调整显然是不合适的。因为位置对齐与显示器的分辨率及其尺寸大小都有关系，若更换显示器，则原先对齐的内容可能就无法对齐了。所以，横向跳格符"\t"就显示出其强大的功能。横向跳格符是一个制表符号，相当于键盘上的 Tab 键的长度（一般为 8 个空格）。另外，第 12 行中退格符"\b"相当于按键盘上的"Backspace"键。该退格符也是一个字符，但其回显时是将光标退回到前一个字符，而不会删除光标位置的字符，这与"Backspace"键的作用是不一样的。该语句执行后光标在输出的最后一个字符"]"的后面，若要令光标回退到"[]"中间，则需要使用 2 个退格符。

2. 用户身份验证功能实现

用户身份验证功能是通过 login()来完成对用户身份合法化验证的。代码片段如下。

```
1   int login( char currentUserId[],char fname[])
2   {
3       user userArray[MAX_USER];                   //用户数组
4       int userTotal;                              //用户总数
5       int counter=3;                              //用户尝试次数
6       char originalPassWord[LENGTH_OF_PASS+1];
7       char password[LENGTH_OF_PASS+1];
8       int pos;
9       userTotal=readUserFromFile(userArray,fname);//从文件中读入用户信息
10      while (counter>0)
11      {
12          system("cls");
13          counter--;
14          printf("用户名: [              ]\b\b\b\b\b\b\b\b\b\b\b\b");
15          scanf("%s",currentUserId);
16          printf("密码: [           ]\b\b\b\b\b\b\b\b\b\b\b");
17          inputPassWord(password,7);//以"*"形式显示输入的密码
18          pos=userSearch(userArray,userTotal,currentUserId);
            //调用用户查找函数
19          if(pos==-1)
20          {
21              printf("该用户不存在! 还有%d次登录机会。\n",counter);
22              getch();
23              continue;
24          }
25          else
```

```
26      {
27          strcpy(originalPassWord,userArray[pos].password);
28          if (strcmp(originalPassWord,password)!=0)
29          {
30              printf("输入的密码有误，还有%d次登录机会。\n",counter);
31              getch();
32              continue;
33          }
34          else
35              return  1;
36      }
37  }
38  return -1;                    //登录失败
39  }
40  }
```

　　小知识：在上面的代码中，第 22 行和第 23 行与第 31 行和第 32 行的作用均是停止程序的运行，待用户看清楚系统反馈信息后，再敲击任意键继续程序的运行。输出控制符"\b"的功能前面已经介绍过，在此不再赘述。

　　函数 login()根据 mainMenu()返回值的不同来打开不同的用户文件，对用户输入的用户名和密码与从用户文件中读取的内容进行对比，据此来验证登录用户的身份是否合法。在这段代码中，首先设置了一些变量，然后通过 readUserFromFile()获取全部用户数。紧接着进入 while 循环。第 15 行获取用户名；第 17 行以"*"作为掩饰获取用户密码，并存入字符数组 password 中；第 18 行通过 userSearch()的返回值判断该用户是否存在；第 28 行对其密码正确性进行验证。若用户名和密码均正确，则返回 1，表示用户身份验证成功；若返回−1，则表示用户身份验证失败。

　　为了保证数据文件的安全性，建议读者在实现该系统时对存入文件的数据先加密，然后再存入文件。同样，在读取文件内容时，先读取数据，再进行解密操作才能得到原文。在本系统中省略了文件数据加密和解密的函数，用户可以自行设计。若本系统的文件采用了加密存储，则应该在第 27 行与第 28 行之间插入解密函数。

3. 图书借阅功能实现

　　图书借阅功能是系统的主要功能之一，主要用于完成用户（教师或学生）对图书的借阅，同时根据用户角色码不同对借阅时间有不同的设置。函数参数包括：用户结构体数组用于存储全体用户的信息；整型数据用于存储用户总数；图书结构体数组用于存储全部图书的信息；整型数据用于存储图书总数。代码段如下。

```
1  void userBorrowBook(user userArray[],int userTotal,book bookArray[],int bookTotal)
2  {
3    char userId[LENGTH_OF_USERID+1];
4    FILE *fp;
5    int k=0;
```

```
6      int bookId;
7      int pos1,pos2,flag=1;
8      int counter,i=0;                                    //当前允许的借书量
9      borrowBook borrowBookArray[MAX_BROW_BOOK];          //暂存借书记录的缓冲区
10     system("cls");
11     fp=fopen("borrow.dat","ab");                        //打开存放借书记录的文件
12     if(fp==NULL)
13     {
14         printf("数据文件打开失败.\n");
15         return ;
16     }
17     do
18     {
19         printf("请输入用户 ID: [        ]\b\b\b\b\b\b\b\b");
20         scanf("%s",userId);
21         pos1=userSearch(userArray,userTotal,userId);
22         if(pos1==-1)
23             printf("输入信息有误，请重新输入!\n");
24     }while(pos1==-1);
25     printf("Hello,%s, ",userArray[pos1].name);
26     counter=MAX_BROW_BOOK-userArray[pos1].count;//允许的借书量
27     printf("你还可以借%d 本书\n",counter);
28     while (counter>0 && flag==1)
29     {
30         printf("请输入图书编号,输入 0 结束: [        ]\b\b\b\b\b\b\b\b");
31         do
32         {
33             scanf("%d",&bookId);
34             if(bookId==0)
35             {
36                 flag=0;
37                 break;
38             }
39             pos2=bookSearch(bookArray, bookTotal,bookId);
40             if(pos2==-1)
41                 printf("输入信息有误，请重新输入!\n");
42         }while (pos2==-1);                              //检查图书编号是否有效
43         if(flag==1)                                     //有效图书编号
44         {
45             if(bookArray[pos2].status==1)
46                 printf("该书已借出，请先还再借!\n");
47             else                                        //该书可借
48             {
49                 bookArray[pos2].status=1;               //标记图书信息为已借用
50                 userArray[pos1].count++;                //当前借书数目增加 1
51                 userArray[pos1].total++;                //借书总数目增加 1
```

```
52              borrowBookArray[i].bookId=bookId;              //记录图书编号
53              strcpy(borrowBookArray[i].userId,userId);     //记录用户名
54              setTodayDate(&borrowBookArray[i].borrowDay);
55              setTodayDate(&borrowBookArray[i].returnDay);
56              i++;
57              counter--;
58              printf("《%s》借阅成功\n",bookArray[pos2].name);
59            }
60          }
61        }
62    if(i>0)//将数组中的数据存入文件中
63    {
64        fwrite(borrowBookArray,sizeof(borrowBook),i,fp);
65        fclose(fp);
66        writeBookToFile(bookArray,bookTotal,"book.dat");
67        switch(userArray[pos1].role)
68        {
69            case 0:
70                fp=fopen("ad.dat","wb");
71                break;
72            case 1:
73                fp=fopen("li.dat","wb");
74                break;
75            case 2:
76                fp=fopen("te.dat","wb");
77                break;
78            case 3:
79                fp=fopen("st.dat","wb");
80                break;
81        }
82        if (fp!=NULL)
83        {
84            for(k=0;k<userTotal;k++)
85            if(userArray[k].role==userArray[pos1].role)
86                fwrite(&userArray[k],sizeof(user),1,fp);
87            fclose(fp);
88    }
89    else
90        printf("保存失败! ");
91    }
92    fclose(fp);
93    system("cls");
94    showUserBorrowBook(userArray,userTotal,bookArray,bookTotal,userId);
95    printf("新借阅图书%d本,祝您学习愉快! 请按期归还! \n",i);
96  }
```

函数 userBorrowBook()根据用户输入的用户 ID 为该用户借书。首先设置各种变量、数

组和需要打开的文件。输入用户 ID 后先判断该用户是否存在，若不存在，则重新输入用户 ID；否则进入下一个环节。有了用户 ID 后，查询其借阅图书总数是否达到限制值，若达到限制值，则不能再借阅任何图书并退出程序；否则进入下一个环节输入借阅图书的书号。若输入书号为 0，则表示不再借阅图书并退出程序；否则判断输入的书号是否存在。若书号不存在，则重新输入书号；若书号存在，则继续判断该书库存是否为 0。若该书库存为 0，则表示该书已经全被借出不能再借并退出程序；否则修改相关变量参数，例如：用户借阅数+1，图书库存数−1，图书借阅状态修改、图书借阅日期设置和图书归还日期设置等。最后，将修改后的参数值存入对应的文件中。

小知识：在代码中的 while 循环的控制条件是 "(counter>0 && flag==1)"，表示用户最多可以借阅 counter 本图书，或者中途用户不再借阅图书，即输入为全 0 的书号退出借阅环节。在判断书号是否为 0 处，存在将 flag 标志更改为 0 的语句。do-while 循环专门用来判断系统管理员输入的书号是否正确，若书号不正确，则重新输入，直至输入的书号正确为止。

4．图书归还功能实现

图书归还功能是系统的主要功能之一，主要用于实现用户（教师或学生）归还借阅的图书功能。函数参数包括：用户结构体数组用于存储全体用户的信息；整型数据用于存储用户总数；图书结构体数组用于存储全部图书信息；整型数据用于存储图书总数。代码段如下。

```
1   void userReturnBook(user userArray[], int userTotal, book bookArray[],
int bookTotal)
2   {
3       FILE *fp;
4       char userId[LENGTH_OF_USERID+1];
5       int bookId;
6       int pos1,pos2,pos3;
7       int counter=0;                      //当前允许的借书量
8       borrowBook  borrowArray[2*MAX_BOOK];   //借书记录缓冲区
9       int borrowTotal;
10      system("cls");
11      printf("请输入用户 ID: [              ]\b\b\b\b\b\b\b\b\b\b\b\b\b");
12      scanf("%s",userId);
13      pos1=userSearch(userArray,userTotal,userId);
14      if(pos1==-1)
15      {
16          printf("输入信息有误，请重新输入!\n");
17          system("pause");
18          return ;
19      }
20      if (userArray[pos1].count = =0)        //若前借书量为 0，则无须归还图书
21      {
22          printf("无图书需归还! \n");
23          system("pause");
```

```
24          return;
25      }
26      showUserBorrowBook(userArray,userTotal,bookArray,bookTotal,userId);
27       borrowTotal=readBorrowFromFile(borrowArray,"borrow.dat");
28      do
29      {
30         printf("请输入图书编号(若输入 0，则结束):\n");
31         printf("[              ]\b\b\b\b\b\b\b\b\b\b\b");
32         scanf("%d",&bookId);
33         if(bookId==0)
34            break;
35         pos3=borrowSearch(borrowArray,borrowTotal,bookId,userId);
36         if(pos3==-1)
37            printf("输入信息有误! \n");
38         else
39         {
40            borrowArray[pos3].status=3;        //设为已还状态
41            setTodayDate(&borrowArray[pos3].realReturnDay);//设置归还日期
42            pos2=bookSearch(bookArray,bookTotal,bookId);
43            bookArray[pos2].status=0;          //设为可借出状态
44            userArray[pos1].count--;           //当前借书量减 1
45            printf("Success...\n");
46            counter++;
47         }
48      }while (userArray[pos1].count>0);         //最多可还 count 本图书
49      if(counter>0)
50      {
51         printf("共还%d 本书!\n",counter);
52         writeBorrowBookToFile(borrowArray,borrowTotal,"borrow.dat");
53         writeBookToFile(bookArray,bookTotal,"book.dat");
54         switch(userArray[pos1].role)
55         {
56           case 0:
57              fp=fopen("ad.dat","wb");
58              break;
59           case 1:
60              fp=fopen("li.dat","wb");
61              break;
62           case 2:
63              fp=fopen("te.dat","wb");
64              break;
65           case 3:
66              fp=fopen("st.dat","wb");
67              break;
68         }
69         if(fp!=NULL)
```

```
70          {
71              for(int  k=0;k<userTotal;k++)
72              {
73                  if(userArray[pos1].role==userArray[k].role)
74                  fwrite(&userArray[k],sizeof(user),1,fp);
75              }
76              fclose(fp);
77          }
78          else
79              printf("保存失败! ");
80  }
81      system("cls");
82      showUserBorrowBook(userArray,userTotal,bookArray,bookTotal,userId);
83  }
```

在这段代码中，首先设置各种变量和数组，用于存放需要用到的各种参数、用户信息和图书（结构体）信息，然后进入还书环节。在还书环节中，先输入要还书的用户 ID，确认用户 ID 是否存在。若该用户 ID 不存在，则结束该函数；若该用户 ID 存在，则进入下一步操作。即判断该用户已经借阅的图书数量是否为 0，也就是判断该用户是否有借阅的书可还。若该用户没有借阅图书，则还书是函数结束。若借阅图书数不为 0，则向用户展示其借阅图书的信息（书名、借阅日期等内容）。要求用户输入要归还的图书的书号，若输入的书号为 0，则表明该用户要结束还书操作；若输出的书号不为 0，则要对输入书号的正确性进行判断。若书号不正确，则重新输入直至书号正确为止。此刻，还有一个重要的操作环节就是判断图书的借阅时间是否超期，若已超期，则转入超期处理函数，并且要求用户缴纳一定数额的罚款后才能继续完成还书操作。然后修改用户、图书和借阅图书的相关参数，例如：用户借阅数−1，图书库存数+1，图书状态为"在库可借"，设置图书归还日期等。然后再次进入还书环节，归还另外一本书，直至归还全部图书或者中途书号为 0，结束还书操作。最后保存各种数据，并将其存入相应的文件中。

9.4　系统测试与运行

本系统根据需求分析的功能要求和分析阶段的概要设计、详细设计后，经过众多函数的共同作用，最终实现了《软件需求规格说明书》中的全部功能。接着进行系统测试。

本系统的测试工作将采取"黑盒"的测试方式，即由完全不了解函数内部结构的用户来完成对该系统功能的测试，以验证是否达到《软件需求规格说明书》中的要求。首先对各个函数的功能进行测试，该过程称为单元测试。单元测试一般在函数编写完成后就可以进行了。单元测试彻底完成后，再将函数逐个"堆叠"起来，测试函数之间的衔接与参数传递的正确性，该过程称为组装测试。再根据组装测试时各个函数的添加方式，分为增量式测试和非增量式测试。从主函数开始，添加一个函数进行测试，再添加一个函数进行测试的方法称为增量式测试；将全部函数一起进行测试的方法称为非增量式测试。本系统由系统开发人员组织用户进行增量式测试。

在每次测试中均要求有完整的测试报告，测试报告内容如表 9-12 所示。在测试报告中，要严格记录每次测试的时间，测试范围要明确测试哪个功能，且一次只能测试一种功能。测试的结构也要描述准确，如有必要可以拍照并将测试报告改为电子版文档，但最终仍需打印成册。问题分析时要明确指出引起异常结果的原因，要具体到第几行代码出现的问题。最后需要测试人员签字。根据测试系统的功能复杂度和测试用例的特殊性，测试报告的内容与结构也会发生相应的变化，具体内容与结构可以参考软件工程中的相关内容与规定。

表 9-12　测试报告内容

序　号	测试范围	测试方法	测试用例	测试结果	问题分析	测试人员
1	用户登录功能	黑盒法	abc	用户登录时显示无此用户	结构体成员长度与函数内部变量长度不一致引起的用户登录异常	张三
2	用户登录功能	黑盒法	101	用户登录时显示密码错误	验证用户密码时，解密后的密码与原始密码不一致	李四
3	…					
…	…					

9.4.1　测试环境设置

本系统的测试工作是在 Windows 7（32 位）操作系统的 Code::Blocks 17.12 版本下完成的。在 Code::Blocks 17.12 的编译环境下，可以根据调试器的功能完成对程序的调试与测试。若要使用 Code::Blocks 17.12 中的调试功能，则还要符合其他条件。例如：设置软件的调试器路径，调试器的安装路径一般位于安装目录的"MinGW\bin"子目录中，只需在软件的设置中指明该路径即可。

1．调试器的安装路径设置

在菜单栏中依次选择"Settings（设置）"→"Debugger settings（调试器设置）"选项，在"Debugger settings"对话框中选择"Default"选项，在"Executable path"文本框中通过浏览按钮查找调试器的安装路径，或者在"Executable path"文本框中直接输入"C:\Program Files\codeblocks 17.12\MinGW\gdb32\bin"，最后单击"确定"按钮即可。如图 9-8 所示。

2．调试器调试过程设置

（1）设置断点（即需要暂停程序执行的语句行位置）。选择对应的语句，按下功能键"F8"，设置断点。

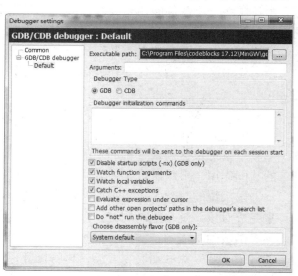

图 9-8　"Debugger settings"对话框

（2）在监视窗口中设置需要监视的变量。依次单击"Debugger Toolbar"→"Debugging windows（调试窗口）"选项，然后单击"Watches"按钮，打开监视窗口，设置需要监视的变量。

（3）监视变量的当前值。单击"Debugger Toolbar"选项，然后单击"Debug/Continue（调试/继续）"按钮，程序进入调试模式并在第一个断点处暂停程序运行，并在"调试窗口"中显示被监视变量的当前值。"Debugger Toolbar"工具栏如图 9-9 所示。

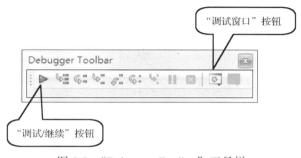

图 9-9　"Debugger Toolbar"工具栏

9.4.2　系统测试结果

1．主登录界面功能测试

主登录界面功能测试如图 9-10 所示，该界面显示正常。

2．系统管理员界面功能测试

当输入正确的系统管理员 ID 与密码后，进入系统管理员主界面，其界面功能测试如图 9-11 所示。

图 9-10　主登录界面功能测试

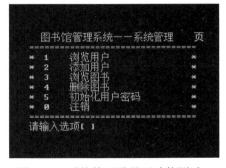

图 9-11　系统管理员界面功能测试

3．用户浏览图书界面功能测试

当系统管理员选择"浏览图书"功能后，进入分屏显示图书信息界面。若该界面显示正常，则分屏显示的功能符合设计要求。该界面中显示书号、书名、单价和状态。按"↑"键向上翻页，按"↓"向下翻页，按"ESC"键退出浏览界面，并返回上一级的功能界面。浏览图书界面功能测试如图 9-12 所示。

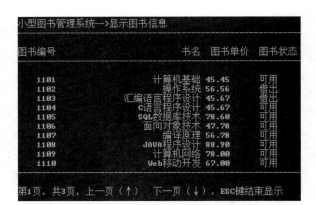

图 9-12　浏览图书界面功能测试

习　题　9

一、简答题

1. 软件开发模型中的瀑布模型将软件的开发过程分为几个阶段，每个阶段的开发顺序是否可以改变？

2. 《软件需求规格说明书》在软件开发过程中的作用有哪些？

3. 数据流图中的基本符号有几种，分别是什么含义？

4. 测试前设计出的输入数据和预期的输出结果，被称为测试用例。测试时要把测试用例和测试结果进行对比，请说明这样做的必要性。

5. 软件开发过程中软件系统结构重要还是开发语言的熟练度重要。请简述理由。

实　验　9

一、实验目的

熟悉软件开发过程。

二、实验内容

自选课程设计题，撰写课程设计报告。要求设计报告内容包括：系统开发背景及意义、可行性分析、需求分析、系统总体设计与详细设计、系统测试与维护等。

参 考 文 献

[1]   Brian W．Kernighan，Dennis M.Ritchie.The C Programming Language(Second Edition)[M]. 北京: 清华大学出版社，1996.

[2]   Giulio Zambon. 潘爱民译. C 语言实用之道[M]. 北京: 清华大学出版社，2018.

[3]   E Balagurusamy. 标准 C 程序设计（第 5 版）（大学计算机教育外国著名教材系列（影印版））[M]. 北京: 清华大学出版社，2011.

[4]   高克宁. 程序设计基础（C 语言）（第 2 版）[M]. 北京: 清华大学出版社，2016.

[5]   胡成松，黄玉兰，李文红.C 语言程序设计[M]. 北京: 机械工业出版社，2015.

[6]   黄维通.C 语言程序设计[M]. 北京: 清华大学出版社.2003.

[7]   揭安全.高级语言程序设计（C 语言版）[M]. 北京: 人民邮电出版社，2015.

[8]   刘高军，何丽.C 程序设计竞赛实训教程[M]. 北京: 机械工业出版社，2012.

[9]   刘振安，刘燕君，唐军.C 程序设计课程设计[M]. 北京: 机械工业出版社，2016.

[10]   苏小红，孙志岗，陈惠鹏. C 语言大学实用教程（第四版）[M]. 北京: 电子工业出版社，2017.

[11]   谭浩强. C 程序设计（第五版）[M]. 北京: 清华大学出版社，2017.